Excel

办公应用标准教程

公式、函数、图表与数据分析

实战微课版 　聂静◎编著

清華大學出版社

北 京

内 容 简 介

本书以微软Excel为写作平台，以知识应用为指导思想，用通俗易懂的语言对Excel这一主流办公软件进行了详细阐述。

全书共12章，其内容涵盖Excel知识准备、数据录入和编辑技巧、数据表格式化、数据的排序、数据的筛选、条件格式、分类汇总、合并计算、公式的应用、函数的应用、图表的应用、数据透视表/图、高级分析工具的应用、宏与VBA、工作表的打印、各组件的协同办公以及实操案例的分析与制作等。每章正文中穿插了"动手练"板块，结尾增加了"实战案例""手机办公""新手答疑"三大板块。

全书结构编排合理，所选案例贴合职场实际需求，可操作性强。案例讲解详细，一步一图，即学即用。本书不仅适合办公室专员、销售人员、财务人员、公务员以及企事业单位人员阅读使用，还适合作为社会相关培训机构的学习教材。

图书在版编目（CIP）数据

Excel办公应用标准教程：公式、函数、图表与数据分析：实战微课版 / 聂静编著. -- 北京：清华大学出版社，2021.3（2023.1重印）

（清华电脑学堂）

ISBN 978-7-302-57071-4

Ⅰ.①E⋯　Ⅱ.①聂⋯　Ⅲ.①表处理软件－教材　Ⅳ.①TP391.13

中国版本图书馆CIP数据核字（2020）第251333号

责任编辑：袁金敏
封面设计：杨玉兰
责任校对：胡伟民
责任印制：朱雨萌

出版发行：清华大学出版社
　　　　网　　　址：http://www.tup.com.cn, http://www.wqbook.com
　　　　地　　　址：北京清华大学学研大厦A座　　　　　邮　　编：100084
　　　　社 总 机：010- 83470000　　　　　　　　　　邮　　购：010- 62786544
　　　　投稿与读者服务：010-62776969, c-service@tup.tsinghua.edu.cn
　　　　质 量 反 馈：010-62772015, zhiliang@tup.tsinghua.edu.cn
印 装 者：三河市君旺印务有限公司
经　　销：全国新华书店
开　　本：170mm×240mm　　　印　　张：16.75　　　字　　数：418千字
版　　次：2021年4月第1版　　　　　　　　　　　　　印　　次：2023年1月第2次印刷
定　　价：59.80元

产品编号：089022-01

前　言

首先，感谢您选择并阅读本书。

本书致力于为Excel学习者打造更易学的知识体系，让读者在轻松愉快的氛围内掌握办公必备的表格基础操作以及数据处理与分析技能。

本书结构安排合理，以理论与实际应用相结合的形式，从易教、易学的角度出发，全面、细致地介绍Excel的操作技巧，同时也为读者提供大量动手练习的机会，让读者在掌握理论基础的同时还能够随时实践。既培养了读者自主学习的能力，又提高了学习的兴趣和动力。

▌本书特色

● **理论+实操，实用性强**。本书为每个疑难知识点配备相关的实操案例，可操作性强，使读者能够学以致用。

● **结构合理，全程图解**。本书采用全程图解方式，让读者能够直观了解到每一步的具体操作。学习轻松，易上手。

● **手机办公，工作、生活两不误**。本书在每章结尾处安排"手机办公"板块，让读者在掌握计算机端办公技能外，还能够了解如何利用手机进行在线办公。让计算机、手机无缝衔接，享受随时随地在线办公的便捷。

● **疑难解答，学习无忧**。每章安排了"新手答疑"板块，主要针对实际工作中一些常见的疑难问题进行解答，让读者能够及时处理在学习或工作中遇到的问题。同时还可举一反三地解决其他类似的问题。

▌内容概述

全书共分12章，各章内容如下。

章	内　容　导　读	难点指数
第1章	主要介绍Excel的入门必备知识，包括Excel功能介绍、应用领域、工作界面的介绍、工作簿与工作表的基础操作以及如何保护工作簿和工作表等	★ ☆ ☆
第2章	主要介绍数据的录入和编辑技巧，包括单元格的选择、不同类型数据的录入、快速填充数据、查找与替换数据、添加批注等	★ ★ ☆
第3章	主要介绍表格的设计，包括行、列、单元格的基本操作，字体样式及对齐方式的设置，边框和底纹效果的设置，内置样式的应用等	★ ☆ ☆

（续表）

章	内 容 导 读	难点指数
第4章	主要介绍数据处理与分析技巧，包括数据的排序、筛选、条件格式、分类汇总、合并计算等	★ ★ ★
第5章	主要介绍公式的应用，包括公式的结构、运算符的作用、如何输入及编辑公式、单元格引用原则、数组公式的应用、公式中的常见错误值、公式审核等	★ ★ ☆
第6章	主要介绍常见函数的应用，包括函数类型及输入方法、逻辑函数、查找与引用函数、财务函数的应用等	★ ★ ★
第7章	主要介绍图表的应用，包括图表的基础知识、如何创建图表、设置图表元素、美化图表、迷你图的创建及编辑等	★ ★ ☆
第8章	主要介绍数据透视表的应用，包括数据透视表的创建及删除、编辑数据透视表、排序和筛选数据透视表、创建及编辑数据透视图等	★ ★ ★
第9章	主要介绍高级分析工具的应用，包括模拟运算、规划求解、方案分析、方案审核与跟踪等	★ ★ ☆
第10章	主要介绍宏与VBA的应用，包括录制并执行宏、VBA的编辑环境及编辑步骤、窗体的设置、窗体控件的插入与编辑等	★ ★ ★
第11章	主要介绍工作表的打印与协同办公，包括如何设置页面布局、工作表的打印技巧、Office各组件的协同办公等	★ ☆ ☆
第12章	以具体的实操案例来总结归纳全书重要的知识点，其中包括财务工作中的具体案例以及在人力资源应用中的案例	★ ★ ★

▌附赠资源

● **案例素材及源文件**。附赠书中所用到的案例素材及源文件，扫描图书封底的二维码进行下载。

● **扫码观看教学视频**。本书涉及的疑难操作均配有高清视频讲解，读者可以边看边学。

● **其他附赠学习资源**。附赠Excel办公模板1000个，Office办公学习视频100集，Excel小技巧动画演示120个，可进QQ群（群号见本书资源下载资料包中）下载。

● **作者在线答疑**。作者团队具有丰富的实战经验，可随时为读者答疑解惑，在学习过程中如有任何疑问，可加QQ群（群号见本书资源下载资料包中）进行交流。

本书在编写过程中力求严谨细致，但由于时间与精力有限，疏漏之处在所难免，望广大读者批评指正。

编　者

目 录

Excel新手必备知识

1.1 Excel初相见 ·· 2
 1.1.1 Excel功能介绍 ·· 2
 1.1.2 Excel应用领域 ·· 3
 1.1.3 认识工作界面 ·· 3
 1.1.4 工作簿、工作表、单元格的概念 ··········· 6
 动手练 自定义Excel工作界面 ·························· 7
1.2 新建和保存工作簿 ·· 8
 1.2.1 新建工作簿 ··· 8
 1.2.2 保存工作簿 ··· 9
 动手练 生成备份工作簿 ·································· 11
1.3 操作工作簿窗口 ··· 11
 1.3.1 新建窗口 ··· 11
 1.3.2 切换窗口 ··· 12
 1.3.3 并排查看 ··· 13
 1.3.4 重排窗口 ··· 14
 1.3.5 隐藏窗口 ··· 14
 1.3.6 冻结窗格 ··· 14
 1.3.7 拆分窗口 ··· 16
 动手练 快速调整窗口的显示比例 ·················· 16
1.4 操作工作表 ·· 17
 1.4.1 新建工作表 ··· 17
 1.4.2 选择工作表 ··· 17
 1.4.3 重命名工作表 ·· 17
 1.4.4 删除工作表 ··· 18
 1.4.5 移动与复制工作表 ·································· 18
 1.4.6 隐藏与显示工作表 ·································· 19
 动手练 更改工作表标签颜色 ························· 20
1.5 保护工作簿和工作表 ··································· 20
 1.5.1 保护工作簿 ··· 20
 1.5.2 保护工作表 ··· 22
 动手练 设置只允许编辑工作表指定区域 ········· 22
案例实战：制作商品现存量清单 ······················· 24
手机办公：第一时间接收客户文件 ···················· 25
新手答疑 ·· 26

第2章

数据录入不可轻视

2.1 选择单元格 ··28
　2.1.1 选择单个单元格 ·······························28
　2.1.2 选择单元格区域 ·······························28
　2.1.3 选择行、列 ·····································29
　2.1.4 选择工作表中所有单元格 ···················30
　动手练 快速查看汇总数据 ·······················30

2.2 录入数据 ··31
　2.2.1 录入文本型数据 ·····························31
　2.2.2 录入数值型数据 ·····························31
　2.2.3 录入日期和时间 ·····························34
　2.2.4 录入特殊符号 ·································35
　2.2.5 设置数据录入规则 ···························35
　动手练 使用"记录单"录入数据 ················37

2.3 填充数据 ··38
　2.3.1 填充文本 ·····································38
　2.3.2 填充数字 ·····································38
　2.3.3 填充日期 ·····································39
　动手练 快速填充常用文本 ·······················40

2.4 查找与替换数据 ··41
　2.4.1 查找数据 ·····································41
　2.4.2 替换数据 ·····································41
　2.4.3 定位数据 ·····································43
　动手练 批量删除表格中所有红色的数据 ·········44

2.5 添加批注 ··45
　2.5.1 新建批注 ·····································45
　2.5.2 管理批注 ·····································45
　动手练 设置批注形状 ···························45

案例实战：制作产品报价单 ····························47
手机办公：在手机上创建Word / Excel / PPT ·······49
新手答疑 ··50

第3章

数据表的格式化

3.1 行、列及单元格的基本操作 ·······················52
　3.1.1 插入或删除行与列 ···························52
　3.1.2 行与列的隐藏和重新显示 ···················53
　3.1.3 复制或移动单元格 ···························54
　3.1.4 调整行高和列宽 ·····························56
　3.1.5 单元格的合并与拆分 ·······················58
　动手练 制作办公室物品借用登记表 ··············59

3.2 设置表格样式 ··60
　3.2.1 设置字体格式 ·································60
　3.2.2 设置对齐方式 ·································60
　3.2.3 设置填充效果 ·································61

3.2.4 设置边框效果·················62
3.2.5 使用格式刷·················63
动手练 美化家庭预算表·················64

3.3 使用内置样式·················65
3.3.1 快速套用单元格样式·················65
3.3.2 修改单元格样式·················65
3.3.3 套用表格格式·················66
3.3.4 自定义表格样式·················66
3.3.5 智能表格的使用·················67
动手练 快速美化出货明细表·················68

案例实战：制作差旅费报销单·················69
手机办公：对接收的表格进行编辑和保存·················73
新手答疑·················74

第4章

数据的处理与分析

4.1 数据的排序·················76
4.1.1 执行简单排序·················76
4.1.2 多条件组合排序·················76
动手练 不让序号参与排序·················77

4.2 数据的特殊排序·················78
4.2.1 按颜色排序·················78
4.2.2 按字符数排序·················79
4.2.3 按笔画排序·················79
4.2.4 按指定序列排序·················80
4.2.5 随机排序·················80
动手练 对数字和字母组合的数据进行排序·················81

4.3 数据的筛选·················82
4.3.1 自动筛选·················82
4.3.2 高级筛选·················83
4.3.3 输出筛选结果·················84
动手练 筛选销量前5名的商品·················84

4.4 条件格式的应用·················85
4.4.1 突出显示指定条件的单元格·················85
4.4.2 突出显示指定条件范围的单元格·················86
4.4.3 使用数据条·················86
4.4.4 使用色阶·················87
4.4.5 使用图标集·················88
动手练 让抽检不合格的商品整行突出显示·················88

4.5 数据的分类汇总·················89
4.5.1 单项分类汇总·················89
4.5.2 嵌套分类汇总·················90
4.5.3 复制分类汇总结果·················90
动手练 按部门统计员工薪资·················91

4.6 合并计算·················92
4.6.1 对同一工作簿中的工作表合并计算·················92

4.6.2 对不同工作簿中的工作表合并计算 ········ 93
4.6.3 自动更新合并计算的数据 ················ 93
动手练 创建分户销售汇总报表 ·············· 94

案例实战：分析销售业绩统计报表 ·········· 95
手机办公：创建并编辑新的数据表 ·········· 97
新手答疑 ······························· 98

公式的应用

5.1 Excel公式简介 ························· 100
5.1.1 公式的构成 ······················· 100
5.1.2 公式中的运算符 ··················· 100
5.1.3 输入公式 ························· 102
5.1.4 编辑公式 ························· 104
动手练 计算商品打折后价格 ·············· 105
5.2 单元格引用 ························· 106
5.2.1 相对引用 ························· 106
5.2.2 绝对引用 ························· 106
5.2.3 混合引用 ························· 107
5.3 名称的应用 ························· 108
5.4 数组公式的运算规则 ················· 109
5.4.1 数组公式的使用规则 ··············· 109
5.4.2 数组的表现方式 ··················· 109
5.4.3 结果区域的判断 ··················· 110
5.4.4 数组的运算规律 ··················· 110
5.4.5 数组公式的应用 ··················· 112
动手练 计算平均日产量 ················ 113
5.5 公式中常见的错误值 ················· 114
5.5.1 #DIV/0!错误值 ··················· 114
5.5.2 #N/A错误值 ····················· 114
5.5.3 #NAME?错误值 ··················· 115
5.5.4 #REF!错误值 ···················· 116
5.5.5 #VALUE!错误值 ·················· 116
5.6 公式审核 ························· 117
5.6.1 显示公式 ························· 117
5.6.2 检查错误公式 ····················· 117
5.6.3 查看公式求值过程 ················· 118
动手练 隐藏包含公式的单元格 ············ 119

案例实战：统计员工工资 ················· 120
手机办公：以PDF形式分享文件 ············ 121
新手答疑 ······························ 122

常见函数的应用

6.1 函数的基础知识 …………………………………… 124
   6.1.1 函数的结构 …………………………………… 124
   6.1.2 函数的类型 …………………………………… 124
   6.1.3 输入函数 ……………………………………… 125
6.2 常见函数的应用 ………………………………… 128
   6.2.1 SUM函数 ……………………………………… 128
   6.2.2 SUMIF函数 …………………………………… 129
   6.2.3 AVERAGE函数 ………………………………… 130
   6.2.4 AVERAGEIF函数 ……………………………… 131
   6.2.5 MAX/MIN函数 ………………………………… 131
   6.2.6 RAND函数 …………………………………… 132
   6.2.7 ROUND函数 …………………………………… 133
   6.2.8 RANK函数 …………………………………… 134
   动手练 制作简易抽奖器 ………………………… 134
6.3 逻辑函数的应用 ………………………………… 136
   6.3.1 IF函数 ………………………………………… 136
   6.3.2 AND函数 ……………………………………… 137
   6.3.3 OR函数 ……………………………………… 138
   动手练 判断员工是否符合申请退休的条件 …… 138
6.4 查找与引用函数的使用 ………………………… 139
   6.4.1 VLOOKUP函数 ………………………………… 139
   6.4.2 HLOOKUP函数 ………………………………… 140
   6.4.3 INDEX函数 …………………………………… 140
   6.4.4 MATCH函数 …………………………………… 141
6.5 财务函数的应用 ………………………………… 141
   6.5.1 PV函数 ………………………………………… 141
   6.5.2 FV函数 ………………………………………… 142
   6.5.3 DB函数 ………………………………………… 143
案例实战：制作物流价格查询表 …………………… 144
手机办公：在表格中进行简单的计算 ……………… 145
新手答疑 ……………………………………………… 146

用图表直观呈现数据

7.1 认识Excel图表 ………………………………… 148
   7.1.1 Excel图表的类型 ……………………………… 148
   7.1.2 图表的主要组成元素 ………………………… 148
7.2 创建与编辑图表 ………………………………… 149
   7.2.1 插入图表 ……………………………………… 149
   7.2.2 调整大小和位置 ……………………………… 150
   7.2.3 更改图表类型 ………………………………… 151
   7.2.4 更改数据源 …………………………………… 151
   7.2.5 切换行、列 …………………………………… 152

动手练 创建销售额历年增长数据图表 ························ 153

7.3 设置图表元素 ·· 154
7.3.1 添加或删除图表元素 ······························· 154
7.3.2 设置图表标题 ··································· 154
7.3.3 设置数据标签 ··································· 156
7.3.4 编辑图例 ····································· 157
7.3.5 设置坐标轴 ··································· 158
动手练 编辑销售额历年增长数据图表 ···················· 159

7.4 美化图表 ·· 161
7.4.1 设置图表系列样式 ······························· 161
7.4.2 设置图表背景 ··································· 162
7.4.3 设置绘图区样式 ································· 163
动手练 美化销售额历年增长数据图表 ···················· 164

7.5 迷你图表的应用 ······································ 165
7.5.1 创建迷你图 ··································· 165
7.5.2 更改迷你图 ··································· 165
7.5.3 添加标记点 ··································· 166
7.5.4 美化迷你图 ··································· 167
7.5.5 删除迷你图 ··································· 168
动手练 创建公司部门月支出迷你图 ····················· 168

案例实战：制作全球疫情统计图表 ························· 169
手机办公：插入并编辑图表 ····························· 171
新手答疑 ··· 172

多维度动态分析数据

8.1 数据透视表的创建和删除 ····························· 174
8.1.1 创建数据透视表 ································ 174
8.1.2 添加和删除字段 ································ 175
8.1.3 删除数据透视表 ································ 176
动手练 创建上半年销售分析数据透视表 ·················· 177

8.2 编辑数据透视表 ······································ 178
8.2.1 设置数据透视表字段 ······························ 178
8.2.2 更改数据透视表布局 ······························ 180
8.2.3 设置数据透视表外观 ······························ 180
动手练 根据年龄段统计平均工资 ······················· 181

8.3 排序和筛选数据透视表 ····························· 182
8.3.1 对数据透视表进行排序 ····························· 182
8.3.2 对数据透视表进行筛选 ····························· 182
动手练 使用切片器筛选指定商品的销量 ·················· 183

8.4 创建和编辑数据透视图 ····························· 184
8.4.1 创建数据透视图 ································ 184
8.4.2 更改数据透视图类型 ······························ 185
8.4.3 对透视图数据进行筛选 ····························· 185
8.4.4 快速美化数据透视图 ······························ 186

案例实战：创建公司各部门工资分析数据透视表 ·············· 187
手机办公：手机中也能执行排序筛选 ·············· 189
新手答疑 ·············· 190

高级分析工具的应用

9.1 模拟运算 ·············· 192
　9.1.1 单变量模拟运算 ·············· 192
　9.1.2 双变量模拟运算 ·············· 193
9.2 单变量求解 ·············· 194
9.3 规划求解 ·············· 194
　9.3.1 加载规划求解 ·············· 194
　9.3.2 建立规划求解模型 ·············· 195
　动手练 使用规划求解 ·············· 196
9.4 方案分析 ·············· 198
　9.4.1 创建方案 ·············· 198
　9.4.2 创建方案摘要 ·············· 199
　9.4.3 保护方案 ·············· 200
9.5 审核与跟踪 ·············· 201
　9.5.1 追踪引用单元格 ·············· 201
　9.5.2 追踪从属单元格 ·············· 201
案例实战：制作九九乘法表 ·············· 202
手机办公：为数据设置数字格式 ·············· 203
新手答疑 ·············· 204

宏与VBA快速入门

10.1 录制并执行宏 ·············· 206
　10.1.1 添加"开发工具"选项卡 ·············· 206
　10.1.2 录制并执行 ·············· 206
　10.1.3 查看和编辑宏 ·············· 209
　10.1.4 保存宏工作簿 ·············· 209
　动手练 录制宏快速隔行填充底纹 ·············· 210
10.2 VBA的编辑环境和基本编程步骤 ·············· 211
　10.2.1 了解VBE ·············· 211
　10.2.2 认识VBE界面 ·············· 211
　10.2.3 编写VBA代码 ·············· 212
10.3 窗体的设置 ·············· 214
　10.3.1 插入窗体 ·············· 214
　10.3.2 窗体的控制 ·············· 214
　10.3.3 修改窗体名称 ·············· 216
　10.3.4 设置窗体标题 ·············· 216
10.4 编辑窗体控件 ·············· 217

10.4.1 插入控件 ·········· 217
10.4.2 编辑控件 ·········· 217
案例实战：制作欢迎使用窗口 ·········· 218
手机办公：在手机上对文件内容做批注 ·········· 219
新手答疑 ·········· 220

第11章 工作表的打印与协同办公

11.1 设置页面布局 ·········· 222
　　11.1.1 设置纸张方向和大小 ·········· 222
　　11.1.2 设置页边距 ·········· 223
　　11.1.3 设置页眉与页脚 ·········· 223
　　11.1.4 打印预览 ·········· 224
　　动手练 设置疫情防护登记表页面 ·········· 225
11.2 工作表打印技巧 ·········· 226
　　11.2.1 设置分页打印 ·········· 226
　　11.2.2 设置打印区域 ·········· 227
　　11.2.3 重复打印标题行 ·········· 228
　　11.2.4 居中打印 ·········· 228
　　11.2.5 不打印图表 ·········· 229
　　11.2.6 缩放打印 ·········· 229
　　动手练 打印疫情防护登记表 ·········· 230
11.3 与其他办公软件协同办公 ·········· 231
　　11.3.1 Excel与Word间的协作 ·········· 231
　　11.3.2 Excel与Power Point间的协作 ·········· 232
案例实战：打印工资条 ·········· 233
手机办公：使用手机打印表格 ·········· 235
新手答疑 ·········· 236

第12章 Excel在实际公式中的应用

12.1 Excel在财务工作中的应用 ·········· 238
　　12.1.1 制作会计科目表 ·········· 238
　　12.1.2 制作固定资产折旧表 ·········· 240
　　12.1.3 制作应收账款账龄分析表 ·········· 242
　　12.1.4 制作财务收支查询表 ·········· 245
12.2 Excel在人力资源管理中的应用 ·········· 248
　　12.2.1 统计员工考勤 ·········· 248
　　12.2.2 根据身份证号码提取员工信息 ·········· 249
　　12.2.3 计算员工工龄 ·········· 252
　　12.2.4 制作工资条 ·········· 253
手机办公：使用手机查找替换数据 ·········· 255
新手答疑 ·········· 256

第 **1** 章
Excel新手必备知识

　　Excel是Microsoft Office办公组件的一种，是现代职场办公不可缺少的软件之一。作为一款电子表格软件，Excel的主要作用是记录、统计、分析数据，熟练使用Excel可以在很大程度上提高办公效率，本章将开启Excel的学习之旅。

刚开始接触Excel的用户可能搞不清"工作簿"和"工作表"的概念，也不知道表格中那些数不清的"小格子"是用来做什么的，下面将对这些基础知识进行介绍。

1.1.1 Excel功能介绍

Excel功能十分强大，可以完成的工作也非常多。除了记录数据，对数据进行计算和分析以外，其拓展功能小到可以充当一般的计算器，临时计算几笔支出金额；大到可以进行专业的科学统计运算，通过对大量数据的运算分析，为公司的财务政策提供有效的参考。

从软件使用角度可将其主要功能总结为以下几点。

1. 记录与整理数据

将孤立的数据制作成表格是数据管理的重要手段，在Excel中可以将不同类型的数据存放在一个表格中，并让这些数据之间产生关联，方便查看和管理数据。

2. 计算数据

用户使用Excel通常不仅仅是要查看和存储数据，更多是要对数据进行计算。例如计算商品的销售金额、统计车间生产量、核算员工工资、统计考勤数据等。在Excel中这些计算通常会使用公式和函数来完成。

3. 统计与分析数据

要从大量数据中获得重要信息，只靠计算往往是不够的，还需要应用一些技巧和方法进行分析，最终得到需要的结果。例如排序、筛选、分类汇总、条件格式、数据透视表等。

4. 将数据转换成图表

为了更直观地展示数据统计的结果，通常会借助图表来表示，Excel可以生成柱形图、折线图、饼图、散点图、雷达图等不同类型的图表。

5. 传递和共享数据

在Excel中使用对象链接和嵌入功能可以将其他类型的文件或链接插入Excel中，其链接对象可以是工作簿、工作表、Office的其他组件、网页、电子邮件地址、声音或视频文件等。

6. 自动化处理数据

Excel内置了VBA程序语言，允许用户自己制定Excel的功能，开发自己需要的自动处理方案。

1.1.2 Excel应用领域

由于Excel在制表和数据处理方面具有非常强大的功能，在实际中被广泛应用于教育、企业办公、决策管理、财务统计、贷款管理、证券管理、市场营销、工程分析、政府审计等众多领域。

大量的实际应用经验表明，熟练地使用Excel，能够大大提高学习和工作效率，运用于商业管理中，带来的则是经济效益的提高。

1.1.3 认识工作界面

学习Excel的第一步是认识Excel的工作界面，Excel的工作界面主要由功能区、编辑栏、工作区和状态栏四部分组成，其中功能区由标题栏、快速访问工具栏、选项卡、命令按钮等组成，如图1-1所示。

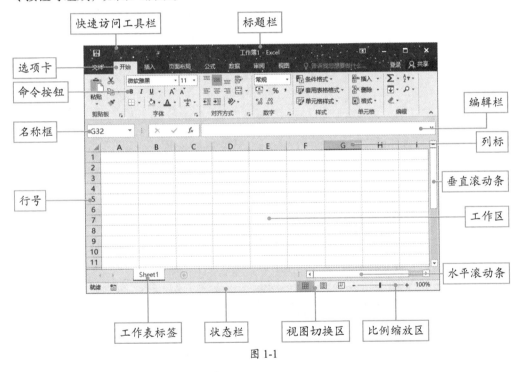

图 1-1

1. 标题栏

标题栏中显示Excel工作簿的名称，新建工作簿的默认名称为"工作簿1"。用户可以重新命名工作簿名称。标题栏右侧是窗口控制按钮，通过这些按钮可以关闭、最大化或最小化当前Excel窗口。

2. 快速访问工具栏

快速访问工具栏中默认只有保存、撤销及恢复3个常用命令按钮，用户可以通过设置向快速访问工具栏中添加其他命令按钮，如图1-2所示。

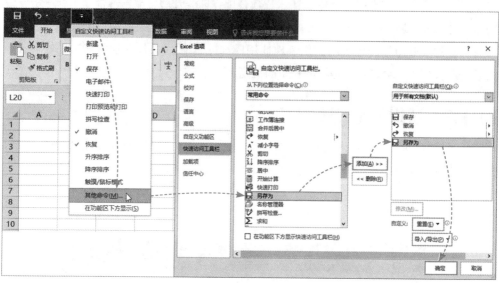

图 1-2

3. 选项卡

Excel默认包含开始、插入、页面布局、公式、数据、审阅和视图7个选项卡，当需要进行与宏和VBA相关的操作时，可以添加"开发工具"选项卡。

4. 命令按钮

每个选项卡中都集中保存了同种类型的命令按钮，这些命令按钮又根据其功能分组保存，例如"开始"选项卡中的命令按钮被分别保存在剪贴板、字体、对齐方式、数字、样式、单元格和编辑7个组中，方便用户查找和使用，如图1-3所示。

图 1-3

5. 文件菜单按钮

文件菜单按钮位于所有选项卡的右侧，单击该按钮可以打开文件菜单。在文件菜单中可以对工作簿或工作表执行新建、保护、打印、另存为、发布、导出等操作，如图1-4所示。

图 1-4

6. 编辑栏

编辑栏用于显示或编辑单元格中的内容，当单元格中包含公式时，可以通过编辑栏查看具体公式。

7. 名称框

名称框用来显示单元格地址以及所选对象的名称，也可通过名称框选择单元格或单元格区域。

8. 工作区

工作区是由单元格组成的，工作区的上方是列标，左侧是行号，行和列相交形成单元格。工作区右侧和右下角分别是垂直滚动条和水平滚动条。拖动滚动条可以控制工作区的显示区域。用户可以在工作区中录入数据、创建表格、创建数据透视表、插入图片和形状、插入图表等。自Excel 2013起，工作区中只包含1张工作表，即Sheet1工作表，如图1-5所示。

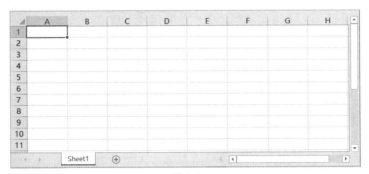

图 1-5

9. 状态栏

状态栏位于Excel界面的最底部，状态栏中会显示Excel当前的工作状态，例如就绪、输入、编辑等，以及一些操作提示信息。

当选中表格中的一些单元格后，状态栏中会显示一些快速计算的结果，默认情况下会显示平均值、计数以及求和结果，如图1-6所示。用户也可以自定义状态栏。操作方法为，右击"状态"按钮，在弹出的快捷菜单中选择需要添加到状态栏或从状态栏中删除的项目，如图1-7所示。

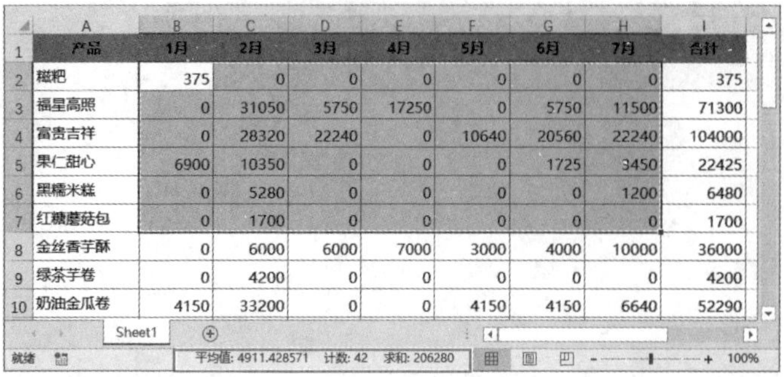

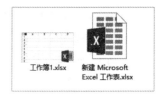

图 1-6 　　　　　　　　　　　　　　图 1-7

1.1.4　工作簿、工作表、单元格的概念

工作簿、工作表和单元格其实是一个向下包含的关系。一个工作簿中可以包含若干张工作表，一张工作表中包含固定数量的单元格。

1. 工作簿

工作簿是指Excel用来存储和处理数据的文件，其默认扩展名为.xlsx。通常人们所说的Excel文件，指的就是工作簿。启动Excel后新建的工作簿和使用右键菜单直接新建的的工作簿默认名称并不相同，如图1-8所示。一般情况下用户会重新定义工作簿的名称。

图 1-8

2. 工作表

工作表是显示在工作簿窗口中的表格，是存储和处理数据不可缺少的部分。一个工作簿中可以创建的工作表的个数只与内存有关，从理论上来说，只要有足够的内存，工作簿中可以创建无数张工作表。相关内容可以放在一个工作簿的不同工作表中，例如可以把员工薪资统计表放在一个工作簿内，其中，考勤表、绩效考核表、工资核算表等分别保存在不同的工作表中，如图1-9所示。

图 1-9

3. 单元格

工作表中行列的交叉形成了单元格，是组成工作表的基本单位，数据的录入和编辑都是在单元格中进行的。每一个单元格都有固定的地址，这个地址由组成单元格的列标和行号组成。例如，B3单元格，指的是B列和第3行交叉处的单元格，如图1-10所示。一个工作表中包含1048576行、16384列，这些行和列组成了17179869184个单元格，如图1-11所示。

图 1-10

图 1-11

动手练 自定义Excel工作界面

Excel工作界面并不是只能保持默认样式，用户可以根据使用习惯自定义工作界面，包括修改界面颜色、隐藏功能区、隐藏滚动条、隐藏行号和列标等。自定义效果如图1-12所示。

图 1-12

Step 01 隐藏选项卡。在标题栏右侧单击"功能区显示选项"按钮，在下拉列表中选择"显示选项卡"选项，如图1-13所示。

Step 02 更改界面颜色。在选项卡最右侧单击"文件"按钮，在文件菜单中选择"选项"选项，打开"Excel选项"对话框，在"常规"界面中单击"Office主题"下拉按钮，在弹出的列表中选择"深灰色"选项，如图1-14所示。

Step 03 隐藏界面元素。切换到"高级"界面，取消勾选"显示水平滚动条""显示垂直滚动条""显示行和列标题"复选框，如图1-15所示。

图 1-13

图 1-14

图 1-15

7

新建和保存工作簿是Excel最基础的操作，也是学习Excel的第一步，操作方法有很多种，而且都十分简单。

1.2.1 新建工作簿

新建工作簿的方法不止一种，用户可以启动Excel进行新建，也可以直接通过右键菜单创建。

1. 启动 Excel 后新建工作簿

双击Excel图标，启动Excel，在开始界面中单击"空白工作簿"按钮，即可新建空白工作簿，如图1-16所示。

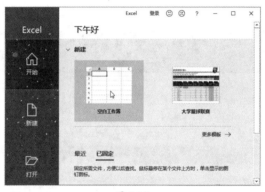

图 1-16

2. 使用右键菜单快速创建工作簿

在桌面或文件夹中右击，在弹出的快捷菜单中选择"新建"选项，随后在其级联菜单中选择"Microsoft Excel工作表"选项，即可在当前位置创建一个空白工作簿，如图1-17所示。

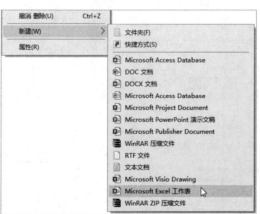

图 1-17

▌1.2.2 保存工作簿

编辑中的工作簿需要及时保存，避免造成文件内容的丢失，下面将介绍几种不同的保存方法。

1. 保存新建工作簿

新创建的工作簿需要为其指定一个名称和保存位置，以便下次找到和使用。

在新建工作簿中单击"保存"按钮会直接进入文件菜单，在"另存为"界面中单击"浏览"按钮，如图1-18所示。随后弹出"另存为"对话，用户在该对话框中设置好文件名称及保存位置即可，如图1-19所示。

图 1-18　　　　　　　　　　　　　　　　　图 1-19

2. 另存为工作簿

已经保存过的工作簿也可以另存出一个副本文件，副本不能以相同的文件名称和原工作簿保存在同一个文件夹。操作方法为，单击"文件"按钮，进入文件菜单，如图1-20所示。打开"另存为"界面，单击"浏览"按钮，如图1-21所示，打开"另存为"对话框，另存时需要保存到其他位置，或修改文件名称。

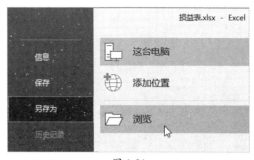

图 1-20　　　　　　　　　　　　　　　　　图 1-21

> **知识点拨**
>
> 介绍两组保存工作簿的快捷键，按Ctrl+S组合键可以保存正在编辑的工作簿。按F2键可以调出"另存为"对话框。

3. 将工作簿保存为兼容模式

Excel默认保存格式为.xlsx，这种格式在低版本的Excel中往往不能打开，同样也无法使用WPS打开，为了保证工作簿的兼容性，可以将工作簿保存为"Excel 97-2003工作簿（.xls）"格式，如图1-22所示。

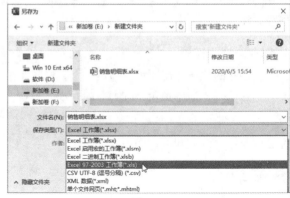

图 1-22

4. 自动恢复未保存的工作簿

在编辑工作簿的过程中可能会发生一些突发情况，例如突然断电、死机等，导致工作簿被意外关闭，如果长时间没有执行过保存操作，那么可能会造成最近编辑的内容丢失。为了减少上述情况带来的损失，可以设置工作簿自动恢复的时间间隔。

单击"文件"按钮，在文件菜单中选择"选项"选项，打开"Excel选项"对话框，打开"保存"界面，勾选"保存自动恢复信息时间间隔"复选框，并设置好自动保存的时间间隔，保持"如果我没保存就关闭，请保留上次自动恢复的版本"复选框为选中状态，如图1-23所示。

设置好工作簿自动恢复后，如果工作簿没有保存就被意外关闭，当再次打开该工作簿时，工作区左侧会出现一个"文档恢复"窗格，并显示"已自动恢复"和"原始文件"两个选项，用户只需要选择"已自动恢复"选项，即可打开工作簿在意外关闭之前被自动保存的工作簿版本，从而降低损失，如图1-24所示。

图 1-23

图 1-24

注意事项 自动恢复的工作簿相当于Excel新建的工作簿，需要重新指定保存位置。

动手练 **生成备份工作簿**

工作簿生成备份后，只要保存修改后的工作簿，系统就会自动将修改过的内容保存到备份工作簿中。当原工作簿损坏时，就可以使用备份文件，如图1-25所示。

现金日记账 的备份.xlk	现金日记账.xlsx
Microsoft Excel 备份文件	Microsoft Excel 工作表
18.7 KB	18.7 KB

图 1-25

生成备份文件方法为，对工作簿执行另存为操作，在"另存为"对话框中单击"工具"下拉按钮，在弹出的列表中选择"常规选项"选项，如图1-26所示。在弹出的"常规选项"对话框中勾选"生成备份文件"复选框，如图1-27所示，单击"确定"按钮即可。

执行了上述操作后并不会立刻生成备份工作簿，只有对原工作簿进行了编辑，再保存以后才会出现该工作簿的备份文件。

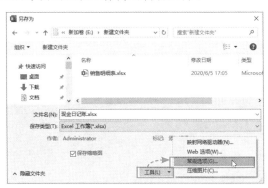

图 1-26

图 1-27

1.3 操作工作簿窗口

用户在使用Excel处理一些复杂工作时，可能会同时打开多个工作簿，不停在多个工作簿窗口之间来回切换是一件很浪费精力的事，为了在有限的屏幕区域中显示更多有效信息，快速查找、定位以及编辑数据，还需要学会管理工作簿窗口。

1.3.1 新建窗口

Excel支持多个窗口显示当前工作簿，这样可以同时查看或编辑同一个工作簿中的多个工作表，操作方法如下。

打开"视图"选项卡，在"窗口"组中单击"新建窗口"按钮，如图1-28所示。系统随即新建一个工作簿窗口，如图1-29所示。此时无论是在哪个窗口中编辑内容，另一个窗口中也会同步做出变化。

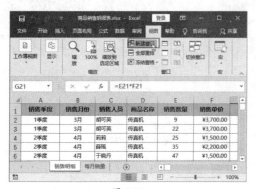

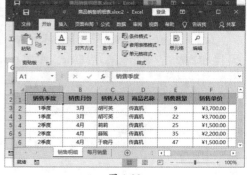

图 1-28 图 1-29

继续在任意工作簿窗口中单击"新建窗口"按钮，屏幕中会继续生成新的窗口，如图1-30所示。工作簿编辑完毕后依次关闭新建窗口即可。

图 1-30

1.3.2　切换窗口

若同时打开了多个工作簿，为了方便在各工作簿之间进行切换，可以使用"切换窗口"功能，让需要的工作簿窗口在最前面显示。

打开"视图"选项卡，在"窗口"组中单击"切换窗口"下拉按钮，在弹出的下拉列表中选择需要打开的工作簿即可，如图1-31所示

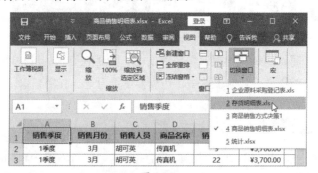

图 1-31

注意事项　"切换窗口"下拉列表中最多可以显示9个工作簿名称，若打开的工作簿超过9个，下拉列表中会出现"其他窗口"选项，用户可以通过该选项从对话框中选择需要切换到的工作簿。

1.3.3 并排查看

当要比较两个工作簿中的内容时，并不需要在两个工作簿之间来回切换，只需将这两个工作簿设置成并排查看，即可轻松进行比较。

操作方法为，打开"视图"选项卡，在"窗口"组中单击"并排查看"按钮，如图1-32所示。打开"并排比较"对话框，选择需要和当前工作簿进行比较的文件名称，单击"确定"按钮，如图1-33所示。

图 1-32

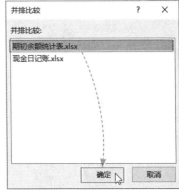

图 1-33

两个工作簿随即并排显示在桌面上，滚动鼠标滚轮，两个工作簿中的内容可以同步滚动，如图1-34所示。

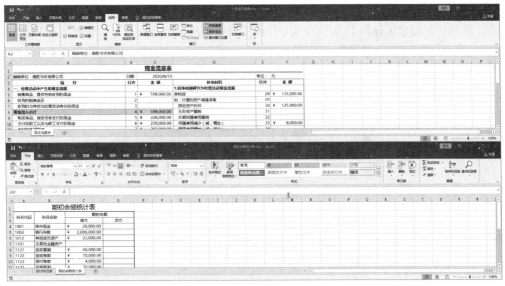

图 1-34

1.3.4 重排窗口

若想同时查看打开的多张工作簿，可以使用"全部重排"功能将所有工作簿按照一定规律排列在桌面上。下面介绍操作方法。

打开"视图"选项卡，在"窗口"组中单击"全部重排"按钮，如图1-35所示。打开"重排窗口"对话框，选择一种排列方式，单击"确定"按钮即可，如图1-36所示。

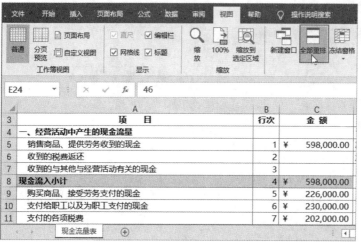

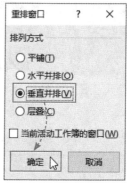

图 1-35　　　　　　　　　　　　　　　　　图 1-36

1.3.5 隐藏窗口

同时打开多个工作簿时也可以暂时隐藏不需要使用的工作簿。在"视图"选项卡中的"窗口"组内单击"隐藏"按钮，即可隐藏当前工作簿，如图1-37所示。

若要取消隐藏，只需在"窗口"组中单击"取消隐藏"按钮，在弹出的对话框中选择需要取消隐藏的文件即可。

图 1-37

注意事项 当只剩下最后一个工作簿未隐藏，或者只打开了一个工作簿时，再执行"隐藏"命令，该工作簿并不会被隐藏，而是工作簿中的工作区域被隐藏。

1.3.6 冻结窗格

"冻结窗格"能够冻结工作表的某一部分，在滚动浏览工作表时被冻结的部分能够始终可见。

1. 从指定位置冻结行列

将Excel窗口中的内容调整到从第100行开始显示，假设现在需要将100~105行以及A~D列冻结，则需要选中E106单元格，打开"视图"选项卡，在"窗口"组中单击"冻结窗格"下拉按钮，在弹出的列表中选择"冻结窗格"选项，如图1-38所示。

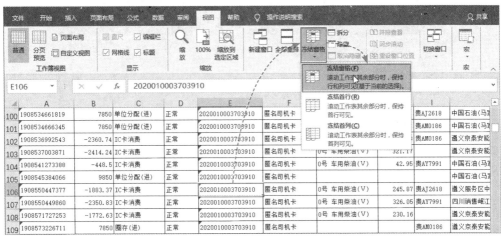

图 1-38

此时，第100~105行及A~D列即被冻结，无论如何调整窗口大小，滚动鼠标滚轮，被冻结的部分始终可见，如图1-39所示。

	A	B	C	D	I	J	K	L	M
100	1908534661819	7850	单位分配(进)	正常	贵AJ2618	中国石油(马家湾加油站	2019/8/8	2019/8/8 15:57	
101	1908534668345	7850	单位分配(进)	正常	贵AM0186	中国石油(马家湾加油站	2019/8/8	2019/8/8 15:58	
102	1908536992543	-2360.74	IC卡消费	正常	贵AM0186	遵义京泰安能源高铁加油站	2019/8/8	2019/8/7 18:22	
103	1908537003871	-2414.24	IC卡消费	正常		遵义京泰安能源高铁加油站	2019/8/9	2019/8/9 9:34	
104	1908541273388	-448.5	IC卡消费	正常	贵AY7991	中国石油(马家湾加油站	2019/8/9	2019/8/9 7:03	
105	1908545384066	9850	单位分配(进)	正常		中国石油(马家湾加油站	2019/8/10	2019/8/10 12:00	
229	1908460540266	7850	圈存(进)	正常		四川销售岷江分公司都江堰加油站	2019/8/26	2019/8/26 9:52	
230	1908460540269	-9150	圈存(出)	正常		四川销售岷江分公司都江堰加油站	2019/8/26	2019/8/26 9:52	
231	1908464039414	-2302.92	IC卡消费	正常		遵义服务区中国石油加油站	2019/8/26	2019/8/26 6:41	
232	1908492029634	-1924.2	IC卡消费	正常		遵义京泰安能源高铁加油站	2019/8/31	2019/8/30 20:30	
233	1908492032119	-1406.45	IC卡消费	正常		遵义京泰安能源高铁加油站	2019/8/31	2019/8/30 21:04	
234	1908508050125	-539	IC卡消费	正常		中国石油(马家湾加油站	2019/8/3	2019/8/2 20:26	
235	1908515045612	-2116.24	IC卡消费	正常		遵义服务区中国石油加油站	2019/8/4	2019/8/4 5:19	

图 1-39

2. 冻结首行或首列

工作簿中包含的数据很多时，冻结首行或首列可以让保存在其中的标题始终显示，方便用户查看数据对应的属性。

操作方法非常简单，不需要特意定位单元格，直接打开"视图"选项卡，在"窗口"组中单击"冻结窗口"下拉按钮，从弹出的列表中选择"冻结首行"或"冻结首列"选项即可。

若要取消冻结窗格，可在"冻结窗格"下拉列表中选择"取消冻结窗格"选项。

1.3.7　拆分窗口

将窗口拆分成不同窗格，每个窗格中的内容都可以单独滚动和编辑。选中某个单元格，打开"视图"选项卡，在"窗口"组中单击"拆分"按钮，工作表即可自所选单元格拆分成四个窗口，如图1-40所示。再次单击"拆分"按钮则取消拆分。

图 1-40

动手练 **快速调整窗口的显示比例**

扫码看视频

在处理表格中的数据时常常需要调整工作表在Excel窗口中的比例。用户可以通过Excel界面右下角的缩放滑块控制缩放比例，向左移动滑块会缩小显示比例，如图1-41所示。向右移动滑块会放大显示比例，如图1-42所示。

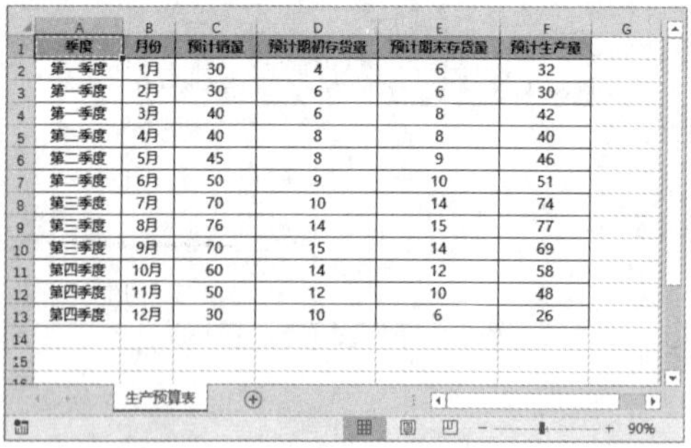

图 1-41

图 1-42

知识点拨

使用快捷键控制窗口显示比例的方法为，按住Ctrl键，滚动鼠标滚轮。向上滚动滚轮为放大显示比例，向下滚动滚轮为缩小显示比例。

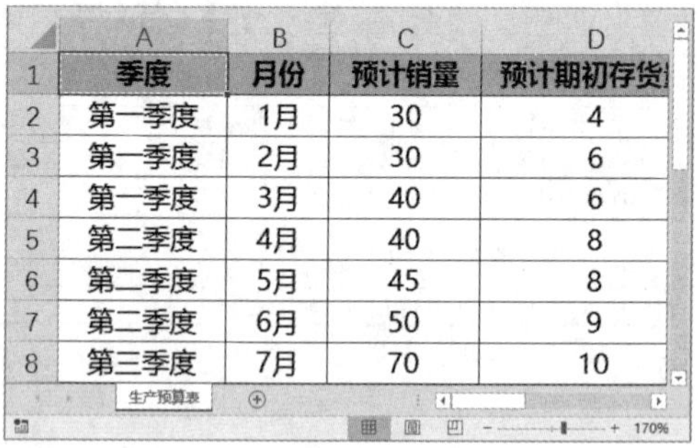

E 1.4　操作工作表

在使用Excel的过程中需要不断地对工作表执行一些操作，例如新建工作表、重命名工作表、删除工作表、移动或复制工作表等。

1.4.1　新建工作表

自Excel 2013开始，工作簿中默认只包含一张工作表，用户可以根据需要新建工作表。单击工作表标签右侧的"新工作表"按钮即可新建一张工作表，如图1-43所示。

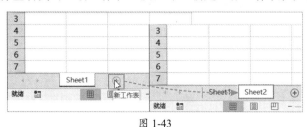

图 1-43

1.4.2　选择工作表

当工作簿中有多张工作表时，若想对其中的某一张或多张工作表进行操作，需要先选择工作表。

1. 选择一张工作表

在工作表上方单击可选定该工作表，如图1-44所示。

2. 选择多张工作表

按住Ctrl键依次单击多个工作表标签可同时选定多张工作表，如图1-45所示。

3. 选择所有工作表

先单击第一张工作表标签，然后按住Shift键再单击最后一张工作表标签可选中工作簿中所有工作表，如图1-46所示。

图 1-44　　　　　　　　　　图 1-45　　　　　　　　　　图 1-46

1.4.3　重命名工作表

默认的工作表名称为Sheet1、Sheet2、Sheet3……，为了更容易区分工作表中的内容可以重命名工作表，操作方法如下。

双击需要重命名的工作表标签，让标签变成可编辑状态，直接输入新的工作表名称，输入完成后按Enter键进行确认即可，如图1-47所示。

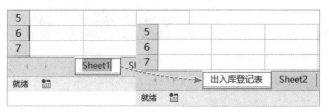

图 1-47

▌1.4.4 删除工作表

多余的工作表或者不再使用的工作表可以删除，以便节约内存提高软件运行速度。

右击需要删除的的工作表标签，在弹出的快捷菜单中选择"删除"选项即可将该工作表删除，如图1-48所示，被删除的工作表不可恢复。

图 1-48

▌1.4.5 移动与复制工作表

若工作的排列顺序不符合数据分析需要，可移动工作表改变其排列顺序。另外，若想要得到某个工作表的副本可以复制工作表。移动和复制工作表既可以在同一个工作簿中进行，也可以在不同工作表间进行。

1. 在同一工作簿中移动或复制工作表

单击需要移动的工作表标签，按住鼠标左键并向目标位置拖动，松开鼠标完成移动工作表操作，如图1-49所示。

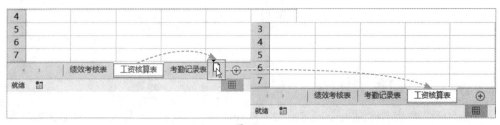

图 1-49

单击需要复制的工作表标签，同时按住Ctrl键和鼠标左键，向目标位置拖动，松开鼠标完成复制工作表操作，如图1-50所示。

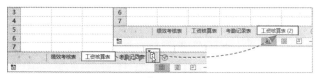

图 1-50

2. 在不同工作簿中移动或复制工作表

右击需要移动到其他工作簿的工作表标签，在弹出的快捷菜单中选择"移动或复制"选项，如图1-51所示。打开"移动或复制工作表"对话框，单击"工作簿"下拉按钮，在弹出的列表中选择需要移动到的工作簿名称，单击"确定"按钮即可将当前工作表移动到所选择的工作簿中，如图1-52所示。

将工作表复制到其他工作簿，操作方法和移动工作簿基本相同，但是需要在"移动或复制工作表"对话框中勾选"建立副本"复选框，如图1-53所示。

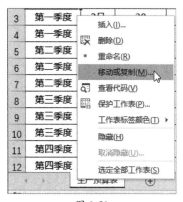

图 1-51

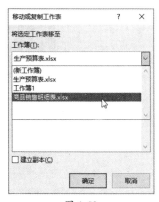

图 1-52

图 1-53

1.4.6 隐藏与显示工作表

暂时用不到的工作表可以将其隐藏，需要时再让其显示出来。右击需要隐藏的工作表标签，在弹出的快捷菜单中选择"隐藏"选项即可将所选工作表隐藏，如图1-54所示。

若要让隐藏的工作表重新显示出来，可右击任意工作表标签，在弹出的快捷菜单中选择"取消隐藏"选项，如图1-55所示。在随后弹出的对话框中选择需要取消隐藏的工作表单击"确定"按钮即可。

图 1-54

图 1-55

动手练 更改工作表标签颜色

为工作表标签设置不同的颜色有利于判断工作表中内容的重要程度，如图1-56所示。

图 1-56

设置工作表标签颜色的方法非常简单，右击需要设置颜色的工作表标签，在弹出的快捷菜单中选择"工作表标签颜色"选项，在弹出的颜色列表中选择需要的颜色即可，如图1-57所示。

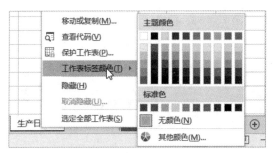

图 1-57

1.5 保护工作簿和工作表

为了提高数据的安全性，用户应该学习如何保护工作簿和工作表，下面介绍具体操作方法。

1.5.1 保护工作簿

保护工作簿的范畴包括保护工作簿的结构以及限制工作簿的打开和编辑权限。

1. 保护工作簿结构

保护工作簿结构可以防止他人随意移动、删除、添加、重命名工作表等，操作方法如下。

打开"审阅"选项卡，在"保护"组中单击"保护工作簿"按钮，如图1-58所示。

打开"保护结构和窗口"对话框，设置密码，单击"确定"按钮，如图1-59所示。在弹出"确认密码"对话框中再次输入密码，完成操作。

保护工作簿结构后，右击任意工作表标签，在弹出的快捷菜单中可以发现插入、删除、重命名、移动或复制、工作表标签颜色等选项均不能被选择，如图1-60所示。

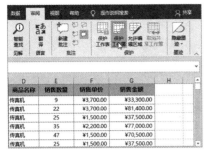
图 1-58

图 1-59

图 1-60

知识点拨

若要取消对工作簿结构的保护，只需再次单击"保护工作簿"按钮，在弹出的对话框中输入正确的密码即可。

2. 为工作簿设置打开权限密码

设置打开权限密码后只有输入正确的密码才能打开工作簿，设置方法如下。

打开文件菜单，切换到"信息"界面，单击"保护工作簿"下拉按钮，在弹出的列表中选择"用密码进行加密"选项，如图1-61所示。此时弹出"加密文档"对话框，设置密码，单击"确定"按钮，随后弹出"确认密码"对话框，再次输入密码，单击"确定"按钮完成操作，如图1-62所示。

保存工作簿后将工作簿关闭，当再次打开该工作簿时会弹出"密码"对话框，只有输入正确的密码才能打开工作簿。

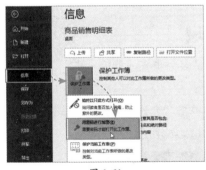
图 1-61

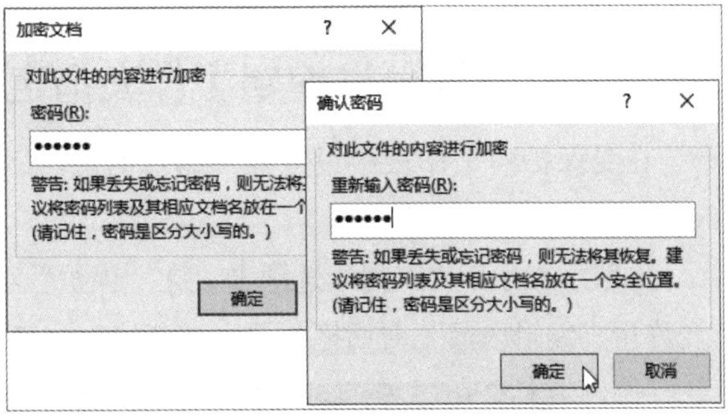

图 1-62

知识点拨

再次从文件菜单中单击"保护工作簿"下拉按钮，在弹出的列表中选择"用密码进行加密"选项，调出"加密文档"对话框，删除对话框中的密码，可以取消该工作簿的密码保护。

1.5.2 保护工作表

保护工作表可以防止工作表中的内容被他人修改，用户可以保护整个工作表，也可以只保护工作表中的指定区域。下面介绍如何保护当前工作表。

打开"审阅"选项卡，在"保护"组中单击"保护工作表"按钮，弹出"保护工作表"对话框，输入密码，保持其他选项为默认状态，单击"确定"按钮完成操作，如图1-63所示。

此后若试图编辑该工作表中的内容，会弹出一个警告对话框。

图 1-63

动手练 设置只允许编辑工作表指定区域

扫码看视频

在受保护的工作表中设置允许编辑的区域，需要多个步骤才能完成，下面介绍详细操作步骤。

Step 01 打开"审阅"选项卡，在"保护"组中单击"允许编辑区域"按钮，弹出"允许用户编辑区域"对话框，单击"新建"按钮，如图1-64所示。

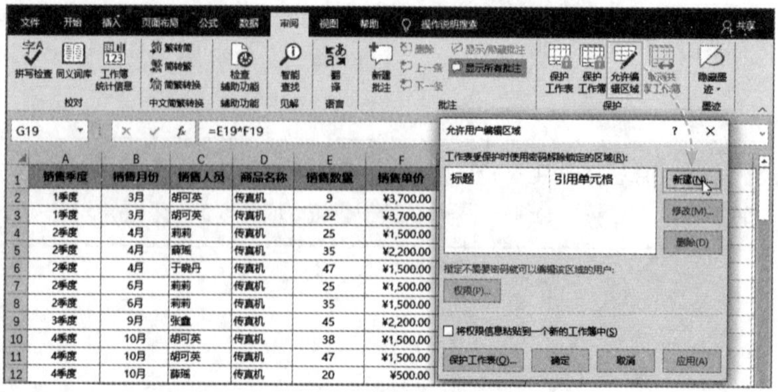

图 1-64

Step 02 在"引用单元格"文本框中引用允许编辑的单元格区域,单击"确定"按钮,如图1-65所示。

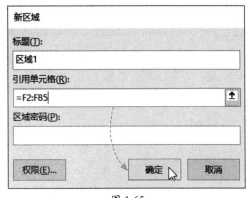

图 1-65

Step 03 返回"允许用户编辑区域"对话框,单击"保护工作表"按钮,如图1-66所示。

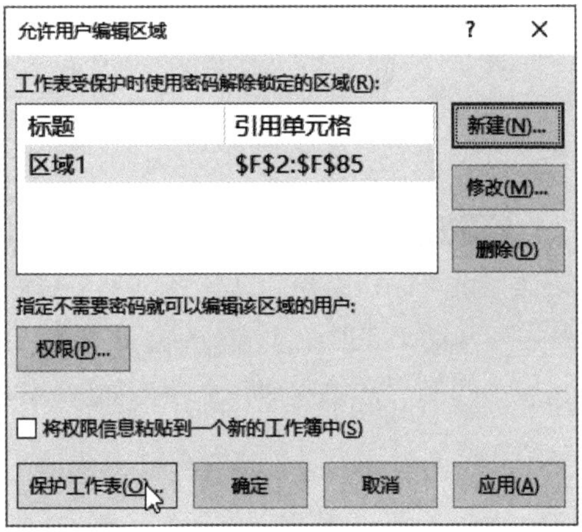

图 1-66

Step 04 打开"保护工作表"对话框,设置密码,单击"确定"按钮完成操作,如图1-67所示。

此时工作表中将只有"Step 02"中引用的单元格区域可以编辑,其他区域不可编辑。

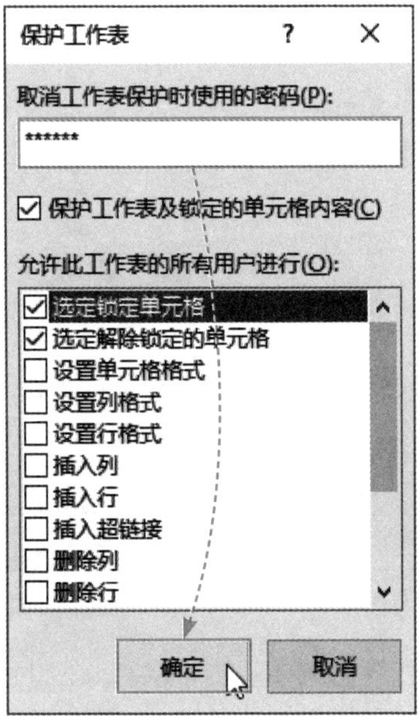

图 1-67

案例实战：制作商品现存量清单

商品现存量清单用来记录现有库存商品的名称、类别、单价、上次商品现存量、当前商品库存量、库存总额、是否需要进货等信息，下面详细介绍制作商品现存量清单的步骤。

Step 01 新建一个空白工作簿，如图1-68所示。

图 1-68

Step 02 按F12键打开"另存为"对话框，设置保存路径和文件名，单击对话框右下角的"工具"下拉按钮，在弹出的列表中选择"常规选项"选项，如图1-69所示。

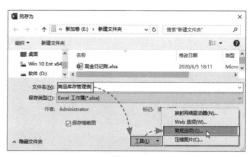

图 1-69

Step 03 打开"常规选项"对话框，设置"打开权限密码"和"修改权限密码"，单击"确定"按钮，如图1-70所示，随后确认输入密码，完成另存为操作。

Step 04 在工作表中输入内容，双击工作表标签，重命名工作表为"商品现存量清单"，如图1-71所示。

图 1-70

图 1-71

保存工作簿后关闭，当下次打开该工作簿时需要输入两个密码，分别是打开权限密码和编辑权限密码。

手机办公: 第一时间接收客户文件

现在移动端也支持下载安装Office办公软件, 只要手机上安装了Microsoft Office, 即使不在办公室, 也可以第一时间接收并处理重要文件。

手机中没有安装Microsoft Office的需要先安装, 这是一款免费的手机办公软件, 如图1-72所示。

图 1-72

当用户在手机中(包括微信、QQ或邮箱等)接收到他人发送的Excel文件时, 可以选择使用Microsoft Office查看或编辑, 如图1-73所示。

图 1-73

使用Microsoft Office查看Excel文件的方法如下。

Step 01 点击接收到的Excel文件, 选择使用"其他应用"打开, 如图1-74所示。

Step 02 选择使用Microsoft Office打开, 若选择"总是"选项, 以后接收到的Excel、Word、PPT文件会默认使用Microsoft Office打开, 如图1-75所示。

Step 03 此时的文件为只读状态, 需要保存才能进行编辑, 如图1-76所示。

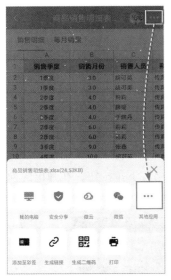

图 1-74

图 1-75

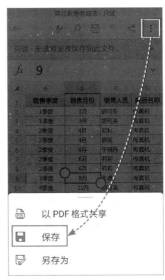

图 1-76

1. Q: Excel 2010 以上版本在创建新工作簿时能否实现自动创建 3 张工作表？

A: 可以实现。操作方法为，在文件菜单中选择"选项"选项，打开"Excel选项"对话框，在"常规"界面中，将"包含的工作表数"设置成"3"，如图1-77所示。

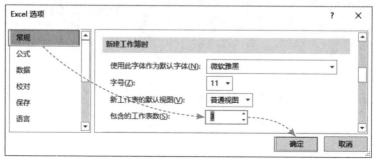

图 1-77

2. Q: 如何创建模板工作簿？

A: 启动Excel后，切换到"新建"界面，在该界面中搜索并选择需要的Excel模板，然后单击"创建"按钮，即可创建该模板文件，如图1-78所示。

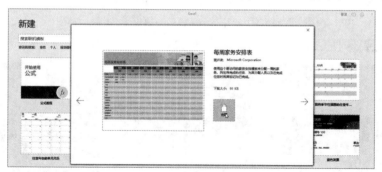

图 1-78

3. Q: 如何同时冻结表格的首行和首列？

A: 选中B2单元格，在"视图"选项卡中单击"冻结窗格"下拉按钮，在弹出的列表中选择"冻结窗格"按钮即可，如图1-79所示。

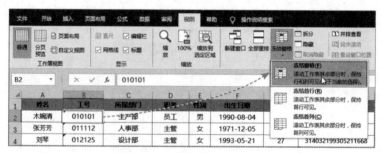

图 1-79

第2章
数据录入不可轻视

　　要想在Excel中创建出完整的报表，必须要学会灵活控制单元格，以及在单元格中录入不同类型的数据。本章内容将对单元格的选择和数据的录入技巧进行详细讲解。

单元格是组成工作表的基础单位。在单元格中录入内容或对单元格执行操作前必须先选中单元格。

2.1.1　选择单个单元格

选择单个单元格非常简单，需要选择哪个单元格，就在该单元格中单击即可，如图2-1所示。

台风的分级			
等级	风速		相当于蒲福风级
	（米/秒）	（千米/小时）	
轻度台风	17.2~32.6	62~117	78~11
中度台风	32.7~50.9	118~183	12~15
强烈台风	51.0以上	184以上	16以上

图 2-1

2.1.2　选择单元格区域

选择单元格区域一般分为两种情况，一种是选择相邻的单元格区域，另一种是选择不相邻的单元格区域，下面分别介绍操作方法。

1. 选择相邻的单元格区域

先选中一个单元格，按住左键不放并拖动鼠标，可将相邻的单元格区域选中，如图2-2所示。

2. 选择不相邻的单元格区域

选择不相邻的单元格区域需要配合Ctrl键一起操作。具体方法为，先选中第一个单元格区域，然后按住Ctrl键不放，使用鼠标继续单击选中其他不相邻的单元格区域即可，如图2-3所示。

风速与浪高对应关系表					
风级	浪级	风速		浪高（米）	
		海里/小时	米/秒	一般	最高
0		1以下	0-0.2	—	—
1	微波	1~3	0.3~1.5	0.1	0.1
2	微波	4~6	1.6~3.3	0.2	0.3
3	小波	7~10	3.4~5.4	0.6	
4	小浪	11~16	5.5~7.9	1.0	1.5

图 2-2

风速与浪高对应关系表					
风级	浪级	风速		浪高（米）	
		海里/小时	米/秒	一般	最高
0	-	1以下	0-0.2	—	—
1	微波	1~3	0.3~1.5	0.1	0.1
2	微波	4~6	1.6~3.3	0.2	0.3
3	小波	7~10	3.4~5.4	0.6	1.0
4	小浪	11~16	5.5~7.9	1.0	
5	中浪	17~21	8.0~10.7	2.0	2.5

图 2-3

知识点拨

在名称框中输入单元格地址或单元格区域地址，按下Enter键可以快速精准地选择指定的单元格或单元格区域，如图2-4所示。

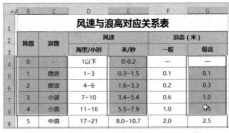

按Enter键

		81~89	41.5~46.1	14以上	16以上
19	15	狂涛	90~99	2~50.9	14以上	16以上
20	16	狂涛	100~108	51.0~56.0	14以上	16以上
21	17	狂涛	109~118	56.1~61.2	14以上	16以上

图 2-4

Excel办公应用标准教程——公式、函数、图表与数据分析（实战微课版）

2.1.3 选择行、列

在操作工作表时，经常需要对整行或整列的数据进行处理，这时就需要先选中这些行或列。

1. 选择一行或一列

将光标移动到指定的行号上方，当光标变成黑色的右箭头形状时单击，即可选中该行，如图2-5所示。

将光标移动到指定的列标上方，当光标变成黑色的下箭头时单击，即可选中该列，如图2-6所示。

序号	销售员	品牌	商品名称	销售数量	销售价
01	闫如懿	Apple Watch	智能手表	6	¥3,380.00
02	蕾蕾	Apple Watch	智能手表	4	¥588.00
03	孔依依	Apple Watch	智能手表	4	¥588.00
04	韶华	Apple Watch	智能手表	4	¥588.00
05	孔依依	Apple Watch	智能手表	6	¥3,380.00
06	闫如懿	BBK	平板电脑	9	¥2,100.00
07	闫如懿	BBK	平板电脑	22	¥2,500.00
08	蕾蕾	BBK	平板电脑	9	¥2,100.00
09	张丽娜	BBK	平板电脑	22	¥2,500.00

图 2-5

序号	销售员	品牌	商品名称	销售数量	销售价
01	闫如懿	Apple Watch	智能手表	6	¥3,380.00
02	蕾蕾	Apple Watch	智能手表	4	¥588.00
03	孔依依	Apple Watch	智能手表	4	¥588.00
04	韶华	Apple Watch	智能手表	4	¥588.00
05	孔依依	Apple Watch	智能手表	6	¥3,380.00
06	闫如懿	BBK	平板电脑	9	¥2,100.00
07	闫如懿	BBK	平板电脑	22	¥2,500.00
08	蕾蕾	BBK	平板电脑	9	¥2,100.00
09	张丽娜	BBK	平板电脑	22	¥2,500.00

图 2-6

2. 选择连续的多行或多列

先选中一行，按住左键并向下（或向上）拖动，可选中连续多行，如图2-7所示。

序号	销售员	品牌	商品名称	销售数量	销售价
01	闫如懿	Apple Watch	智能手表	6	¥3,380.00
02	蕾蕾	Apple Watch	智能手表	4	¥588.00
03	孔依依	Apple Watch	智能手表	4	¥588.00
04	韶华	Apple Watch	智能手表	4	¥588.00
05	孔依依	Apple Watch	智能手表	6	¥3,380.00
06	闫如懿	BBK	平板电脑	9	¥2,100.00
5R x 16384C	闫如懿	BBK	平板电脑	22	¥2,500.00
08	蕾蕾	BBK	平板电脑	9	¥2,100.00
09	张丽娜	BBK	平板电脑	22	¥2,500.00

图 2-7

先选中一列，按住左键并向右（或向左）拖动，可选中连续多列，如图2-8所示。

序号	销售员	品牌	商品名称	销售数量	销售价
01	闫如懿	Apple Watch	智能手表	6	¥3,380.00
02	蕾蕾	Apple Watch	智能手表	4	¥588.00
03	孔依依	Apple Watch	智能手表	4	¥588.00
04	韶华	Apple Watch	智能手表	4	¥588.00
05	孔依依	Apple Watch	智能手表	6	¥3,380.00
06	闫如懿	BBK	平板电脑	9	¥2,100.00
07	闫如懿	BBK	平板电脑	22	¥2,500.00
08	蕾蕾	BBK	平板电脑	9	¥2,100.00
09	张丽娜	BBK	平板电脑	22	¥2,500.00

1048576R x 3C

图 2-8

3. 选择不连续的行或列

以选择行为例，选择好第一个行区域后，按住Ctrl键不放，继续选择其他区域的行，可将这些不相邻的行同时选中，如图2-9所示。选择不连续的列，操作方法和选择行相同，如图2-10所示。

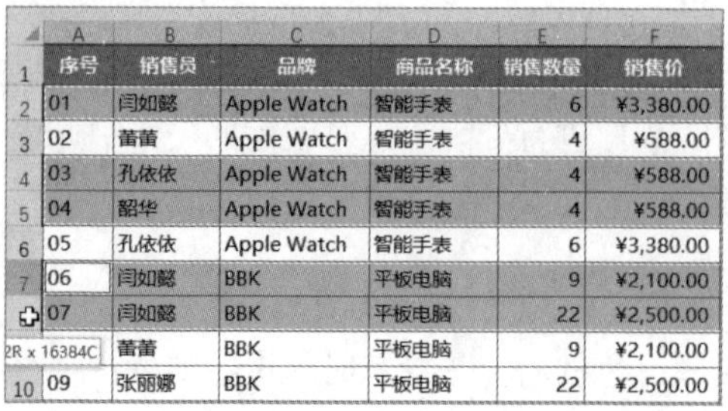

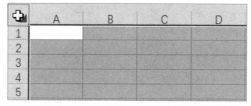

图 2-9　　　　　　　　　　　　　　　　　　图 2-10

2.1.4　选择工作表中所有单元格

选择工作表中所有单元格有很多种方法，比较快捷的方法是在工作区左上角单击，如图2-11所示。

图 2-11

动手练　**快速查看汇总数据**

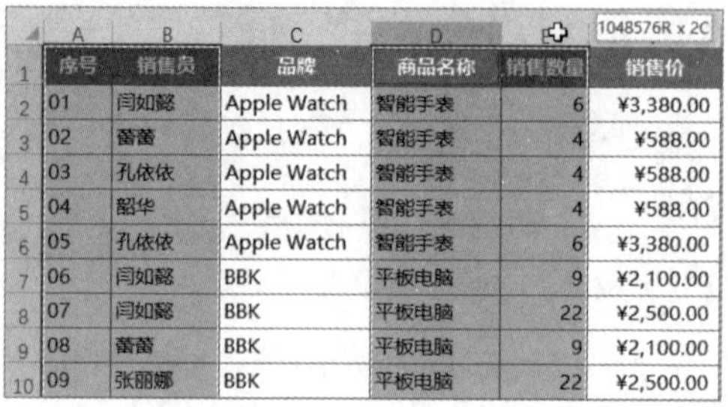

扫码看视频

使用快捷键可以快速定位到工作表中的指定单元格，例如在大型数据统计表中快速定位到合计汇总单元格，如图2-12所示，以及快速选择数据区域、快速返回A1单元格等。

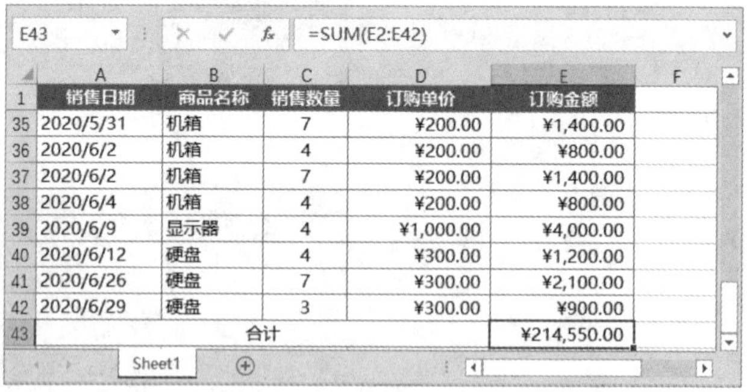

图 2-12

用户可以练习使用以下这些快捷键。

Ctrl+End组合键：快速选中数据区域最后一个单元格。统计表的最后一个单元格往往是对数据的汇总，用户可以使用这组快捷键快速查看汇总数据。

Ctrl+Shift+End组合键：选中当前行至数据表最后一行的所有单元格。

Ctrl+Home组合键：快速回到A1单元格。

Ctrl+Shift+Home组合键：选中当前单元格至A1单元格之间的所有单元格。

2.2 录入数据

Excel中的常见数据类型包括文本、数字、日期、符号、逻辑值四种，不同的数据类型有不同的录入技巧。另外用户还可以使用复制、填充、查找与替换等功能提高数据录入的速度。

2.2.1 录入文本型数据

汉字、拼音、英文字母、符号等都属于文本型数据。文本型数据在录入时没有什么特殊要求，选中指定单元格后直接输入内容即可，如图2-13所示。

输入完成后可使用Enter键向下切换单元格，另外使用↑、↓、←、→键也可控制单元格向对应的方向切换，方便向相邻的单元格中继续录入数据，如图2-14所示。

	A	B	C	D
1	海洋层			
2				
3				
4				
5				
6				

图 2-13

	A	B	C	D
1	海洋层	区域深度	温度	环境
2	光照层	0-200米	20℃	阳光充足
3	弱光层	200-1000米	5℃~10℃	光线昏暗
4	深海层	1000-6000米	0℃~4℃	寒冷黑暗
5	深渊层	6000-11000米及以下	0℃以下	神秘漆黑
6				

图 2-14

知识点拨

若单元格中的数据很多，可以将其设置成换行显示，如图2-15所示。换行后可适当调整行高，让单元格中的内容完整显示出来。

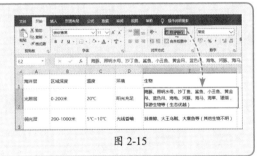

图 2-15

2.2.2 录入数值型数据

数值型数据是Excel中使用率最高，也是最复杂的数据类型，普通数字、百分比数值、货币型数值、分数、日期、时间等都是数值型数据，而且这些数据类型在Excel中可以相互转换。

1. 自动保留两位小数

默认情况下，如果在Excel中手动录入"2.00"这样的数据，按下Enter键后单元格中会显示"2"，小数点及其后面的"0"会消失，这时可通过设置单元格格式让数据保留两位小数。

选中需要保留两位小数的数据，打开“开始”选项卡，在“数字”组中单击“数字格式”下拉按钮，在弹出的列表中选择“数字”选项，如图2-16所示。

所选数据随即自动添加两位小数，若原数据超过两位小数也会自动保留两位小数，如图2-17所示。

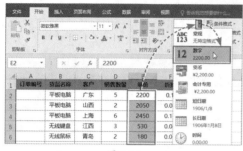

图 2-16

	A	B	C	D	E	F	G
1	订单编号	货品名称	客户	销售数量	单价	折扣	销售金额
2		平板电脑	广东	5	2200.00	0.1	9900
3		平板电脑	山西	2	2050.00	0.08	3772
4		平板电脑	上海	6	2450.00	0.15	12495
5		无线键盘	江西	3	530.00	0.08	1462.8
6		无线鼠标	青岛	2	180.00	0.05	342
7		游戏键盘	烟台	8	550.00	0.15	3740
8		游戏键盘	南通	4	600.00	0.06	2256
9		游戏键盘	苏州	5	1500.00	0.1	6750
10		游戏手柄	运城	10	1800.00	0.05	17100
11		游戏手柄	平阳	10	1650.00	0.2	13200

图 2-17

知识点拨

若要让数值保留其他指定的小数位数，可以在“设置单元格格式”对话框中设置，操作方法如下。

选中数据所在单元格，按Ctrl+1组合键，打开“设置单元格格式”对话框，在“数字”窗口中选择“数值”选项，然后调整好小数位数，最后单击“确定”按钮即可，如图2-18所示。

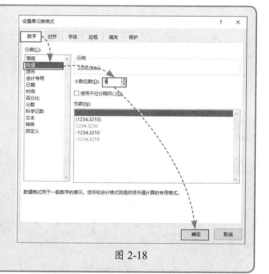

图 2-18

2. 录入百分比数值

若录入的百分比数值不多，可以手动输入，例如录入“10%”，只需先输入“10”然后输入一个“%”即可，如图2-19所示。

B	C	D	E	F	G
货品名称	客户	销售数量	单价	折扣	销售金额
平板电脑	广东	5	2200.00	10%	
平板电脑	山西	2	2050.00		
平板电脑	上海	6	2450.00		

图 2-19

若数据较多，逐一输入百分比符号比较麻烦，可以选择让Excel自动将所输入的数字转换成百分比数值。操作方法为，选中需要以百分比形式显示的数字所在单元格，打开“开始”选项卡，在“数字”组中单击“%”按钮，如图2-20所示，所选数据随即被转换成百分比形式显示，如图2-21所示。

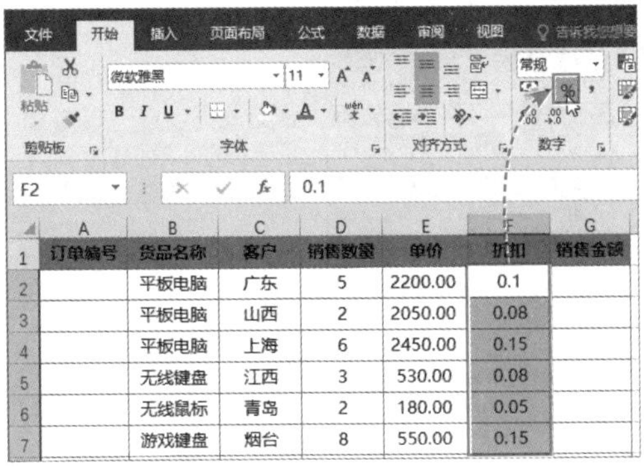

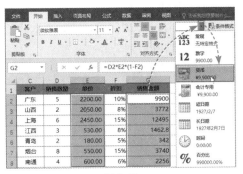

图 2-20

图 2-21

3. 录入货币形式的数据

录入表示金额的数字时通常会将其设置成货币格式，以便观察金额的大小。操作方法为，选中需要设置成货币格式的数字所在单元格区域，在"开始"选项卡的"数字"组中单击"数字格式"下拉按钮，在弹出的列表中选择"货币"选项，如图2-22所示，所选区域中的数字即可转换成货币格式，如图2-23所示。

图 2-22

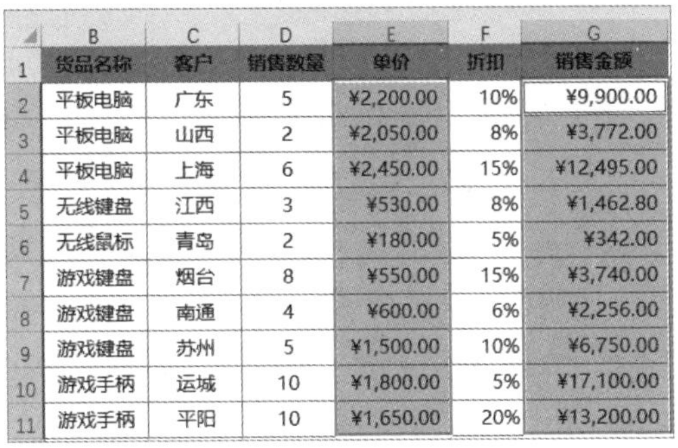

图 2-23

4. 录入以 0 开头的数字

有些订单编号、产品编码、员工工号等都是以0开头的，但是在Excel中，会默认去除数字前面的0，若想让数字前面的0显示，最快捷的方法是将单元格格式设置成文本格式。

操作方法为，选中需要输入编号的单元格区域，在"开始"选项卡中的"数字"组内单击"数字格式"下拉按钮，在弹出的列表中选择"文本"选项，如图2-24所示，所选单元格中即可输入以0开头的数字，如图2-25所示。

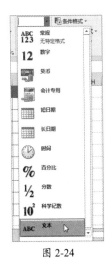

图 2-24

	A	B	C	D	E	F	G	H
1	订单编号	货品名称	客户	销售数量	单价	折扣	销售金额	
2	00531128	平板电脑	广东	5	¥2,200.00	10%	¥9,900.00	
3	01368972	平板电脑	山西	2	¥2,050.00	8%	¥3,772.00	
4	00552369	平板电脑	上海	6	¥2,450.00	15%	¥12,495.00	
5	00891369	无线键盘	江西	3	¥530.00	8%	¥1,462.80	
6	01789990	无线鼠标	青岛	2	¥180.00	5%	¥342.00	
7	02023698	游戏键盘	烟台	8	¥550.00	15%	¥3,740.00	
8	00015151	游戏键盘	南通	4	¥600.00	6%	¥2,256.00	
9	03231342	游戏键盘	苏州	5	¥1,500.00	10%	¥6,750.00	
10	05980568	游戏手柄	运城	10	¥1,800.00	5%	¥17,100.00	
11	00450875	游戏手柄	平阳	10	¥1,650.00	20%	¥13,200.00	
12								

图 2-25

2.2.3　录入日期和时间

日期和时间属于Excel中比较特殊的一类数字，下面介绍输入方法。

1. 录入日期

Excel默认的连接日期中年、月、日的符号是"/"，例如"2020/5/1"，这也是Excel中的标准短日期格式。当以"-"符号作为年、月、日之间的连接符时，Excel会自动将"-"符号转换成"/"符号。除此之外以其他符号来连接年月日所组成的日期，Excel均不能自动将其识别为日期。例如"2020.5./30"，Excel只会将其识别为普通文本。

录入日期后，若想转换日期类型，可通过"设置单元格格式"对话框来完成。Excel内置了很多日期类型，用户根据需要进行选择即可。

使用Ctrl+1组合键打开"设置单元格格式"对话框，选择"日期"选项，在右侧"类型"列表框中包含了所有内置日期类型供用户选择，如图2-26所示。

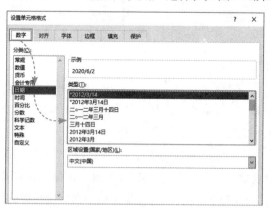

图 2-26

2. 录入时间

在Excel中输入时间，时、分、秒之间需要使用"："符号连接，例如"12：30：15"。系统默认的时间是24小时制，若要基于12小时制输入时间，需要在时间后输入一个空格，然后输入AM或PM，用来表示上午或下午，例如"8：15 AM"。

2.2.4　录入特殊符号

常用的符号一般可以通过键盘或输入法输入，一些特殊符号则可以使用"符号"对话框输入。

例如输入罗马数字的1~12，使用"符号"对话框来输入非常方便。打开"插入"选项卡，单击"符号"按钮，在打开的"符号"对话框中找到需要的罗马数字，单击"插入"按钮即可将该字符插入单元格中，如图2-27所示。

图 2-27

2.2.5　设置数据录入规则

录入数据时设置一些条件规则有利于提高录入速度，减少出错率。Excel中为数据录入制定规则的这项功能就是"数据验证"。

"数据验证"能够对文本、整数、小数、日期、时间等设置条件，只有符合条件才能被输入到单元格中。

1. 限制只能录入指定范围内的日期

选中需要输入日期的单元格，打开"数据"选项卡，在"数据工具"组中单击"数据验证"按钮，弹出"数据验证"对话框，设置验证条件为只允许输入介于2020/7/1至2020/7/31之间的日期，设置完成后单击"确定"按钮，关闭对话框，如图2-28所示。

设置完成后，该区域中将只允许输入指定范围内的日期，若输入超出范围的日期或输入其他类型的数据，系统会弹出"停止"对话框，如图2-29所示。

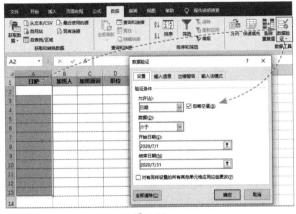

图 2-28

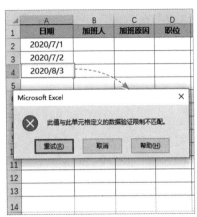

图 2-29

35

2. 使用下拉列表输入

先选择需要使用下拉列表输入内容的单元格区域，打开"数据验证"对话框，设置验证条件为允许输入序列，在来源文本框中输入需要在下拉列表中显示的选项，每个选项之间必须用英文逗号隔开，如图2-30所示。

设置完成后，选中选区中的任意一个单元格，单元格右侧都会出现一个下拉按钮，单击该按钮，从弹出的列表中选择需要输入的内容即可，如图2-31所示。

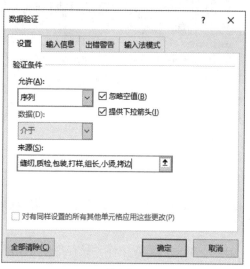

图 2-30

图 2-31

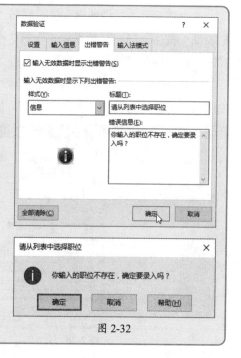

知识点拨

在"数据验证"对话框中的"出错警告"窗口，可以设置输入无效数据时所弹出的警告对话框样式，并且自定义对话框的标题以及错误信息，如图2-32所示。

数据验证的出错警告对话框一共有三种样式，分别是"停止""警告"和"信息"。当输入不符合条件的内容时，默认使用的是"停止"样式的对话框，该样式的对话框不允许输入不符合条件的内容，而其他两种类型的对话框则允许输入不符合条件的内容。

图 2-32

动手练 使用"记录单"录入数据

Excel中隐藏的"记录单"功能可以帮助用户快速录入数据。设置好标题和第一条记录后即可使用记录单录入剩余数据。

若第一条记录中包含公式，那么录入剩余内容时记录单会引用第一条记录中的公式进行自动计算，如图2-33所示。

	A	B	C	D	E	F	G
1	销售日期	产品名称	产品进价	销售数量	销售单价	销售金额	销售利润
2	2020/5/1	水果切切乐	35.00	2	48.00	96.00	26.00
3	2020/5/1	遥控翻斗车	150.00	3	199.00	597.00	147.00
4	2020/5/1	水果切切乐	35.00	1	48.00	48.00	13.00
5	2020/5/2	水果切切乐	35.00	4	48.00	192.00	52.00
6	2020/5/2	遥控翻斗车	150.00	5	199.00	995.00	245.00
7	2020/5/2	城堡拼装积木	280.00	2	350.00	700.00	140.00
8	2020/5/2	遥控翻斗车	280.00	6	350.00	2100.00	420.00
9	2020/5/3	水果切切乐	35.00	2	48.00	96.00	26.00
10	2020/5/3	遥控翻斗车	150.00	5	199.00	995.00	245.00
11	2020/5/3	水果切切乐	35.00	2	48.00	96.00	26.00

使用记录单录入数据
销售日期：2020/5/3　　10 / 10
产品名称：水果切切乐
产品进价：35
销售数量：2
销售单价：48
销售金额：96.00
销售利润：26.00
新建(W) 删除(D) 还原(R) 上一条(P) 下一条(N) 条件(C) 关闭(L)

图 2-33

默认情况下用户无法从功能区中找到"记录单"按钮，使用此功能之前需要先添加"记录单"，为了方便使用，可以将其添加到快速访问工具栏，步骤如下。

Step 01 单击"自定义快速访问工具栏"下拉按钮，在弹出的列表中选择"其他命令"选项，如图2-34所示。

Step 02 打开"Excel选项"对话框，切换到"快速访问工具栏"界面，从"不在功能区中的命令"中找到"记录单"，并将其添加到自定义快速访问工具栏，如图2-35所示。

图 2-34

Excel 选项

自定义快速访问工具栏。

从下列位置选择命令(C):
不在功能区中的命令

绘制边框
绘制边框
绘制外侧框线
货币符号
即将推出的功能. 立即尝试.
计算器
记录单...
加号

☐ 在功能区下方显示快速访问工具栏(H)

自定义快速访问工具栏
用于所有文档(默认)

保存
撤消
恢复
记录单...

添加(A) >>
<< 删除(R)

修改(M)...
自定义: 重置(E)
导入/导出(P)

确定　取消

图 2-35

当需要录入大量重复数据或有序数据时，使用填充功能是不错的选择。填充数据有很多种方法，用户可以根据数据的类型以及填充需求选择合适的方法。

2.3.1 填充文本

在连续区域中录入相同文本时可以直接拖动填充柄进行填充，操作方法如下。

选中需要填充的文本所在单元格，将光标放在单元格右下角，如图2-36所示。光标变成黑色的十字形状时按住左键并拖动鼠标，如图2-37所示。松开鼠标后单元格中即被填充了相同的文本，如图2-38所示。

	日期	加班人	加班原因	职位
2	2020/7/1	方木	赶任务	缝纫
3	2020/7/2	子琪		质检
4	2020/7/3	吉娜		包装
5	2020/7/4	王峰		组长
6	2020/7/5	大白		缝纫
7	2020/7/6	徐凯		打样
8	2020/7/7	李阳		小烫

图 2-36

	日期	加班人	加班原因	职位
2	2020/7/1	方木	赶任务	缝纫
3	2020/7/2	子琪		质检
4	2020/7/3	吉娜		包装
5	2020/7/4	王峰		组长
6	2020/7/5	大白		缝纫
7	2020/7/6	徐凯		打样
8	2020/7/7	李阳	赶任务	

图 2-37

	日期	加班人	加班原因	职位
2	2020/7/1	方木	赶任务	缝纫
3	2020/7/2	子琪	赶任务	质检
4	2020/7/3	吉娜	赶任务	包装
5	2020/7/4	王峰	赶任务	组长
6	2020/7/5	大白	赶任务	缝纫
7	2020/7/6	徐凯	赶任务	打样
8	2020/7/7	李阳	赶任务	小烫

图 2-38

注意事项 数据并非只能被向下填充，用户也可根据需要向上、左或右拖动填充柄填充数据。

2.3.2 填充数字

数字填充分两种情况，一种是复制填充，另一种是序列填充。所谓序列填充即数据按照一定的规律进行有序填充，有些序列填充需要设置步长值。

1. 使用填充柄填充

（1）复制填充数字

复制填充数字的方法和复制填充文本相同，只需选中要填充的数字所在单元格，向目标方向拖动填充柄即可，如图2-39所示。

（2）填充数字序列

方法一：选中需要按序列填充的数字所在单元格，按住Ctrl键不放，向目标方向拖动填充柄，松开鼠标后即可自动生成序列，如图2-40所示。

方法二：选中前两个数字，直接拖动填充柄，松开鼠标也可实现序列填充，如图2-41所示。

Excel办公应用标准教程——公式、函数、图表与数据分析（实战微课版）

图 2-39

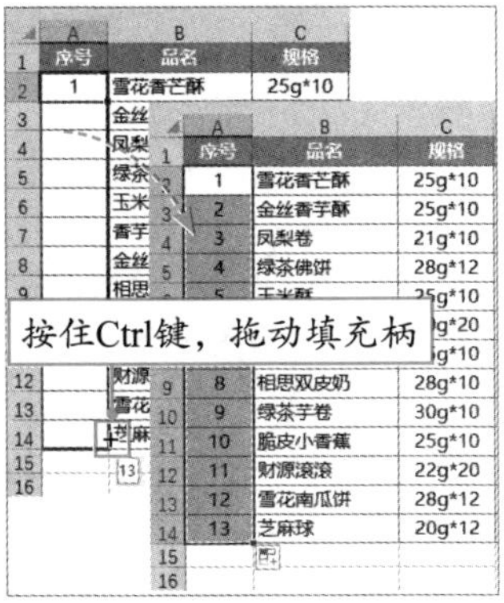

图 2-40

图 2-41

2. 使用序列对话框填充

需要填充的序列范围非常大时，例如填充1~10000的序列，这时再使用鼠标拖曳可能就没那么方便，这种情况下推荐使用"序列"对话框填充序列，操作方法如下。

选中数字1所在的单元格，在"开始"选项卡的"编辑"组中单击"填充"下拉按钮，在弹出的列表中选择"序列"选项，如图2-42所示。

弹出"序列"对话框，选择序列产生在"列"，保持步长值为"1"，设置终止值为"10000"，单击"确定"按钮，如图2-43所示。当前列中即可产生一组1~10000的序列。

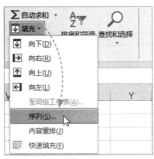

图 2-42

图 2-43

知识点拨

很多使用Excel的人不了解等差序列、等比序列和步长值的概念，其实这些内容在数字的序列填充中起着十分关键的作用。

当使用等差序列时，一组序列中每个相邻数字的"差"都是相等的；当使用等比序列时每个相邻数字的"商"都是相等的。而步长值就是这两种序列类型中的差和商。Excel默认使用的是等差序列，步长值是"1"，用户可以根据需要对其进行修改。

2.3.3 填充日期

填充日期和填充数字的操作方法基本相同，只是在使用鼠标拖曳填充时，复制填充和序列填充的操作方法相反。

选中需要填充的日期，直接拖动填充柄是序列填充，如图2-44所示。按住Ctrl键再拖动填充柄是复制填充，如图2-45所示。

日期也可以使用"序列"对话框填充，根据日期的特性还可以分别以日、工作日、月以及年来设置步长值，如图2-46所示。

图 2-44

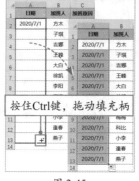

图 2-45

图 2-46

动手练 快速填充常用文本

一些有一定规律，又是经常会用到的文本可以将其设置成自定义序列，以便将这些内容快速输入到工作表中。例如快速填充公司的职位等级，如图2-47所示，具体操作方法如下。

Step 01 单击"文件"按钮，打开文件菜单，选择"选项"选项。打开"Excel选项"对话框，切换到"高级"界面，单击"编辑自定义列表"按钮，如图2-48所示。

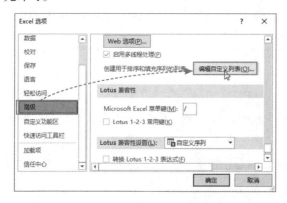

（图 2-47 表格内容）

A	B
等级	职位
1	董事长
2	总经理
3	副总经理
4	部门经理
5	部门副经理
6	部门主管
7	助理
8	见习助理

图 2-47

Step 02 打开"自定义序列"对话框，输入自定义序列并进行添加，最后单击"确定"按钮关闭对话框，如图2-49所示。

此后，若想快速录入该自定义序列，只需在单元格中输入第一个文本，然后向下填充即可。

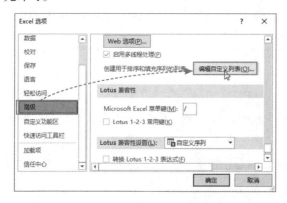

图 2-48

图 2-49

2.4 查找与替换数据

查找与替换是数据编辑和处理过程中非常重要的一项功能，下面将对查找和替换功能的应用进行详细介绍。

2.4.1 查找数据

当需要查看或修改工作表中的某些内容时，可以先将这些内容查找出来再做处理。

选中需要在其中查找数据的单元格区域，使用Ctrl+F组合键打开"查找和替换"对话框，输入需要查找的内容，单击"查找全部"按钮，对话框底部即可显示出所有查找到的内容，使用Ctrl+A组合键可将查找到的单元格全部选中，如图2-50所示。

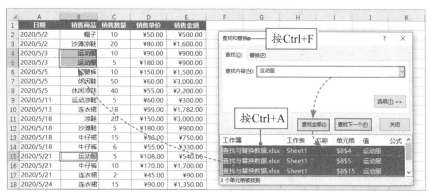

图 2-50

2.4.2 替换数据

查找数据和替换数据通常同步进行，用户可以根据格式查找替换、使用单元格匹配查找替换、在查找替换时区分大小写等，下面详细介绍替换数据的方法。

1. 替换指定内容

使用Ctrl+H组合键打开"查找和替换"对话框，在"替换"窗口中输入要查找的内容和要替换为的内容。单击"全部替换"按钮，如图2-51所示，即可将所查找的内容替换为指定内容，如图2-52所示。完成替换后系统会弹出一个信息对话框提醒已完成几处替换。

13	2020/5/18	牛仔裙	15	¥50.00
14	2020/5/18	牛仔裤	6	¥55.00
15	2020/5/21	运动服	5	¥108.00
16	2020/5/21	牛仔裤	10	¥170.00
17	2020/5/21	连衣裙	2	¥45.00

13	2020/5/18	牛仔裙	15	¥50.00
14	2020/5/18	牛仔九分裤	6	¥55.00
15	2020/5/21	运动服	5	¥108.00
16	2020/5/21	牛仔九分裤	10	¥170.00
17	2020/5/21	连衣裙	2	¥45.00

图 2-51   图 2-52

2. 使用单元格匹配查找替换

默认情况下，在设置好要查找和替换的内容后，Excel会对所有指定字符进行替换。例如将报表中的"凉鞋"替换成"女士凉鞋"，如图2-53所示。除了包含"凉鞋"这两个字的单元格被替换外，"沙滩凉鞋""休闲凉鞋"等均被替换成了"沙滩女士凉鞋""休闲女士凉鞋"，如图2-54所示。

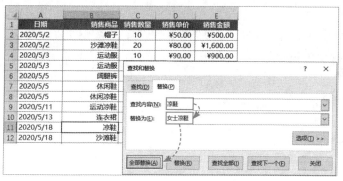

图 2-53

图 2-54

若想替换只包含"凉鞋"这两个字的单元格，需要开启"单元格匹配"功能。操作方法很简单，在"查找和替换"对话框中单击"选项"按钮，展开所有选项，勾选"单元格匹配"复选框，再执行"全部替换"命令即可，如图2-55所示。

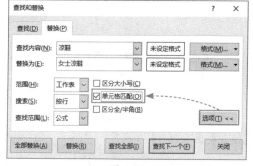

图 2-55

3. 使用通配符查找替换

使用通配符的目的是进行模糊匹配查找，例如查找出"鞋"前面有三个字符的单元格，进行突出显示，操作方法如下。

使用Ctrl+H组合键打开"查找和替换"对话框，输入查找内容为"???鞋"，单击"替换为"右侧的"格式"按钮，如图2-56所示。打开"替换格式"对话框，设置一个合适的填充颜色，单击"确定"按钮，如图2-57所示。

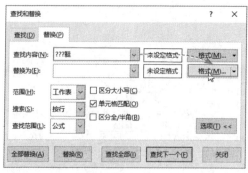

图 2-56

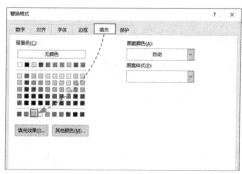

图 2-57

返回"查找和替换"对话框，单击"全部替换"按钮，如图2-58所示。此时报表中符合条件的单元格即被填充相应的颜色，如图2-59所示。

注意事项 使用通配符模糊查找数据时必须保证"单元格匹配"复选框呈选中状态。

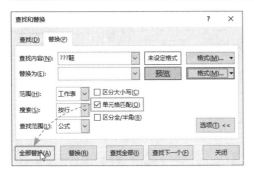

图 2-58   图 2-59

知识点拨

Excel中的通配符有?、*和~三种。?通配符表示任意的一个字符。*通配符表示任意个数的字符。要查找包含通配符的单元格时使用~，例如查找"刘*"，那么要在查找内容文本框中输入"?~*"。

2.4.3 定位数据

在工作中对某一类型的数据进行查找、删除或是进行其他编辑时都会用到"定位条件"功能。该功能可以快速定位表格中的批注、常量、公式、空白单元格、图表和图片等，下面具体介绍"定位条件"的使用方法。

先选择要在其中定位内容的单元格区域。打开"开始"选项卡，在"编辑"组中单击"查找和选择"下拉按钮，在弹出的列表中选择"定位条件"选项，如图2-60所示。打开"定位条件"对话框，选中"空值"单选按钮，单击"确定"按钮，如图2-61所示。所选区域中所有空白单元格随即被全部选中，如图2-62所示。

图 2-60

图 2-61   图 2-62

动手练 批量删除表格中所有红色的数据

扫码看视频

表格中一些具有特殊格式的数据使用查找和替换功能同样能够进行批量处理，例如报表中有些红色字体的数据，如图2-63所示。现在需要将这些数据批量删除，如图2-64所示，具体步骤如下。

	A	B	C	D	E
1	日期	销售商品	销售数量	销售单价	销售金额
2	2020/5/2	帽子	10	¥50.00	¥500.00
3	2020/5/2	沙滩凉鞋	20	¥80.00	¥1,600.00
4	2020/5/3	运动服	10	¥90.00	¥900.00
5	2020/5/3	运动服	5	¥180.00	¥900.00
6	2020/5/5	阔腿裤	10	¥150.00	¥1,500.00
7	2020/5/5	休闲鞋	50	¥60.00	¥3,000.00
8	2020/5/5	休闲凉鞋	40	¥55.00	¥2,200.00
9	2020/5/11	运动鞋	5	¥60.00	¥300.00
10	2020/5/13	连衣裙	18	¥99.00	¥1,782.00
11	2020/5/18	凉鞋	20	¥150.00	¥3,000.00
12	2020/5/18	沙滩鞋	5	¥180.00	¥900.00
13	2020/5/18	牛仔裙	15	¥50.00	¥750.00
14	2020/5/18	牛仔九分裤	6	¥55.00	¥330.00
15	2020/5/21	运动服	5	¥108.00	¥540.00

图 2-63

	A	B	C	D	E
1	日期	销售商品	销售数量	销售单价	销售金额
2	2020/5/2	帽子	10	¥50.00	¥500.00
3	2020/5/2	沙滩凉鞋	20	¥80.00	¥1,600.00
4	2020/5/3				
5	2020/5/3				
6	2020/5/5	阔腿裤	10	¥150.00	¥1,500.00
7	2020/5/5				
8	2020/5/5	休闲凉鞋	40	¥55.00	¥2,200.00
9	2020/5/11	运动鞋	5	¥60.00	¥300.00
10	2020/5/13	连衣裙	18	¥99.00	¥1,782.00
11	2020/5/18	凉鞋	20	¥150.00	¥3,000.00
12	2020/5/18	沙滩鞋	5	¥180.00	¥900.00
13	2020/5/18	牛仔裙	15	¥50.00	¥750.00
14	2020/5/18	牛仔九分裤	6	¥55.00	¥330.00
15	2020/5/21				

图 2-64

Step 01 使用Ctrl+H组合键打开"查找和替换"对话框，单击"选项"按钮，展开对话框中的所有选项，单击"查找内容"右侧的"格式"按钮，如图2-65所示。

Step 02 打开"查找格式"对话框，切换到"字体"窗口，设置字体颜色为"红色"，单击"确定"按钮，如图2-66所示。

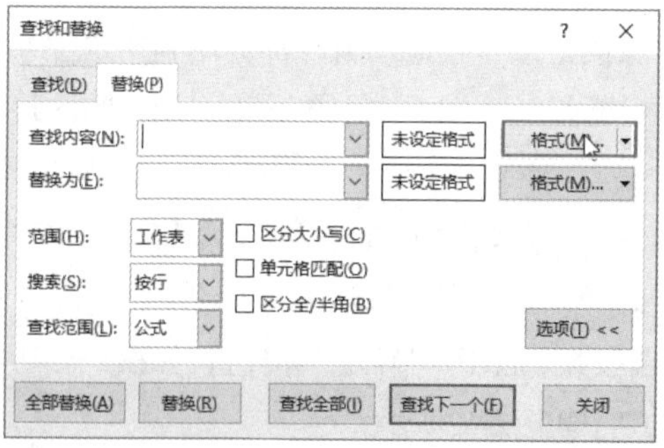

图 2-65

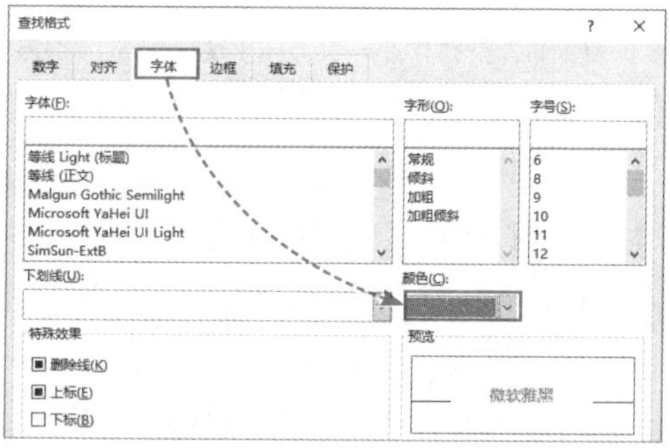

图 2-66

Step 03 返回"查找和替换"对话框，"替换为"文本框中保持空白，也不需要对其格式进行任何修改，直接单击"全部替换"按钮，如图2-67所示。系统随之弹出信息对话框，提示完成了几处替换，单击"确定"按钮，将该对话框关闭，完成操作。

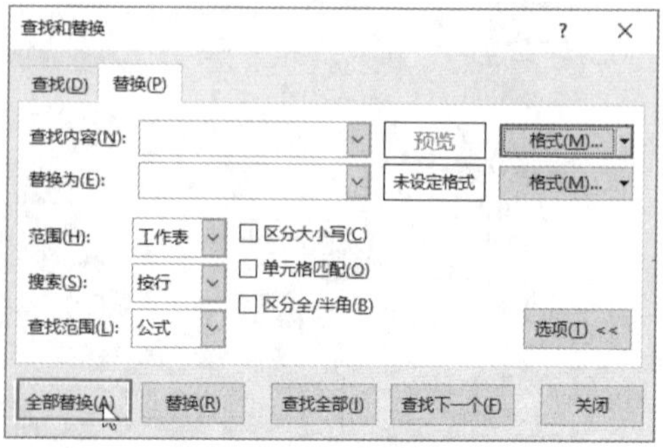

图 2-67

2.5 添加批注

在Excel中批注是十分常用的功能，主要作用是对数据做注释，下面详细介绍如何插入以及编辑批注。

2.5.1 新建批注

新建批注的方法很多，用户可以通过功能区中的命令按钮新建，也可以使用右键菜单新建，还可以直接使用快捷键新建，下面重点介绍如何使用命令按钮新建批注。

选中需要添加批注的单元格，打开"审阅"选项卡，在"批注"组中单击"新建批注"按钮，如图2-68所示，所选单元格右侧随即出现一个批注文本框，在该文本框中输入批注内容即可，如图2-69所示。

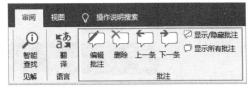

图 2-68　　　　　　　　　　　　　　　　图 2-69

知识点拨

使用右键菜单新建批注的方法为：右击需要添加批注的单元格，在弹出的快捷菜单中选择"插入批注"选项；新建批注的快捷键为Shift+F2。

2.5.2 管理批注

当插入的批注数量较多时可以对批注进行管理。例如编辑批注、隐藏批注、依次查看批注、删除批注等。这些命令按钮保存在"审阅"选项卡的"批注"组中，如图2-70所示。

图 2-70

动手练 设置批注形状

扫码看视频

默认创建的批注文本框的形状都是矩形，如图2-71所示。通过设置也可以让文本框的形状变得更有个性，如图2-72所示，设置方法如下。

	A	B	C	D	E
1	日期	联系人	订单号	订单量	
2	2020/6/1	张先生	2006001	200	
3	2020/6/1	李先生	2006002	300	
4	2020/6/1	王小姐	2006003	300	
5	2020/6/1	赵女士	2006004	500	
6	2020/6/2	陈经理	2006005	200	
7	2020/6/2	刘老板			
8	2020/6/2	李老板			
9	2020/6/2	肖小姐			
10	2020/6/2	梁先生	2006009	500	

图 2-71

	A	B	C	D	E
1	日期	联系人	订单号	订单量	
2	2020/6/1	张先生	2006001	200	
3	2020/6/1	李先生	2006002	300	
4	2020/6/1	王小姐	2006003	300	
5	2020/6/1	赵女士	2006004	500	
6	2020/6/2	陈经理	2006005	200	
7	2020/6/2	刘老板			
8	2020/6/2	李老板			
9	2020/6/2	肖小姐	200		
10	2020/6/2	梁先生	2006009	500	

图 2-72

Step 01 在快速访问工具栏中单击"自定义快速访问工具栏"下拉按钮，在弹出的列表中选择"其他命令"选项，（参照2.2节动手练）。打开"Excel选项"对话框，从所有命令中找到"编辑形状"选项，将其添加到自定义快速访问工具栏，如图2-73所示。

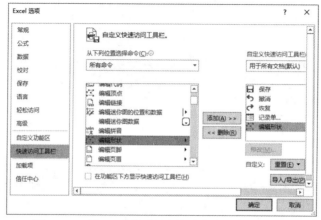

图 2-73

Step 02 选中需要改变形状的批注文本框，在快速访问工具栏中单击"编辑形状"下拉按钮，在弹出的列表中选择"更改形状"选项，在其下级联菜单中选择一个合适的形状即可，如图2-74所示。

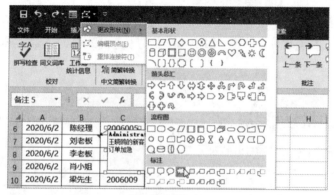

图 2-74

案例实战：制作产品报价单

产品报价单是针对不同的客户而独立设置的价格方案。报价单中通常包含产品名称、产品规格、单价等，下面利用本章所学知识制作产品报价单。

Step 01 在表格中的B列和C列中输入品名和规格，如图2-75所示。

	A	B	C	D	E	F	G
1	编号	品名	规格	单位	单价	数量	总价
2		发财糕	12*12*12				
3		金丝香芋酥	25*10*12				
4		金丝榴莲酥	25*10*12				
5		香菇包	40*10*10				
6		猪仔包	35*10*10				
7		鸡仔包	35*10*10				
8		玫瑰包	30*10*15				
9		蛋黄流沙包	30*10*12				
10		红糖蘑菇包	40*10*10				
11		年年有鱼	400*10				
12		相思双皮奶	28*10*15				
13		绿茶芋卷	30*10*20				

图 2-75

Step 02 在D2单元格中输入"箱"，向下拖动该单元格的填充柄，如图2-76所示。

	A	B	C	D	E	F	G
1	编号	品名	规格	单位	单价	数量	总价
2		发财糕	12*12*12	箱			
3		金丝香芋酥	25*10*12				
4		金丝榴莲酥	25*10*12				
5		香菇包	40*10*10				
6		猪仔包	35*10*10				
7		鸡仔包	35*10*10				
8		玫瑰包	30*10*15				
9		蛋黄流沙包	30*10*12				
10		红糖蘑菇包	40*10*10				
11		年年有鱼	400*10				
12		相思双皮奶	28*10*15				
13		绿茶芋卷	30*10*20				

图 2-76

Step 03 在A2单元格中输入"1"，在A3单元格中输入"2"，选中A2:A3单元格区域，向下拖动填充柄，如图2-77所示。

	A	B	C	D	E	F	G
1	编号	品名	规格	单位	单价	数量	总价
2	1	发财糕	12*12*12	箱			
3	2	金丝香芋酥	25*10*12	箱			
4		金丝榴莲酥	25*10*12	箱			
5		香菇包	40*10*10	箱			
6		猪仔包	35*10*10	箱			
7		鸡仔包	35*10*10	箱			
8		玫瑰包	30*10*15	箱			
9		蛋黄流沙包	30*10*12	箱			
10		红糖蘑菇包	40*10*10	箱			
11		年年有鱼	400*10	箱			
12		相思双皮奶	28*10*15	箱			
13		绿茶芋卷	30*10*20	箱			

图 2-77

Step 04 在E列、F列和G列中输入单价、数量及总价，如图2-78所示。

编号	品名	规格	单位	单价	数量	总价
1	发财糕	12*12*12	箱	95	1	95
2	金丝香芋酥	25*10*12	箱	120	1	120
3	金丝榴莲酥	25*10*12	箱	180	1	180
4	香菇包	40*10*10	箱	150	1	150
5	猪仔包	35*10*10	箱	110	1	110
6	鸡仔包	35*10*10	箱	110	1	110
7	玫瑰包	30*10*15	箱	150	1	150
8	蛋黄流沙包	30*10*10	箱	110	1	110
9	红糖蘑菇包	40*10*10	箱	95	1	95
10	年年有鱼	400*10	箱	55	1	55
11	相思双皮奶	28*10*15	箱	120	1	120
12	绿茶芋卷	30*10*20	箱	120	1	120

图 2-78

Step 05 选中所有单价和总价，在"开始"选项卡中的"数字"组中单击"数字格式"下拉按钮，在弹出的列表中选择"数字"选项，如图2-79所示。

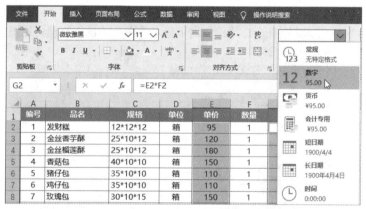

图 2-79

Step 06 表格中的单价和总价随即被设置成两位小数，至此完成产品报价单的制作，如图2-80所示。

编号	品名	规格	单位	单价	数量	总价
1	发财糕	12*12*12	箱	95.00	1	95.00
2	金丝香芋酥	25*10*12	箱	120.00	1	120.00
3	金丝榴莲酥	25*10*12	箱	180.00	1	180.00
4	香菇包	40*10*10	箱	150.00	1	150.00
5	猪仔包	35*10*10	箱	110.00	1	110.00
6	鸡仔包	35*10*10	箱	110.00	1	110.00
7	玫瑰包	30*10*15	箱	150.00	1	150.00
8	蛋黄流沙包	30*10*12	箱	110.00	1	110.00
9	红糖蘑菇包	40*10*10	箱	95.00	1	95.00
10	年年有鱼	400*10	箱	55.00	1	55.00
11	相思双皮奶	28*10*15	箱	120.00	1	120.00
12	绿茶芋卷	30*10*20	箱	120.00	1	120.00

图 2-80

手机办公：在手机上创建Word / Excel / PPT

移动设备上安装了Microsoft Office后，可以随时随地创建Word、Excel和PPT文件。

Step 01 在手机中打开Microsoft Office，点击底部"十"图标，如图2-81所示。

Step 02 点击"文档"图标，如图2-82所示。

图 2-81

图 2-82

Step 03 点击需要创建的文件类型，例如创建"空白演示文稿"，如图2-83所示。

Step 04 一个空白演示文稿随即被创建出来，如图2-84所示。

图 2-83

图 2-84

Excel办公应用标准教程——公式、函数、图表与数据分析（实战微课版）

1. Q：单元格中的文本如何变成垂直显示？

A： 选中需要垂直显示的文本所在单元格，在"开始"选项卡中的"对齐方式"组中单击"方向"下拉按钮，在弹出的列表中选择"竖排文字"选项，如图2-85所示，即可将所选文本设置成垂直显示，如图2-86所示。

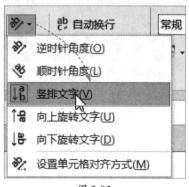

图 2-85

图 2-86

2. Q：如何录入完整的身份证号码？

A： 只需要将单元格的格式设置成"文本"类型即可。在文本单元格中输入数字时，单元格左上角会出现绿色的小三角，如图2-87所示。

320100199506180083

图 2-87

3. Q：想让手机号码分段显示应该如何设置？

A： 可以自定义单元格格式。操作方法如下，选中需要设置分段显示的手机号码所在的单元格区域，使用Ctrl+1组合键打开"设置单元格格式"对话框，在"数字"窗口中选择"自定义"选项，设置类型为"000 0000 0000"，单击"确定"按钮即可，如图2-88所示。

图 2-88

第3章
数据表的格式化

在工作表中录入数据后，为了让表格更符合用户的设计要求，还需要对表格进行一系列的格式化设置。Excel提供了丰富的设置功能，通过这些功能的应用可以让表格看起来更美观，更方便使用。

行和列的基本组成单位是单元格，人们通常所说的"一行"或"一列"指的就是"一行单元格"或"一列单元格"，下面对行、列及单元格的基本操作进行详细介绍。

3.1.1 插入或删除行与列

当需要向表格的中间位置添加一些内容时，会使用到插入行或插入列功能；反之若要删除表格中的一些内容时，要使用删除行或删除列功能。

1. 插入行或列

先选中一列，随后右击选中的列，在弹出的快捷菜单中选择"插入"选项，如图3-1所示，在所选列的左侧随即被插入一个空白列，如图3-2所示。

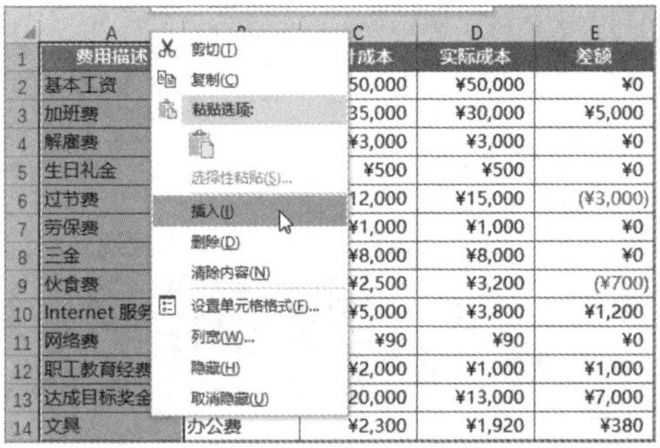

图 3-1

插入行的方法和插入列相同，先选中一行，然后右击选中的行，在弹出的快捷菜单中选择"插入"选项，在所选行的上方即可被插入一个新的行。

图 3-2

注意事项 若要一次插入多行或多列则要先选中连续的多行或多列再执行"插入"操作。

2. 删除行或列

表格中多余的行和列可以直接删除，下面以删除列为例，操作方法为，选中需要删除的列，然后右击，在弹出的快捷菜单中选择"删除"选项，如图3-3所示，选中的列即可被删除，如图3-4所示。

删除行的方法和删除列相同，只需要将选择列的操作换成选择行，再执行"删除"操作。

若先选中多行或多列再执行"删除"操作，则可一次删除多行或多列。

Excel办公应用标准教程——公式、函数、图表与数据分析（实战微课版）

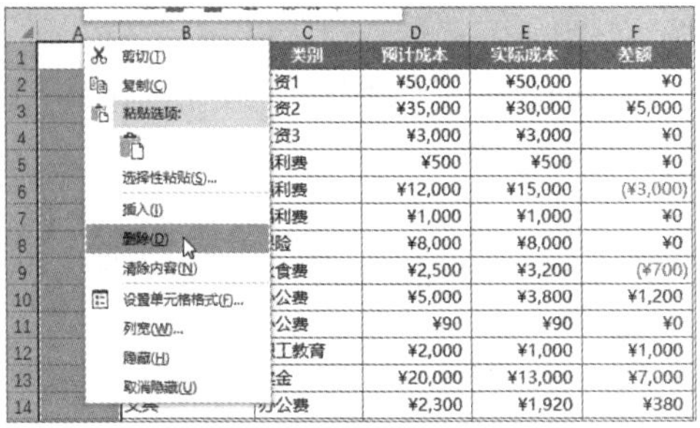

图 3-3

图 3-4

除使用右键菜单执行插入或删除行、列之外，用户也可通过功能区中的命令按钮及快捷键插入或删除行、列。在"开始"选项卡中的"单元格"组内，包含"插入"和"删除"下拉按钮。单击"插入"下拉按钮，根据列表中的选项可执行"插入单元格""插入工作表行""插入工作表列"等操作，如图3-5所示；单击"删除"

图 3-5　　　　　　图 3-6

下拉按钮，则可执行"删除单元格""删除工作表行""删除工作表列"等操作，如图3-6所示。

快捷键的操作方法为，选中行或列，使用Ctrl+加号组合键可插入行或列，使用Ctrl+减号组合键可删除行或列。

3.1.2　行与列的隐藏和重新显示

当有些行或列中的内容没那么重要，或不想向其他人展示时，可以暂时将其隐藏，等到需要使用时再重新显示出来。

1. 隐藏行或列

下面以隐藏行为例，选中需要隐藏的行，然后右击，在弹出的快捷菜单中选择"隐藏"选项，如图3-7所示，选中的行随即被隐藏，如图3-8所示。

隐藏列的方法和隐藏行相同，前提是先选中需要隐藏的列再执行隐藏操作。

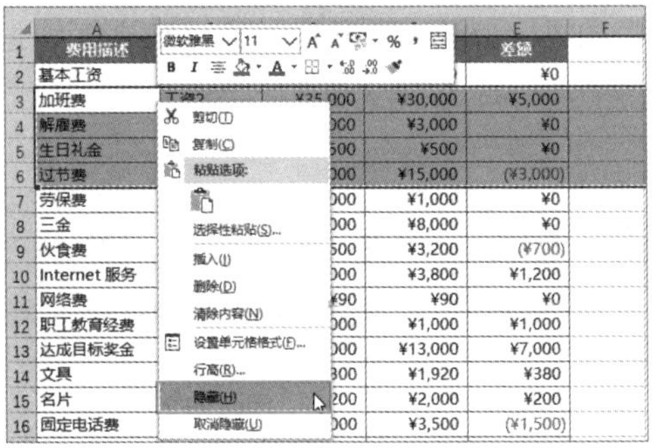

图 3-7

图 3-8

2. 取消隐藏行或列

选中包含隐藏行的行区域，然后右击，在弹出的快捷菜单中选择"取消隐藏"选项，如图3-9所示，被隐藏的行即可被显示出来，如图3-10所示。

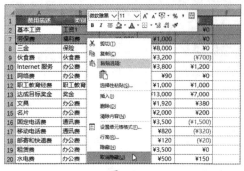

图 3-9   图 3-10

3. 取消工作表中所有行和列的隐藏

若工作表中有多处被隐藏的行或列，而且用户不能确定具体有哪些行或列被隐藏了，可以使用最快捷的方法取消所有行和列的隐藏状态，具体操作方法如下。

选中整个工作表，将光标放在任意行号位置，当光标变成上下箭头时双击，可取消所有行的隐藏，如图3-11所示；同理，将光标放在任意列标位置，当光标变成左右箭头时双击，则可以取消所有列的隐藏，如图3-12所示。

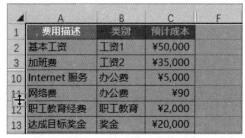

图 3-11

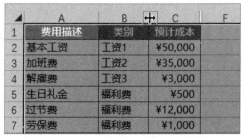

图 3-12

3.1.3 复制或移动单元格

复制或移动单元格是制作报表时经常执行的操作，用户可以根据需要复制或移动单元格，也可以复制或移动整行和整列数据。

1. 复制单元格

选中需要复制的单元格，使用Ctrl+C组合键，如图3-13所示。选中需要粘贴的单元格区域，如图3-14所示。使用Ctrl+V组合键，即可将复制的内容粘贴到所选单元格区域中，如图3-15所示。

	A	B	C	D
1	采购日期	礼品名称	单位	采购数量
2	2020/6/2	平板电脑	台	
3	2020/6/2	微波炉		
4	2020/6/2	榨汁机		
5	2020/6/3	保温杯		
6	2020/6/3	吹风机		
7	2020/6/4	行李箱		
8	2020/6/4	冰箱		
9	2020/6/5	智能手机		
10	2020/6/5	饮水机		
11	2020/6/5	床上四件套		
12	2020/6/5	零食大礼包		

图 3-13

	A	B	C	D
1	采购日期	礼品名称	单位	采购数量
2	2020/6/2	平板电脑	台	
3	2020/6/2	微波炉		
4	2020/6/2	榨汁机		
5	2020/6/3	保温杯		
6	2020/6/3	吹风机		
7	2020/6/4	行李箱		
8	2020/6/4	冰箱		
9	2020/6/1	智能手机		
10	2020/6/5	饮水机		
11	2020/6/5	床上四件套		
12	2020/6/5	零食大礼包		

图 3-14

	A	B	C	D
1	采购日期	礼品名称	单位	采购数量
2	2020/6/2	平板电脑	台	
3	2020/6/2	微波炉	台	
4	2020/6/2	榨汁机	台	
5	2020/6/3	保温杯		
6	2020/6/3	吹风机		
7	2020/6/4	行李箱		
8	2020/6/4	冰箱	台	
9	2020/6/1	智能手机	台	
10	2020/6/5	饮水机	台	
11	2020/6/5	床上四件套		
12	2020/6/5	零食大礼包		

图 3-15

注意事项 使用快捷键复制粘贴的除了单元格中的内容还包括单元格的格式。用户可以通过选择粘贴方式，只粘贴单元格中的值、只粘贴格式、将内容粘贴为图片等。

复制单元格后在"开始"选项中的"剪贴板"组中单击"粘贴"下拉按钮，在弹出的列表中即可选择不同的粘贴方式，如图3-16所示。

图 3-16

2. 移动单元格

选中需要移动的单元格，将光标放在单元格边框上，光标变成四向箭头时按住鼠标左键，如图3-17所示，向目标位置拖动鼠标，如图3-18所示。松开鼠标后单元格即被移动到了目标位置，如图3-19所示。

	A	B	C	D
1	采购日期	礼品名称	单位	采购数量
2	2020/6/2	平板电脑	台	
3	2020/6/2	微波炉		
4	2020/6/2	榨汁机		
5	2020/6/3	保温杯		
6	2020/6/3	吹风机		
7	2020/6/4	行李箱		
8	2020/6/4	冰箱		
9	2020/6/5	智能手机		
10	2020/6/5	饮水机		
11	2020/6/5	床上四件套		
12	2020/6/5	零食大礼包		

图 3-17

	A	B	C	D
1	采购日期	礼品名称	单位	采购数量
2	2020/6/2	平板电脑	台	
3	2020/6/2	微波炉		
4	2020/6/2	榨汁机		
5	2020/6/3	保温杯		
6	2020/6/3	吹风机		
7	2020/6/4	行李箱		
8	2020/6/4	冰箱		
9	2020/6/1	智能手机	C8	
10	2020/6/5	饮水机		
11	2020/6/5	床上四件套		
12	2020/6/5	零食大礼包		

图 3-18

	A	B	C	D
1	采购日期	礼品名称	单位	采购数量
2	2020/6/2	平板电脑		
3	2020/6/2	微波炉		
4	2020/6/2	榨汁机		
5	2020/6/3	保温杯		
6	2020/6/3	吹风机		
7	2020/6/4	行李箱		
8	2020/6/4	冰箱	台	
9	2020/6/1	智能手机		
10	2020/6/5	饮水机		
11	2020/6/5	床上四件套		
12	2020/6/5	零食大礼包		

图 3-19

若要将单元格移动到其他工作表或工作簿，可使用剪切的方式来操作，剪切和粘贴的两组快捷键分别为Ctrl+X和Ctrl+V。

3. 复制整行或整列

选中需要复制的行并右击，在弹出的快捷菜单中选择"复制"选项，如图3-20所示。在插入位置选中一行，然后右击，在弹出的快捷菜单中选择"插入复制的单元格"选项，如图3-21所示，被复制的行即被插入所选行的上方。

图 3-20

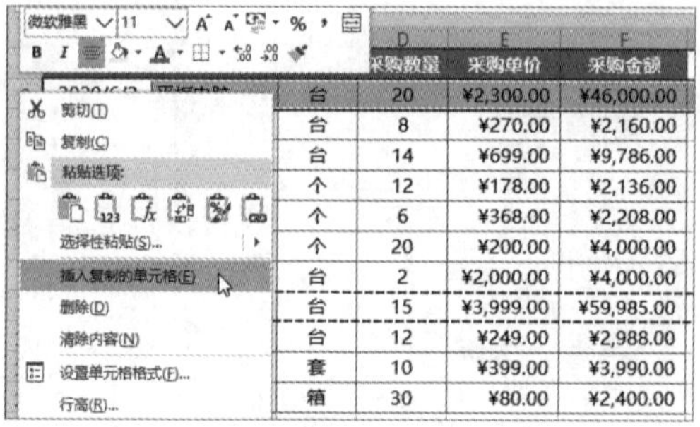

图 3-21

4. 移动整行或整列

选中需要移动位置的行，然后右击，在弹出的快捷菜单中选择"剪切"选项，如图 3-22所示。在插入位置选中一行，然后右击，在弹出的快捷菜单中选择"插入剪切的单元格"选项，如图3-23所示，所选行即被移动到所选行的上方。

图 3-22

图 3-23

复制和移动列的方法和对行的操作方法相同。

▊3.1.4　调整行高和列宽

当Excel默认的行高和列宽不符合表格的设计要求时，可根据需要重新调整高和列宽。

1. 调整列宽

下面先来介绍如何快速调整列宽。将光标放在需要调整宽度的列的列标右侧边线上，光标变成双向箭头时按住鼠标左键，如图3-24所示。向右拖动光标可增加列宽，如图3-25所示，向左拖动光标可减少列宽，如图3-26所示。

图 3-24

Excel办公应用标准教程——公式、函数、图表与数据分析（实战微课版）

	A	B	C	
1		年度：2020		单位：元
2		项目	本期金额	上期金额
3		一、经营活动产生的现金流量		
4		销售商品、提供劳务收到的现金		
5		收到税费返还		
6		收到其他与经营活动有关的现金		
7		支付给职工以及为职工支付的现金		
8		支付的各种税费		
9		支付其他与经营活动有关的现金		
10		经营活动现金流出小计		
11		经营活动产生的现金流量净额		
12		二、投资活动产生的现金流量		
13		收回投资收到的现金		
14		取得投资收益收到现金		
15		处置固定资产、无形资产和其他长期资产收回的现金净额		
16		处置子公司其他营业单位收到的现金净额		
17		收到其他与投资活动有关现金		

图 3-25

	A	B	C	
1		年度：2020		单位：元
2		项目	本期金额	上期金额
3		一、经营活动产生的现金流量		
4		销售商品、提供劳务收到的现金		
5		收到税费返还		
6		收到给职工以及为职工支付的现金		
7		支付的各种税费		
8		支付其他与经营活动有关的现金		
9		支付其他与经营活动有关的现金		
10		经营活动现金流出小计		
11		经营活动产生的现金流量净额		
12		二、投资活动产生的现金流量		
13		收回投资收到的现金		
14		取得投资收益收到现金		
15		处置固定资产、无形资产和其他长期资产收回的现金净额		
16		处置子公司其他营业单位收到的现金净额		

图 3-26

2. 调整行高

快速调整行高的方法和调整列宽相同，将光标放在需要调整高度的行的下方边线上，当光标变成双向箭头时按住鼠标左键，如图3-27所示。向上拖动光标可减小行高，向下拖动光标可增加行高，如图3-28所示。

图 3-27

图 3-28

使用鼠标拖曳也能够同时调整多行或多列的高度和宽度，只需提前选中要调整高度的行区域或调整宽度的列区域再拖动鼠标即可，如图3-29所示。

图 3-29

3. 精确调整行高和列宽

在"开始"选项卡中的"单元格"组中单击"格式"下拉按钮，从弹出的列表中选择"行高"或"列宽"选项，如图3-30所示。在弹出的相应对话框中即可精确设置所选行或列的行高或列宽，如图3-31、图3-32所示。

图 3-30

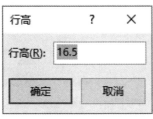

图 3-31

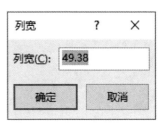

图 3-32

3.1.5 单元格的合并与拆分

设计表格时可能需要将多个单元格合并成一个大的单元格，以便更好地呈现表格内容，这时可以使用合并单元格功能，操作方法如下。

选中需要合并的单元格区域，在"开始"选项卡中的"对齐方式"组中单击"合并后居中"按钮，如图3-33所示。

图 3-33

所选的多个单元格即可被合并成一个单元格，如图3-34所示。

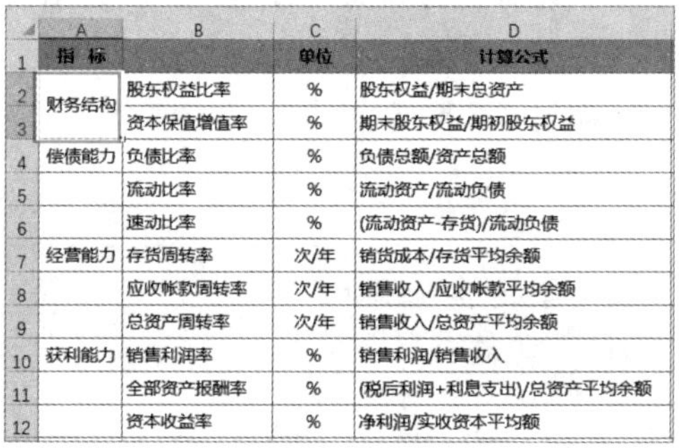

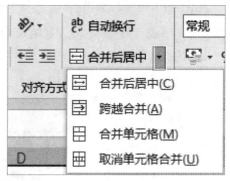

图 3-34

知识点拨

合并单元格的类型分为"合并后居中""跨越合并"以及"合并单元格"三种。其中"合并后居中"和"合并单元格"效果非常相似，区别在于前者在合并单元格后，单元格中的数据会居中显示，而后者在合并单元格后数据的对齐方式并不会改变。而"跨越合并"则和其他两种合并方式稍有不同，当要合并的单元格区域跨越多列时，只会对同一行中的单元格进行合并，而列不会合并。

单击"合并后居中"右侧的下拉按钮，在弹出的列表中可以查看到所有除了"合并后居中"以外的其他两种合并按钮，如图3-35所示。

若要将合并的单元格拆分开，只需要选中合并的单元格，单击"合并后居中"下拉按钮，从弹出的列表中选择"取消单元格合并"选项即可，如图3-35所示。

图 3-35

扫码看视频

动手练 制作办公室物品借用登记表

此类登记表的制作比较简单，只要稍微设置一下表头样式、行高列宽、添加一个表格边框即可，如图3-36所示，制作步骤如下。

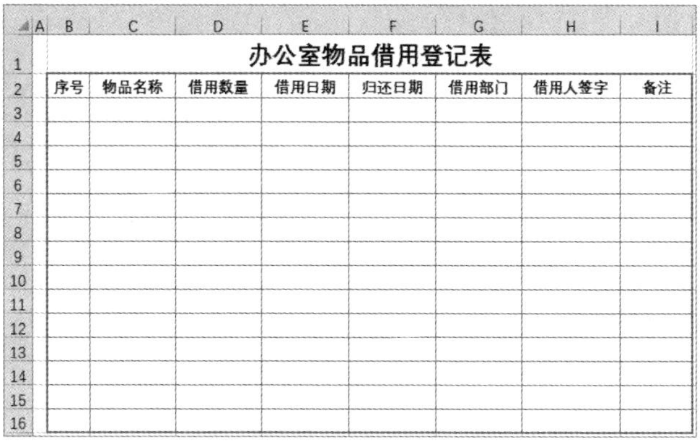
办公室物品借用登记表
序号
物品名称
借用数量
借用日期
归还日期
借用部门
借用人签字
备注

图 3-36

Step 01 在工作表中输入基础数据，如图3-37所示。

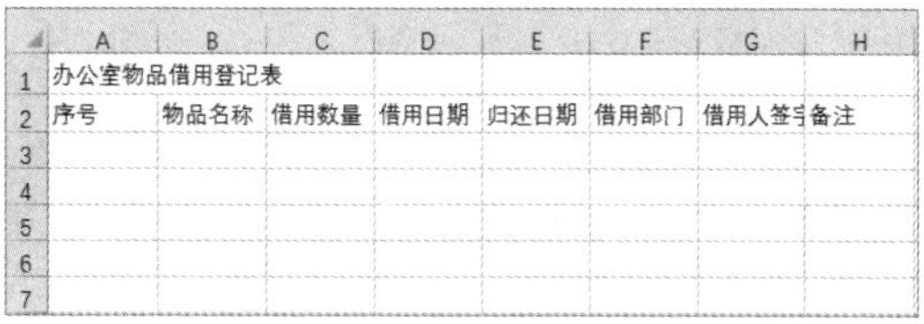
办公室物品借用登记表
序号
物品名称
借用数量
借用日期
归还日期
借用部门
借用人签字
备注

图 3-37

Step 02 将A1:H1单元格区域设置成合并单元格，设置好单元格中的文本格式，适当调整第1行的行高，如图3-38所示。

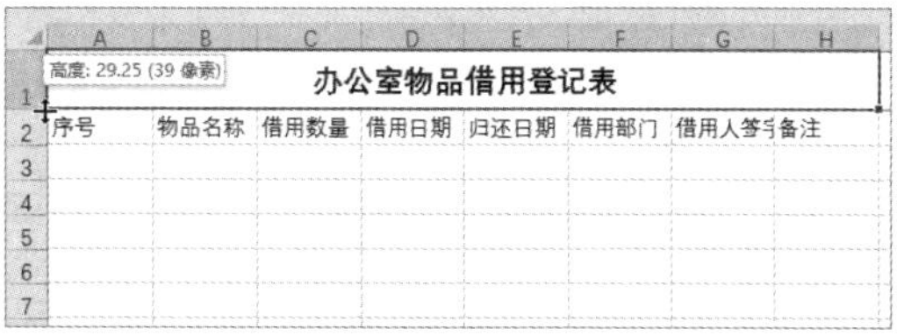
高度: 29.25 (39 像素)
办公室物品借用登记表
序号
物品名称
借用数量
借用日期
归还日期
借用部门
借用人签字
备注

图 3-38

Step 03 根据第2行中的内容，调整好列宽，在表格最右侧插入一个空白列，如图3-39所示。

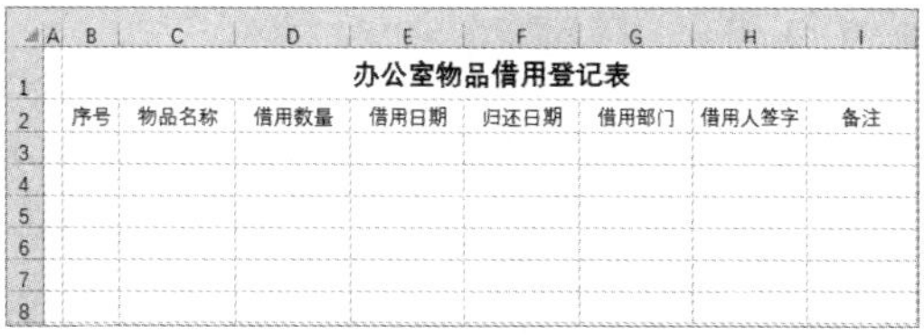
办公室物品借用登记表
序号
物品名称
借用数量
借用日期
归还日期
借用部门
借用人签字
备注

图 3-39

Step 04 为表格添加边框，完成操作，如图3-40所示。

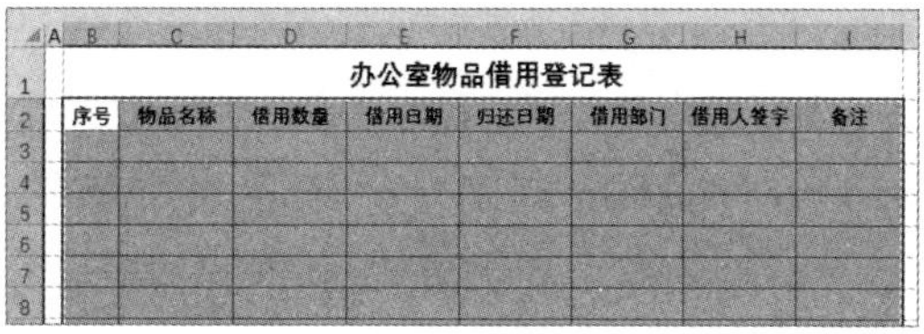
办公室物品借用登记表
序号
物品名称
借用数量
借用日期
归还日期
借用部门
借用人签字
备注

图 3-40

 **3.2 设置表格样式**

设置表格样式的主要目的是为了让表格看起来更漂亮，更符合人们的阅读习惯。设置表格样式一般包括设置字体格式、设置对齐方式、设置边框效果、设置填充效果等。

3.2.1 设置字体格式

设置字体格式包括设置数据的字体、字号、字体颜色、字体的特殊效果等。常用的设置方法有两种，一种是使用功能区中的命令按钮设置，另一种是在"设置单元格格式"对话框中设置。

1. 使用功能区按钮设置

设置字体格式的按钮集中保存在"开始"选项卡中的"字体"组内，如图3-41所示。选中需要设置格式的数据所在单元格，单击相应的按钮即可。

2. 使用"设置单元格格式"对话框设置

使用Ctrl+1组合键打开"设置单元格格式"对话框，在"字体"窗口中可对所选数据的字体、字形、字号、字体颜色、特殊效果等进行设置，如图3-42所示。

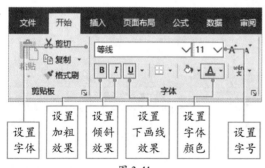

图 3-41

图 3-42

3.2.2 设置对齐方式

Excel中常见的数据对齐方式包括左对齐、居中、右对齐、顶端对齐、垂直居中和底端对齐六种。默认情况下文本型数据自动左对齐，而数值型数据自动右对齐。用户可根据需要重新设置数据的对齐方式。

下面以设置居中对齐为例，选中需要设置对齐方式的单元格区域，打开"开始"选项卡，在"对齐方式"组中单击"居中"按钮，

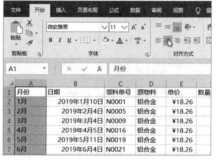

图 3-43

如图3-43所示，所选单元格区域中的数据即被设置成居中显示，如图3-44所示。

另外，其他五种对齐方式的命令按钮也保存在"对齐方式"组中。

除了上述六种对齐方式以外，在"设置单元格格式"对话框中还包含更多对齐方式的选项，用户可分别设置水平对齐方式和垂直对齐方式，如图3-45、图3-46所示。

图 3-44　　　　　　　　　图 3-45　　　　　　　　　图 3-46

3.2.3　设置填充效果

制作表格时为了区分标题，通常会为标题设置填充色，下面将介绍具体操作方法。

选中标题所在单元格区域，在"开始"选项卡中的"字体"组中单击"填充颜色"下拉按钮，在弹出的列表中选择一个合适的颜色，如图3-47所示，所选单元格区域即可被填充为所选颜色，如图3-48所示。

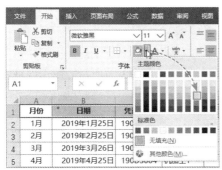

图 3-47　　　　　　　　　　　　　　图 3-48

除了使用单一颜色填充单元格外，还可为单元格设置图案填充以及渐变色填充效果，操作方法如下。

1. 设置图案填充

选中需要设置填充效果的单元格区域，使用Ctrl+1组合键打开"设置单元格格式"对话框，在"填充"窗口中设置好图案颜色和图案样式，即可为单元格设置图案填充效果，如图3-49所示。

2. 设置渐变填充

在"设置单元格格式"对话框中的"填充"窗口中单击"填充效果"按钮，打开

"填充效果"对话框，选择两个颜色和底纹样式，单击"确定"按钮即可为单元格设置渐变填充效果，如图3-50所示。

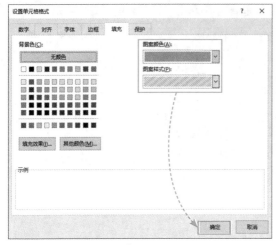

图 3-49

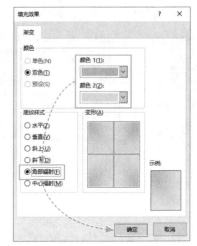

图 3-50

3.2.4 设置边框效果

为表格设置边框可以快速区分表格边界，让表格看起来更完整。设置边框的方法有很多种，下面将进行详细介绍。

1. 快速设置所有框线

选中需要设置边框的单元格区域，打开"开始"选项卡，在"字体"组中单击"边框"下拉按钮，在弹出的列表中选择"所有框线"选项，如图3-51所示，所选区域中的每一个单元格即可被设置框线，如图3-52所示。

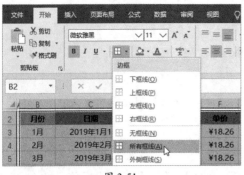

图 3-51

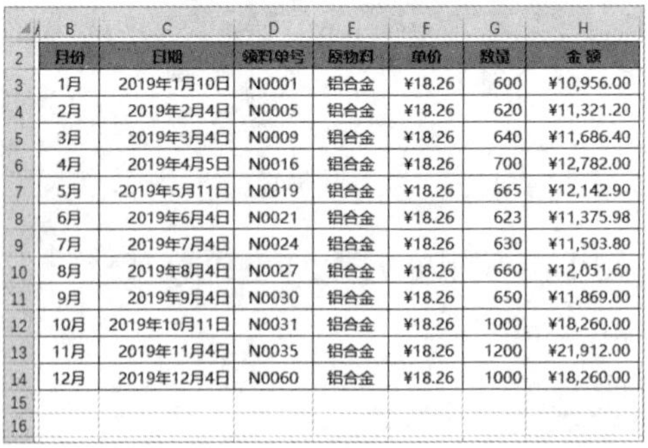

图 3-52

2. 手动绘制边框

绘制边框的选项同样保存在边框下拉列表中，用户可以先设置"线条颜色"和"线型"然后再绘制边框。在这个列表中"绘制边框"表示绘制所选区域的外框线，"绘制边框网格"表示绘制所有单元格框线，如图3-53所示。

3. 使用"设置单元格格式"对话框设置边框样式

选中需要设置边框的单元格区域，使用Ctrl+1组合键，打开"设置单元格格式"对话框，在"边框"窗口中设置好线条样式、颜色，然后选线条的应用位置。当各部分线条样式或颜色不同时需要分多次设置，如图3-54所示。设置完成后单击"确定"按钮即可。设置好的边框效果如图3-55所示。

图 3-53

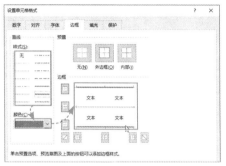

图 3-54

	B	C	D	E	F	G	H
2	月份	日期	领料单号	原物料	单价	数量	金额
3	1月	2019年1月10日	N0001	铝合金	¥18.26	600	¥10,956.00
4	2月	2019年2月4日	N0005	铝合金	¥18.26	620	¥11,321.20
5	3月	2019年3月4日	N0009	铝合金	¥18.26	640	¥11,686.40
6	4月	2019年4月5日	N0016	铝合金	¥18.26	700	¥12,782.00
7	5月	2019年5月11日	N0019	铝合金	¥18.26	665	¥12,142.90
8	6月	2019年6月4日	N0021	铝合金	¥18.26	623	¥11,375.98
9	7月	2019年7月4日	N0024	铝合金	¥18.26	630	¥11,503.80
10	8月	2019年8月4日	N0027	铝合金	¥18.26	660	¥12,051.60
11	9月	2019年9月4日	N0030	铝合金	¥18.26	650	¥11,869.00
12	10月	2019年10月11日	N0031	铝合金	¥18.26	1000	¥18,260.00
13	11月	2019年11月4日	N0035	铝合金	¥18.26	1200	¥21,912.00
14	12月	2019年12月4日	N0060	铝合金	¥18.26	1000	¥18,260.00

图 3-55

3.2.5 使用格式刷

格式刷能够将设置好的单元格样式快速应用到其他单元格中，其使用方法非常简单，操作方法如下。

选中需要应用其格式的单元格，打开"开始"选项卡，在"剪贴板"组中单击"格式刷"按钮，如图3-56所示。此时光标中出现了一个小刷子形状，拖动选中需要应用相同格式的单元格区域，最后松开鼠标即可，如图3-57所示。

图 3-56

图 3-57

注意事项 若双击"格式刷"按钮，可连续使用格式刷功能，再次单击"格式刷"按钮可退出该模式。

扫码看视频

动手练 美化家庭预算表

制作合理的家庭预算表有利于对家庭的收入和花销进行细化管理。制作家庭预算表时，在输入数据后，如图3-58所示，可以对表格进行适当美化，如图3-59所示，美化步骤如下。

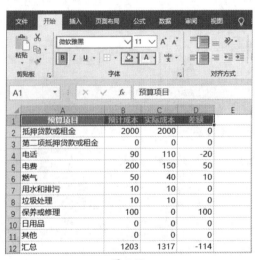

图 3-58

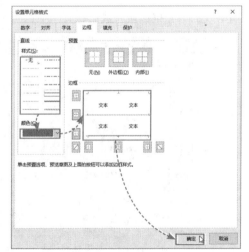

图 3-59

Step 01 将表格中所有数据的字体设置成"微软雅黑"，对齐方式设置成"垂直居中"。

Step 02 选中标题所在单元格区域，将单元格的填充颜色设置成"蓝色"，字体颜色设置成"白色"，字体"加粗"显示，对齐方式设置成"居中"，如图3-60所示。

Step 03 选中所有包含数据的单元格，使用Ctrl+1组合键打开"设置单元格格式"对话框，在"边框"窗口中设置边框样式，最后单击"确定"按钮完成操作，如图3-61所示。

图 3-60

图 3-61

Excel办公应用标准教程——公式、函数、图表与数据分析（实战微课版）

3.3 使用内置样式

使用内置样式可以快速获得漂亮的表格外观。Excel样式库中保存了非常多的单元格样式及表格样式，应用起来也十分方便，下面介绍具体使用方法。

3.3.1 快速套用单元格样式

内置的单元格样式包含了"好、差和适中""数据和模型""标题""主题单元格样式"以及"数字格式"这五种类型。

选择需要设置格式的单元格区域，在"开始"选项卡中的"样式"组内单击"单元格样式"下拉按钮，在弹出的列表中即可选择合适的单元格类型，如图3-62所示。

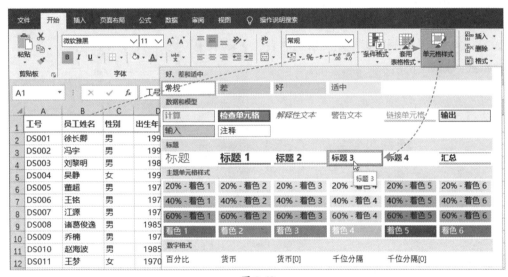

图 3-62

3.3.2 修改单元格样式

若对内置的单元格样式不满意，可以对其进行修改。打开单元格样式列表，右击需要修改的单元格样式，在弹出的快捷菜单中选择"修改"选项，如图3-63所示。在随后弹出的"样式"对话框中单击"格式"按钮，打开"设置单元格格式"对话框，在该对话框中设置想要的单元格样式即可。

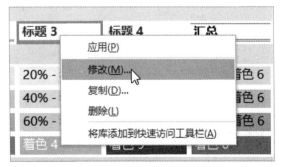

图 3-63

第3章 数据表的格式化

65

3.3.3 套用表格格式

除了套用单元格样式，用户也可以直接套用表格格式，Excel同样内置了非常多的表格格式，套用表格格式能够快速统一表格的填充色、边框等效果，设置方法如下。

选择包含数据的任意一个单元格，打开"开始"选项卡，在"样式"组中单击"套用表格格式"下拉按钮，在弹出的列表中选择合适的表格样式，随后弹出"套用表格格式"对话框，单击"确定"按钮，如图3-64所示，数据表即应用到所选的表格格式，如图3-65所示。

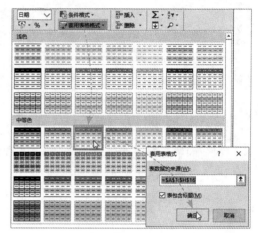

图 3-64

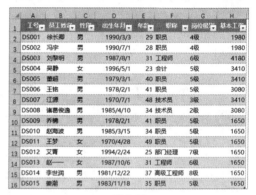

图 3-65

3.3.4 自定义表格样式

若对内置的表格样式不满意也可自定义表格样式，设置方法如下。

打开"套用表格格式"列表，选择"新建表格样式"选项，如图3-66所示。弹出"新建表样式"对话框，选择需要设置的表元素，单击"格式"按钮，如图3-67所示。随后会打开"设置单元格格式"对话框，根据需要在该对话框中设置字体、边框及填充效果，单击"确定"按钮，如图3-68所示。

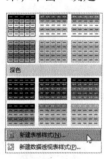

图 3-66

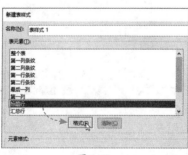

图 3-67

图 3-68

返回到"新建表样式"对话框中继续设置其他元素的格式，在该对话框中的"预览"区域可预览到设置效果，所有元素设置完成后单击"确定"按钮，关闭对话框，如图3-69所示。再次打开"套用表格格式"列表时会发现新增了一个"自定义"组，新建的表格样式就保存在该组中，自定义样式和内置样式使用方法相同，如图3-70所示。

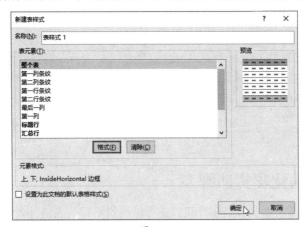

图 3-69

图 3-70

3.3.5　智能表格的使用

数据表套用表格格式后会变成智能表格，表格中不仅会自动创建筛选，当向表格中添加数据记录时，不需要手动设置，智能表格会自动设置新增内容的格式，而且在执行填充操作时表格的样式不会被破坏。

当选中智能表格中的任意一个单元格时，功能区中会出现"表格工具-设计"选项卡，如图3-71所示。通过该选项卡中的命令可以对智能表格执行一系列操作，例如，插入切片器进行筛选、删除重复值、将智能表格转换成普通表格、设置表格样式等。

图 3-71

知识点拨

　　这里介绍一下将智能表格转换成普通表格的方法。选中智能表格中的任意一个单元格，打开"表格工具-设计"选项卡，在"工具"组中单击"转换为区域"按钮，在随后弹出的信息对话框中单击"是"按钮即可。

动手练 **快速美化出货明细表**

扫码看视频

　　套用表格格式不仅能节省工作时间，还可以得到不错的表格外观。表格原始效果如图3-72所示，套用了表格格式的效果如图3-73所示。

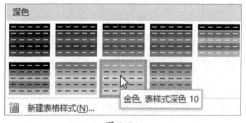

图 3-72

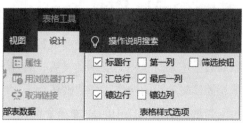

图 3-73

　　Step 01 选中任意包含数据的单元格，在"开始"选项卡中单击"套用表格格式"下拉按钮，从弹出的列表中选择"金色，表样式深色10"选项，如图3-74所示。

　　Step 02 在"表格工具-设计"选项卡中的"表格样式选项"组中勾选"汇总行""最后一列"复选框，取消"筛选按钮"复选框的勾选，完成操作，如图3-75所示。

图 3-74　　　　　　　　　　　　　　图 3-75

左侧竖排文字：Excel办公应用标准教程——公式、函数、图表与数据分析（实战微课版）

案例实战：制作差旅费报销单

差旅费用报销为中小企业的商旅及日常费用控制提供了一体化方案。差旅费报销单应易于使用，并提供员工信息、费用清单详情和审批等填写区域。下面利用本章所学内容制作一份差旅费报销单。

Step 01 在表格中输入基本数据，如图3-76所示。

	A	B	C	D	E	F	G	H	I	J
1	德胜书坊教育咨询有限公司									
2	差旅费报销单									
3	部门	销售部		出差人	刘十三、常乐、魏无羡、王莺莺、牛大田					
4	出差事由	客户维护与开发			日期	2020/10/10-10/20				
5										
6	开始日期	结束日期	姓名	工具	票价	餐补	住宿	市内交通	预支金额	合计
7	2020/10/10	2020/10/12	刘十三	高铁	560	300	340	120	1000	
8	2020/10/12	2020/10/15	常乐	飞机	1600	400	510	80	1000	
9	2020/10/12	2020/10/14	魏无羡	高铁	880	300	340	50	1000	
10	2020/10/16	2020/10/20	王莺莺	高铁	720	500	680	68	1000	
11	2020/10/15	2020/10/18	牛大田	飞机	2200	400	510	300	1000	
12										
13										
14	合计									
15	报销金额	小写						预支金额		
16		大写						退补金额		
17										
18	部门主管		总经理			财务主管			经领人	

图 3-76

Step 02 选中A1:J1单元格区域，打开"开始"选项卡，在"对齐方式"组中单击"合并后居中"按钮，如图3-77所示，随后将表格中其他需要合并的单元格区域全部合并。

图 3-77

Step 03 选中A1:J18单元格区域，在"开始"选项卡中的"字体"组内设置字体格式为"微软雅黑"，设置对齐方式为"居中"，如图3-78所示。

图 3-78

Step 04 选中A2:J2单元格区域的合并单元格，在"开始"选项卡中单击"字体"组中的对话框启动器按钮，如图3-79所示。

Step 05 打开"设置单元格格式"对话框，打开"对齐"界面，设置水平对齐方式为"分散对齐（缩进）"，设置缩进值为"25"，设置完成后单击"确定"按钮，如图3-80所示。

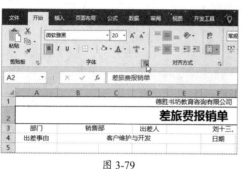

图 3-79

图 3-80

Step 06 选中E7:J11单元格区域，在"开始"选项卡中的"数字"组中单击"数字格式"下拉按钮，在弹出的列表中选择"数字"选项，如图3-81所示。

Step 07 选中J7单元格，输入公式"=SUM(E7:H7)-I7"，输入完成后将光标放在J7单元格右下角，光标变成黑色的十字形状时按住左键，拖动光标至J13单元格后松开，如图3-82所示。

图 3-81

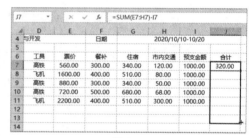

图 3-82

Step 08 在E14单元格中输入公式"=SUM（E7:E11）"，输入完成后按Enter键返回结果，随后向右拖动E14单元格的填充柄，将公式填充至"F14:J14"单元格区域，随后参照图3-83所示在其他单元格中输入公式。

	B	C	D	E	F	G	H	I	J
6	结束日期	姓名	工具	票价	餐补	住宿	市内交通	预支金额	合计
7	2020/10/12	刘十三	高铁	560.00	300.00	340.00	120.00	1000.00	320.00
8	2020/10/15	常乐	飞机	1600.00	400.00	510.00	80.00	1000.00	1590.00
9	2020/10/14	魏无羡	高铁	880.00	300.00	340.00	50.00	1000.00	570.00
10	2020/10/20	王薔薔	高铁	720.00	500.00	680.00	68.00	1000.00	968.00
11	2020/10/18	牛大田	飞机	2200.00	400.00	510.00	300.00	1000.00	2410.00
12									0.00
13									0.00
14			合计	5960.00	1900.00	2380.00	618.00	5000.00	5858.00
15		小写		10858.00			预支金额	5000.00	
16		大写		10858.00			退补金额	5858.00	

=SUM(E7:E11)

=SUM(E14:H14)

=C15

=I14

=J14

图 3-83

Step 09 选中C16:J16合并单元格，使用Ctrl+1组合键，打开"设置单元格格式"对话框，在"数字"界面中选择"特殊"选项，选择类型为"中文大写数字"，如图3-84所示，将所选单元格中的数字设置成大写。

图 3-84

Step 10 将C15:G16单元格区域中的数据字号设置为"14"，将I15:J16单元格区域中的数据字号设置成"15"，将包含数字的单元格设置成货币格式，如图3-85所示。

| 报销金额 | 小写 | ¥10,858.00 | 预支金额 | ¥5,000.00 |
| | 大写 | 壹万零捌佰伍拾捌 | 退补金额 | ¥5,858.00 |

图 3-85

Step 11 选中A3:J4单元格区域，使用Ctrl+1组合键，打开"设置单元格格式"对话框，在"边框"界面中选择线条样式为"细实线"，设置线条颜色为"深蓝色"，依次单击"外边框"及"内部"按钮，设置完成后单击"确定"按钮，如图3-86所示。随后参照此方法为A6:K16单元格区域设置边框。

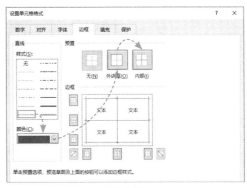

图 3-86

Step 12 按住Ctrl键，依次选中B18、D18:E18、G18:H18以及J18单元格区域，在"开始"选项卡中的"字体"组内单击边框下拉按钮，在弹出的列表中选择"下框线"选项，如图3-87所示。

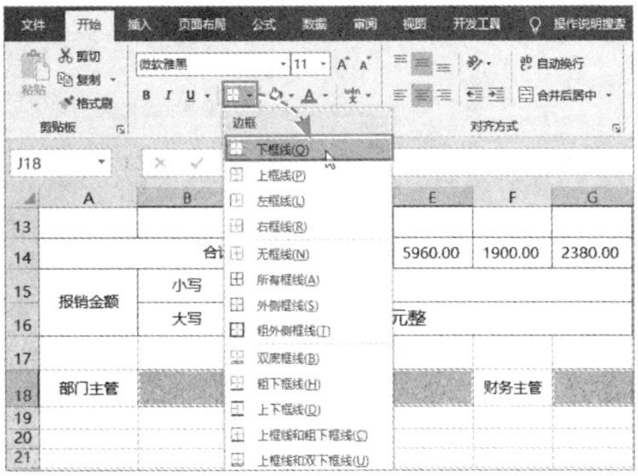

图 3-87

Step 13 按住Ctrl键依次选中A3:A4、D3及F4单元格区域，在"开始"选项卡中的"字体"组内单击"填充颜色"下拉按钮，从弹出的列表中选择"蓝色，个性色1，淡色80%"选项，如图3-88所示。

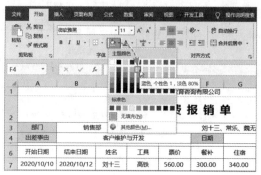

图 3-88

Step 14 选中A6:K6单元格区域，先将填充颜色设置成"蓝色，个性色1，淡色40%"，随后保持选中区域不变，将字体颜色设置成"白色，背景1"，如图3-89所示。

图 3-89

Step 15 适当调整表格的行高，取消网格线的显示，完成差旅费报销单的制作，如图3-90所示。

德胜书坊教育咨询有限公司

差 旅 费 报 销 单

部门	销售部		出差人		刘十三、常乐、魏无羡、王鸾鸾、牛大田				
出差事由	客户维护与开发				日期	2020/10/10-10/20			
开始日期	结束日期	姓名	工具	票价	餐补	住宿	市内交通	预支金额	合计
2020/10/10	2020/10/12	刘十三	高铁	560.00	300.00	340.00	120.00	1000.00	320.00
2020/10/12	2020/10/15	常乐	飞机	1600.00	400.00	510.00	80.00	1000.00	1590.00
2020/10/12	2020/10/14	魏无羡	高铁	880.00	300.00	340.00	50.00		570.00
2020/10/16	2020/10/20	王鸾鸾	高铁	720.00	500.00	680.00	68.00	1000.00	968.00
2020/10/15	2020/10/18	牛大田	飞机	2200.00	400.00	510.00	300.00	1000.00	2410.00
									0.00
合计				5960.00	1900.00	2380.00	618.00	5000.00	5858.00
报销金额	小写	¥10,858.00				预支金额		¥5,000.00	
	大写	壹万零捌佰伍拾捌				退补金额		¥5,858.00	
部门主管		总经理			财务主管			经领人	

图 3-90

手机办公：对接收的表格进行编辑和保存

用手机端Microsoft Office打开他人发送的文件后，该文件是只读模式，在只读模式下无法将执行过的修改内容保存到当前文件中，只能将其以副本形式另存到手机中的指定位置。下面来学习一下操作方法。

Step 01 在需要编辑的单元格中点击屏幕两次，该单元格即进入编辑状态，屏幕底部显示出输入法键盘，直接删除单元格中原来的内容，输入新内容，输入完成后点击表格右上角的"☑"按钮，即可确认输入，如图3-91所示。

Step 02 编辑完成后点击表格顶部的"🖫"按钮，如图3-92所示。

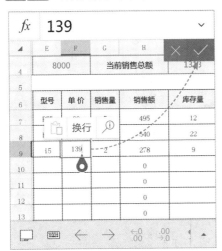

图 3-91

图 3-92

Step 03 用户可对文件名称进行修改，然后选择一个存储位置，如图3-93所示。

Step 04 选择好存储位置后点击"保存"按钮即可，如图3-94所示。

图 3-93

图 3-94

新手答疑

1. Q: 如何隐藏工作表的网格线？

A: 网格线即工作表中用于区分单元格的灰色线条。打开"视图"选项卡，在"显示"组中取消勾选"网格线"复选框可隐藏网格线，重新勾选该复选框可再次显示网格线，如图3-95所示。

图 3-95

2. Q: 套用表格样式后，如何恢复成普通表格？

A: 选中数据表中的任意一个单元格，打开"表格工具—设计"选项卡，在"工具"组中单击"转换为区域"按钮，如图3-96所示，在随后弹出的对话框中单击"是"按钮即可，如图3-97所示。

图 3-96

图 3-97

3. Q: 表格中包含多处隐藏的行和列，但是不确定这些被隐藏的行和列在什么位置，应该如何全部取消隐藏。

A: 选中整个数据表，如图3-98所示，随后将光标放在任意两个列标之间，当光标变成双向箭头时双击，即可取消所有隐藏的列。同理，将光标放在任意两个行号之间，光标变成双向箭头时双击，即可取消所有隐藏的行。

	支出类型	金额	备注
1			
2	员工福利	1,400.00	
5	差旅费	5,400.00	
6	生活用品	**2,000.00**	
7	薪酬管理	5,200.00	
8	员工福利	1,400.00	
11	薪酬管理	1,300.00	

图 3-98

4. Q: 如何清除表格的所有格式，只保留表格中的内容？

A: 选中需要清除格式的单元格区域，打开"开始"选项卡，在"编辑"组中单击"清除"下拉按钮，从弹出的列表中选择"清除格式"选项即可，如图3-99所示。

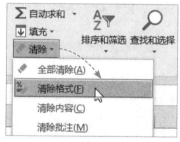

图 3-99

Excel办公应用标准教程——公式、函数、图表与数据分析（实战微课版）

第4章
数据的处理与分析

　　Excel最强大的功能在于对数据的处理与分析，日常办公中经常会使用Excel表格对数据进行排序、筛选等基本处理。运用好这些功能，可以提高工作效率，更快、更好地完成工作任务。本章将对数据的排序、筛选、分类汇总、合并计算以及条件格式等进行详细介绍。

E 4.1 数据的排序

对数据进行排序，可以使杂乱无章的数据，按照指定顺序有规律地进行排列，便于阅读与查看。用户可以执行简单排序或多条件组合排序。

4.1.1 执行简单排序

简单排序就是对某一列中的数据进行"升序"或"降序"排序，例如对"总销售额"进行排序。选择"总销售额"列任意单元格，在"数据"选项卡中单击"升序"按钮，"总销售额"列中的数据即可按照从小到大的顺序进行"升序"排序，如图4-1所示。单击"降序"按钮，即可按照从大到小的顺序进行"降序"排序，如图4-2所示。

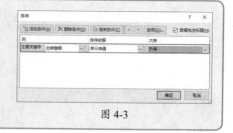

图 4-1 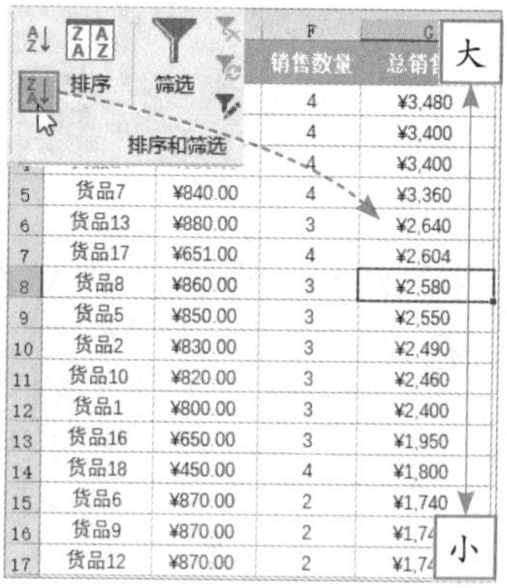　　　　图 4-2

Excel办公应用标准教程——公式、函数、图表与数据分析（实战微课版）

知识点拨

用户在"数据"选项卡中单击"排序"按钮，打开"排序"对话框，从中设置"主要关键字""排序依据"和"次序"选项，也可以对"总销售额"进行"升序"或"降序"排序，如图4-3所示。

图 4-3

4.1.2 多条件组合排序

多条件组合排序就是对工作表中的数据按照两个或两个以上的关键字进行排序，例如对"职务"进行"升序"排序，对"基本工资"进行"降序"排序。

选择表格中任意单元格，在"数据"选项卡中单击"排序"按钮，打开"排序"对话框，将"主要关键字"设置为"职务"，将"次序"设置为"升序"。单击"添加条件"按钮，添加排序条件，并将"次要关键字"设置为"基本工资"，将"次序"设置为"降序"，单击"确定"按钮即可，如图4-4所示。

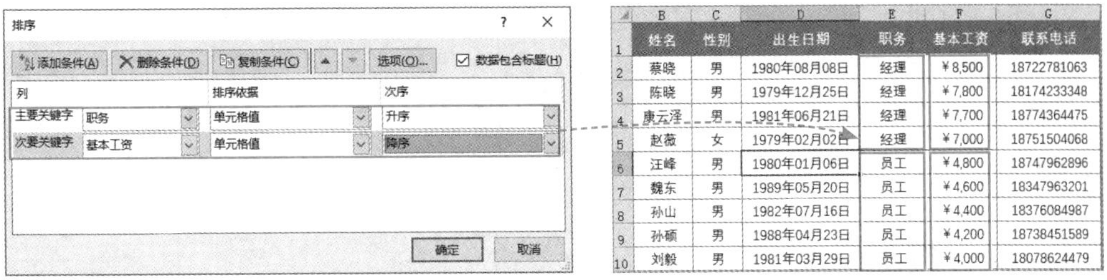

图 4-4

注意事项 "职务"列中的数据按照系统默认的拼音首字母进行升序排序，而"基本工资"列中的数据按照"职务"进行降序排序。

扫码看视频

动手练 不让序号参与排序

当对表格中的数据进行排序时，如表格中存在"序号"列，那么"序号"也会跟着发生相应改变，例如对"基本工资"进行升序排序时，表格中的"序号"变得很混乱，影响阅读，如图4-5所示。此时，用户可以设置不让序号参与排序，如图4-6所示。

图 4-5

图 4-6

Step 01 选择A2单元格，输入公式"=ROW()-1"，按Enter键确认，返回一个引用的行号，然后将公式向下填充，重新输入"序号"，如图4-7所示。

Step 02 选择"基本工资"列任意单元格，在"数据"选项卡中单击"升序"按钮，对其进行升序排序即可，如图4-8所示。

此时，"基本工资"列中的数据按从小到大的顺序升序排序，而"序号"保持不变。

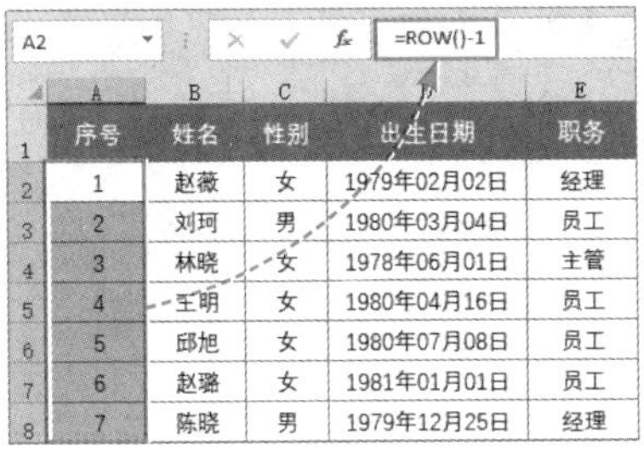

图 4-7

图 4-8

4.2 数据的特殊排序

除了按照数据大小进行排序外，用户还可以选择按颜色排序、按笔画排序、按指定序列排序、按字符数排序以及随机排序等。

4.2.1 按颜色排序

在表格中，一般为数据设置不同的字体颜色来进行区分，以便更清晰地查看数据。如果用户需要为带颜色的数据进行排序，则可以在"排序"对话框中进行设置。例如将"毕业院校"列中的数据按照"红""黄""绿"进行排序。

选择表格中任意单元格，打开"排序"对话框，将"主要关键字"设置为"毕业院校"，将"排序依据"设置为"字体颜色"，然后在"次序"列表中选择"红色"。单击"添加条件"按钮，添加次要关键字并进行相关设置，设置好后单击"确定"按钮即可，如图4-9所示。

图 4-9

在"排序"对话框中，用户还可以设置按"单元格颜色"进行排序，如图4-10所示。

图 4-10

4.2.2 按字符数排序

一般“姓名”列中的数据有长有短，看起来参差不齐，为了使表格整体看起来更加协调，用户可以按照姓名的长短进行排序，也就是按字符数量进行排序。

在“姓名”列后插入一个辅助列，选择B2单元格，输入公式“=LEN(A2)”，并将公式向下填充，如图4-11所示。接着选择辅助列任意单元格，在“数据”选项卡中单击“升序”按钮，进行升序排序，如图4-12所示，排序完成后删除辅助列即可。

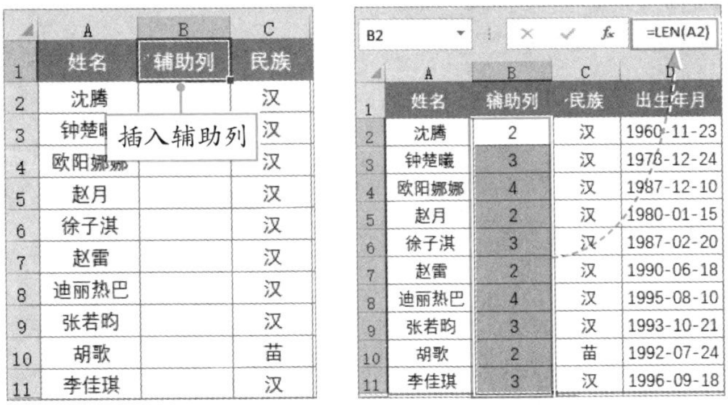

图 4-11

	A	B	C
1	姓名	辅助列	民族
2	沈腾	2	汉
3	赵月	2	汉
4	赵雷	2	汉
5	胡歌	2	苗
6	钟楚曦	3	汉
7	徐子淇	3	汉
8	张若昀	3	汉
9	李佳琪	3	汉
10	欧阳娜娜	4	汉
11	迪丽热巴	4	汉

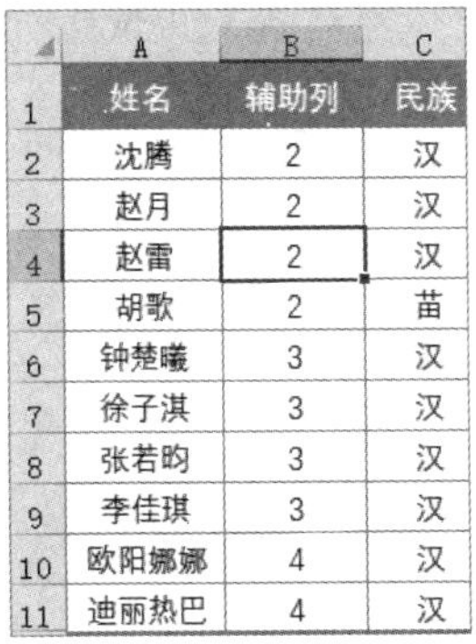

图 4-12

4.2.3 按笔画排序

对汉字排序时，系统默认按字母排序，其实用户也可以按照笔画对汉字进行排序。例如按姓氏笔画对“姓名”列进行“升序”排序。

选择表格中任意单元格，打开“排序”对话框，将“主要关键字”设置为“姓名”，将“次序”设置为“升序”，单击“选项”按钮，打开“排序选项”对话框，选中“笔画排序”单选按钮，单击“确定”按钮即可，如图4-13所示。

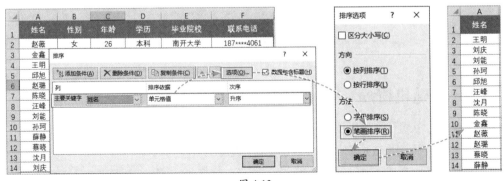

图 4-13

知识点拨

笔画排序的规则是，首先按照首字的笔画数来排序，如果首字的笔画数相同，则依次按第二字、第三字的笔画数来排序。

4.2.4 按指定序列排序

Excel中内置了多种序列，但也有一些序列没有涵盖到，例如按照"主管、副主管、员工"的顺序排序，此时，用户可以自定义序列。

选择表格中任意单元格，打开"排序"对话框，将"主要关键字"设置为"职务"，在"次序"列表中选择"自定义序列"选项，如图4-14所示。

图 4-14

打开"自定义序列"对话框，在"输入序列"文本框中输入"主管、副主管、员工"，单击"添加"按钮，将其添加到"自定义序列"列表框中，单击"确定"按钮即可，如图4-15所示。

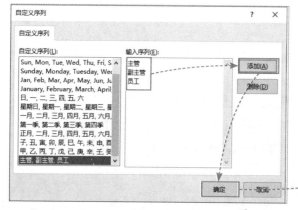

图 4-15

4.2.5 随机排序

安排学生考试时，如果按照学号依次考核，难免会出现不公平的现象，因此需要随机安排考核顺序。用户可以使用Rand函数来实现随机排序的功能。

在"学号"列后面插入一个辅助列，选择C2单元格，输入公式"=RAND()"，按Enter键确认，生成一个随机数据，然后将公式向下填充，如图4-16所示。选择辅助列中任意单元格，在"数据"选项卡中单击"升序"或"降序"按钮，进行排序即可，如图4-17所示，这样就可以随机排列学号，最后删除辅助列。

	A	B	C
1	姓名	学号	辅助列
2	王晓	22110961	=RAND()
3	孙俪	22110962	
4	刘雯	22110	输入公式
5	赵平	22110	
6	李煜	22110965	
7	周辉	22110966	
8	吴乐	22110967	
9	陆敏	22110968	
10	姚晨	22110969	

图 4-16

	A	B	C
1	姓名	学号	辅助列
2	王晓	22110961	0.1894617
3	孙俪	22110962	0.16449099
4	刘雯	22110963	0.35307823
5	赵平	22110964	0.28293677
6	李煜	22110965	0.31811508
7	周辉	22110966	0.27516205
8	吴乐	22110967	0.08315534
9	陆敏	22110968	0.66367002
10	姚晨	22110969	0.359472

	A	B	C
1	姓名	学号	辅助列
2	吴乐	22110967	0.94147287
3	孙俪	22110962	0.71630866
4	王晓	22110961	0.88792715
5	周辉	22110966	0.93978205
6	赵平	22110964	0.6928199
7	李煜	22110965	0.80142457
8	刘雯	22110963	0.83002034
9	姚晨	22110969	0.00767088
10	陆敏	22110968	0.71254797

图 4-17

动手练 对数字和字母组合的数据进行排序

扫码看视频

大多数情况下都是对数字或汉字进行排序，但有时会需要对数字和字母组合的数据进行排序。例如在输入员工工号时，没有按照特定的顺序输入，如图4-18所示，为了方便查看信息，需要对员工工号进行排序，如图4-19所示。

	A	B	C	D	E
1	员工工号	员工姓名	性别	部门	出生日期
2	B1002	金鑫	男	财务部	1993-11-08
3	C3001	孙杨	男	销售部	1996-11-08
4	A2003	赵悦	女	生产部	1985-12-03
5	B1004	李牧	男	财务部	1988-11-08
6	A2001	赵佳	女	生产部	1993-11-08
7	B1003	刘雯	女	财务部	1989-11-08
8	A2002	张可	女	生产部	1987-11-08
9	C3003	周楠	男	销售部	1987-11-08
10	C3002	吴乐	男	销售部	1983-11-08

图 4-18

	A	B	C	D	E
1	员工工号	员工姓名	性别	部门	出生日期
2	A2001	赵佳	女	生产部	1993-11-08
3	A2002	张可	女	生产部	1987-11-08
4	A2003	赵悦	女	生产部	1985-12-03
5	B1002	金鑫	男	财务部	1993-11-08
6	B1003	刘雯	女	财务部	1989-11-08
7	B1004	李牧	男	财务部	1988-11-08
8	C3001	孙杨	男	销售部	1996-11-08
9	C3002	吴乐	男	销售部	1983-11-08
10	C3003	周楠	男	销售部	1987-11-08

图 4-19

Step 01 在"员工工号"列后插入2个辅助列，在B2 单元格中输入B，然后选择B2:B10单元格区域，使用Ctrl+E组合键，将"员工工号"中的字母提取出来，接着在C2单元格中输入1002，并选择C2:C10单元格区域，使用Ctrl+E组合键，将"员工工号"中的数字提取出来，如图4-20所示。

Step 02 选择表格中任意单元格，打开"排序"对话框，将"主要关键字"设置为"辅助列1"，将"次序"设置为"升序"，将"次要关键字"设置为"辅助列2"，并将"次序"设置为"升序"，单击"确定"按钮，如图4-21所示。对"辅助列1"和"辅助列2"中的数据进行升序排序，最后删除辅助列即可。

	A	B	C	D	E
1	员工工号	辅助列1	辅助列2	员工姓名	性别
2	B1002	B	1002	金鑫	男
3	C3001	C	3001	孙杨	男
4	A2003	A	2003	赵悦	女
5	B1004	B	1004	李牧	男
6	A2001	A	2001	赵佳	女
7	B1003	B	1003	刘雯	女
8	A2002	A	2002	张可	女
9	C3003	C	3003	周楠	男
10	C3002	C	3002	吴乐	男

图 4-20

图 4-21

4.3 数据的筛选

当用户需要从大量数据中找到符合条件的数据时，就可以使用筛选功能，既方便简单，又节省时间。其中筛选又分为自动筛选和高级筛选。

4.3.1 自动筛选

自动筛选操作很简单，一般用来筛选条件比较简单的数据，例如将"商品名称"是"隔离霜"的订单信息筛选出来。

选择表格中任意单元格，在"数据"选项卡中单击"筛选"按钮，进入筛选状态，然后单击"商品名称"右侧的筛选按钮，从弹出的列表中取消对"全选"的勾选，并勾选"隔离霜"复选框，单击"确定"按钮，即可将"隔离霜"筛选出来，如图4-22所示。

图 4-22

此外，在列表的搜索框中输入"隔离霜"，按Enter键确认，如图4-23所示，也可以将"隔离霜"相关信息筛选出来。或者在列表中选择"文本筛选"选项，并从其级联菜单中选择"等于"选项，打开"自定义自动筛选方式"对话框，在"等于"文本后面输入"隔离霜"，单击"确定"按钮即可，如图4-24所示。

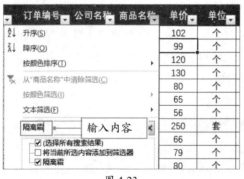

图 4-23   图 4-24

注意事项 筛选出来的结果，只显示符合条件的数据，而不符合条件的数据暂时被隐藏起来，并没有被删除。

4.3.2 高级筛选

当需要筛选出符合多个条件的数据时，就要使用高级筛选功能。例如将"商品名称"是"旗袍"，并且"订单状态"为"已发货"，或者"实收金额"大于5000的销售订单信息筛选出来。

在表格的下方输入筛选条件，如图4-25所示。其中当条件都在同一行时，表示"与"关系，当条件不在同一行时，表示"或"关系。

选择表格中任意单元格，在"数据"选项卡中单击"高级"按钮，如图4-26所示。

18	2020/10/8	客户1	DX-0024	旗袍
19	2020/10/19	客户3	DX-0025	短裤
20	2020/10/10	客户2	DX-0026	旗袍
21	2020/11/11	客户2	DX-0027	衬衫
22	2020/11/12	客户1	DX-0028	半身裙
23	2020/12/13	客户3	DX-0029	连衣裙
24				
25	商品名称	订单状态	实收金额	
26	旗袍	已发货		
27			>5000	

输入筛选条件

图 4-25　　　　　　　　　　　　图 4-26

打开"高级筛选"对话框，在"方式"选项中选中"在原有区域显示筛选结果"单选按钮，并设置"列表区域"和"条件区域"，如图4-27所示。其中"列表区域"就是整个数据表；"条件区域"就是创建的筛选条件区域。单击"确定"按钮，即可将符合条件的数据筛选出来，如图4-28所示。

高级筛选

方式
- ⦿ 在原有区域显示筛选结果(F)
- ○ 将筛选结果复制到其他位置(O)

列表区域(L)：$A$1:$L$23
条件区域(C)：$B$25:$D$27
复制到(T)：

☐ 选择不重复的记录(R)

[确定] [取消]

图 4-27

	B	C	D	E	F	G	H	I	J	K
1	下单日期	客户名称	商品编号	商品名称	单价	数量	货款金额	运费	实收金额	订单状态
5	2020/11/15	客户2	DX-0011	半身裙	130	45	5850	20	5870	已发货
13	2020/6/13	客户3	DX-0019	旗袍	260	21	5460	20	5480	已发货
14	2020/7/4	客户1	DX-0020	旗袍	330	33	10890	20	10910	待处理
17	2020/9/17	客户3	DX-0023	短袖	140	41	5740	20	5760	已发货
18	2020/10/8	客户1	DX-0024	旗袍	250	20	5000	20	5020	已发货
20	2020/10/10	客户2	DX-0026	旗袍	140	14	1960	20	1980	已发货
24										
25	商品名称	订单状态	实收金额							
26	旗袍	已发货								
27			>5000							
28										

图 4-28

知识点拨

如果用户需要清除筛选结果，在"数据"选项卡中单击"清除"按钮即可，如图4-29所示。

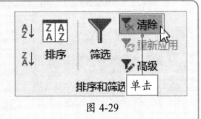

图 4-29

4.3.3 输出筛选结果

对数据进行筛选后，默认在原有区域显示筛选结果，用户可以将筛选结果输出到其他位置。只需要在"高级筛选"对话框中选中"将筛选结果复制到其他位置"单选按钮，设置好"列表区域"和"条件区域"后，选择需要复制到的位置，单击"确定"按钮即可，如图4-30所示。

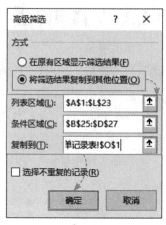

注意事项 用户只能将筛选结果输出到当前工作表的其他位置，而不能将结果输出到其他工作表。

图 4-30

动手练 筛选销量前5名的商品

有时不需要将某个具体的内容筛选出来，而是将某个区间内的数据筛选出来，这种情况使用筛选功能也可以实现，例如将销量前5名的商品筛选出来，如图4-31所示。

	A	B	C	D	E	F	G
1	销售日期	品牌名称	口味	销量	单价	总金额	备注
3	2020/1/1	乐事	清怡黄瓜	660	¥6.50	¥4,290.00	
4	2020/1/1	可比克	海苔	780	¥8.50	¥6,630.00	
13	2020/1/2	可比克	韩式泡菜	698	¥8.50	¥5,933.00	
16	2020/1/3	乐事	鸡汁番茄	741	¥12.50	¥9,262.50	
24	2020/1/4	上好佳	叉烧	996	¥7.90	¥7,868.40	

图 4-31

Step 01 选择表格中任意单元格，使用Ctrl+Shift+L组合键，进入筛选状态，单击"销量"筛选按钮，从弹出的列表中选择"数字筛选"选项，并从其级联菜单中选择"前10项"选项，如图4-32所示。

Step 02 打开"自动筛选前10个"对话框，在"最大"后面的数值框中输入"5"，单击"确定"按钮，如图4-33所示，即可将最大的前5个销量筛选出来。

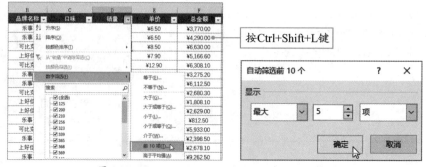

图 4-32   图 4-33

Excel办公应用标准教程——公式、函数、图表与数据分析（实战微课版）

84

E 4.4 条件格式的应用

条件格式就是使用数据条、色阶和图标集等，以直观地突出重要数据，或者将指定条件的数据突出显示。

4.4.1 突出显示指定条件的单元格

当在表格中查找某个数据时，为了使该数据清晰地展示出来，可以使用条件格式，将数据所在单元格突出显示出来，例如将没有完成交货的单元格突出显示出来。

选择"是否完成"列中的数据，在"开始"选项卡中单击"条件格式"下拉按钮，从弹出的列表中选择"突出显示单元格规则"选项，并从其级联菜单中选择"等于"选项，打开"等于"对话框，在"为等于以下值的单元格设置格式"文本框中输入"否"，并在"设置为"列表中选择"浅红色填充"选项，单击"确定"按钮，即可将单元格中数据是"否"的突出显示出来，如图4-34所示。

> **知识点拨**
>
> 如果用户想要清除设置的条件格式，则需要选设置了条件格式的数据区域，在"开始"选项卡中单击"条件格式"下拉按钮，从列表中选择"清除规则"选项，并根据需要选择合适的选项即可。

图 4-34

4.4.2 突出显示指定条件范围的单元格

用户通过条件格式，还可以将指定条件范围的单元格突出显示出来。例如将"实收金额"最大的前3个突出显示出来。

选择"实收金额"列中的数据，在"开始"选项卡中单击"条件格式"下拉按钮，从弹出的列表中选择"最前/最后规则"选项，并从其级联菜单中选择"前10项"选项，打开"前10项"对话框，在"为值最大的那些单元格设置格式"数值框中输入"3"，然后在"设置为"列表中选择"黄填充色深黄色文本"选项，单击"确定"按钮，即可将"实收金额"最大的前3个单元格突出显示出来，如图4-35所示。

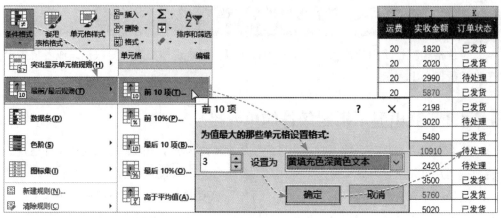

图 4-35

4.4.3 使用数据条

数据条可以根据数值的大小自动调整长度。其中，数值越大，数据条越长；数值越小，数据条越短，例如为"提成金额"添加数据条。

选择"提成金额"列中的数据，在"开始"选项卡中单击"条件格式"下拉按钮，从弹出的列表中选择"数据条"选项，并从其级联菜单中选择合适的数据条样式，这里选择"红色数据条"选项即可，如图4-36所示。

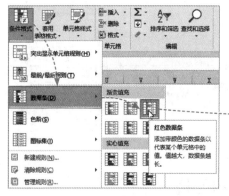

单位	销售数量	销售单价	销售金额	提成比例	提成金额	排名
台	10	200	2,000	10%	200	13
套	20	300	6,000	10%	600	3
套	10	500	5,000	10%	500	7
套	20	300	6,000	10%	600	3
台	30	200	6,000	10%	600	3
只	12	600	7,200	10%	720	2
个	15	300	4,500	10%	450	8
套	13	200	2,600	10%	260	11
台	10	100	1,000	10%	100	15

图 4-36

4.4.4 使用色阶

色阶用于识别数据整体的重点关注区间，可以直观地了解整体效果，例如为"销售金额"添加色阶。

选择"销售金额"列中的数据，在"开始"选项卡中单击"条件格式"下拉按钮，从弹出的列表中选择"色阶"选项，并从其级联菜单中选择合适的色阶样式，这里选择"红-白-绿色阶"选项即可，如图4-37所示。

其中红色代表最大值，白色代表中间值，绿色代表最小值。

Excel办公应用标准教程——公式、函数、图表与数据分析（实战微课版）

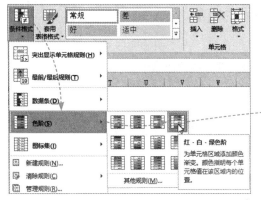

型号	单位	销售数量	销售单价	销售金额	提成比例	提成金额
SQS150-K6	台	10	200	2,000	10%	200
HF-1757-SW250G	套	20	300	6,000	10%	600
HF-1757A-SW500G	套	10	500	5,000	10%	500
HF-1757A-SW120G	套	20	300	6,000	10%	600
JB-YX-252	台	30	200	6,000	10%	600
YA9204	只	12	600	7,200	10%	720
J-XAPD-02A	个	15	300	4,500	10%	450
HJ-1756Z	套	13	200	2,600	10%	260
JB-YX-252	台	10	100	1,000	10%	100
J-XAPD-02A	个	20	200	4,000	10%	400
HF-1757A-SW120G	套	25	100	2,500	10%	250
HF-1757-SW250G	套	30	300	9,000	10%	900

图 4-37

4.4.5　使用图标集

图标集用于标示数据属于哪一个区段当前的状态，使数据的分布情况一目了然，例如为"排名"添加图标集。

选择"排名"列中的数据，在"开始"选项卡中单击"条件格式"下拉按钮，从弹出的列表中选择"图标集"选项，并从其级联菜单中选择合适的图标集样式，这里选择"三色交通灯（有边框）"选项即可，如图4-38所示。

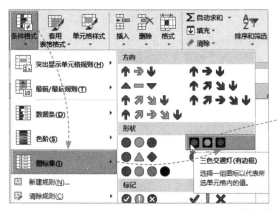

销售单价	销售金额	提成比例	提成金额		排名
200	2,000	10%	200		13
300	6,000	10%	600		3
500	5,000	10%	500		7
300	6,000	10%	600		3
200	6,000	10%	600		3
600	7,200	10%	720		2
300	4,500	10%	450		8
200	2,600	10%	260		11
100	1,000	10%	100		15

图 4-38

知识点拨

用户在"条件格式"列表中选择"管理规则"选项，在打开的"条件格式规则管理器"对话框中可以"新建规则""编辑规则"以及"删除规则"，如图4-39所示。

图 4-39

动手练 让抽检不合格的商品整行突出显示

假设"不合格率"大于0.01为抽检不合格的商品，为了明确哪些商品不合格，用户可以使用条件格式功能，让抽检不合格的商品整行突出显示出来，如图4-40所示。

生产日期	生产车间	生产型号	当日产量	不合格数	不合格率
2020/3/1	电极车间	CD50B正	1250	10	0.80%
2020/3/1	电极车间	CD80C负	1320	21	1.59%
2020/3/1	电极车间	CD105C	2540	22	0.87%
2020/3/1	装配车间	CD50B	1030	23	2.23%
2020/3/1	电芯车间	CD80B	1580	8	0.51%
2020/3/2	电极车间	CD80C正	3650	25	0.68%
2020/3/2	电极车间	CD50B负	7850	26	0.33%
2020/3/2	电极车间	CD80A负	1520	33	2.17%
2020/3/2	装配车间	CD50B	3325	28	0.84%
2020/3/2	装配车间	CD105C	1478	5	0.34%
2020/3/3	电芯车间	CD105C	2301	2	0.09%
2020/3/3	电芯车间	CD50B	1256	3	0.24%
2020/3/3	电极车间	NE42B	1123	33	2.94%
2020/3/3	电极车间	CD80A负	1203	9	0.75%
2020/3/3	装配车间	CD50B	1158	3	0.26%

图4-40

Step 01 选择A2:F16单元格区域，在"开始"选项卡中单击"条件格式"下拉按钮，从弹出的列表中选择"新建规则"选项，打开"新建格式规则"对话框，在"选择规则类型"列表框中选择"使用公式确定要设置格式的单元格"选项，然后在下面的文本框中输入公式"=$F2>0.01"，单击"格式"按钮，如图4-41所示。

Step 02 打开"设置单元格格式"对话框，在"填充"选项卡中选择合适的背景颜色，如图4-42所示，单击"确定"按钮即可。

图4-41

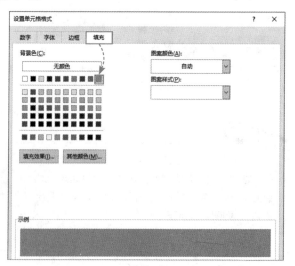

图4-42

4.5 数据的分类汇总

一般需要对表格中的数据进行求和汇总，或求平均值、最大值、最小值汇总时，使用Excel的分类汇总功能可以非常方便地对数据进行汇总分析。

4.5.1 单项分类汇总

单项分类汇总就是按照某一个字段进行分类，并统计出汇总结果。例如按照"客户名称"进行分类，对"合计金额"进行求和汇总。

首先打开"排序"对话框，对"客户名称"进行"升序"或"降序"排序，如图4-43所示。然后在"数据"选项卡中单击"分类汇总"按钮，如图4-44所示。

图 4-43

图 4-44

打开"分类汇总"对话框，将"分类字段"设置为"客户名称"，将"汇总方式"设置为"求和"，在"选定汇总项"列表框中勾选"合计金额"复选框，单击"确定"按钮，即可按"客户名称"分类对"合计金额"进行求和汇总，如图4-45所示。

	客户名称	物品名称	数量	合计金额
1				
2	巴西 Intelbras	XED-3013S002(EF1199)	3800	15884
3	巴西 Intelbras	XED-3013S002(EF1200)	4180	21840.5
4	巴西 Intelbras	XED-3013S002(EF1201)	14000	26180
5	巴西 Intelbras	XED-3013S002(EF1200)	20000	37400
6	巴西 Intelbras	XED-3013S002(EF1201)	3000	14850
7	巴西 Intelbras	XED-3013S002(EF1203)	2000	8360
8	巴西 Intelbras	XED-1012CC6-001(EF1199)	20000	37400
9	巴西 Intelbras	XED-1012CC6-001(EF1201)	16000	29920
10	巴西 Intelbras 汇总			191834.5
11	宝安张小姐	XED-1212S-Z S	1000	11000
12	宝安张小姐	XED-2012S-Z S	1000	15730
13	宝安张小姐	XED-3013S-ZS1	5000	107250
14	宝安张小姐	XED-5013B-AN	5001	176035.2
15	宝安张小姐 汇总			310015.2

图 4-45

知识点拨

如果用户需要删除分类汇总，则可以打开"分类汇总"对话框，从中直接单击"全部删除"按钮即可。

4.5.2　嵌套分类汇总

嵌套分类汇总就是在一个分类汇总的基础上，对其他字段进行再次分类汇总。

如按照"所属部门"和"职工类别"分类，对"实发工资"进行求和汇总。

首先打开"排序"对话框，对"所属部门"和"职工类别"进行"升序"或"降序"排序，如图4-46所示。

图 4-46

接着打开"分类汇总"对话框，将"分类字段"设置为"所属部门"，将"汇总方式"设置为"求和"，并在"选定汇总项"列表框中勾选"实发工资"复选框，单击"确定"按钮，如图4-47所示。

再次打开"分类汇总"对话框，将"分类字段"设置为"职工类别"，将"汇总方式"设置为"求和"，并勾选"实发工资"复选框，然后取消勾选"替换当前分类汇总"复选框，单击"确定"按钮即可，如图4-48所示。

图 4-47

图 4-48

注意事项 在设置第二个字段时，如果不取消勾选"替换当前分类汇总"复选框，则该字段的分类汇总会覆盖上一次的分类汇总结果。

4.5.3　复制分类汇总结果

对表格中的数据进行分类汇总后，用户可以根据需要将汇总结果复制到其他工作表中。通常分类汇总结果中会显示所有的明细数据，用户需要单击左上角的"2"按钮，隐藏明细数据，只显示汇总结果，如图4-49所示。

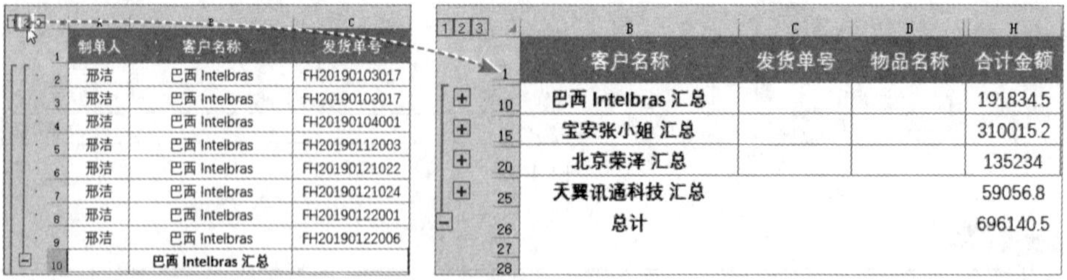

图 4-49

选择汇总数据，在"开始"选项卡中单击"查找和选择"下拉按钮，从弹出的列表中选择"定位条件"选项，打开"定位条件"对话框，选中"可见单元格"单选按钮，单击“确定”按钮，如图4-50所示，即可选中汇总数据中的可见单元格，如图4-51所示。接着使用Ctrl+C组合键复制数据，如图4-52所示。使用Ctrl+V组合键将其粘贴到合适位置即可。

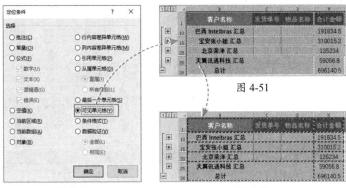

图 4-50

图 4-51

图 4-52

动手练 按部门统计员工薪资

扫码看视频

工资表中一般详细地记录了员工的姓名、部门、薪资等，如果用户需要统计各部门的薪资情况，则可以使用分类汇总功能，例如统计各部门“基本工资”的最大值，如图4-53所示。

	员工编号	员工姓名	所属部门	职工类别	基本工资	岗位工资	绩效工资	应发工资
2	DS003	郭彩霞	财务部	部门经理	¥5,500	¥1,000	¥300	¥6,800
3	DS004	沈阳	财务部	财务人员	¥3,500	¥700	¥300	¥4,500
4	DS016	纪晓	财务部	财务人员	¥3,500	¥700	¥150	¥4,350
5	DS019	于晓宇	财务部	财务人员	¥3,500	¥700	¥150	¥4,350
6	DS023	郭浩然	财务部	财务人员	¥3,500	¥700	¥150	¥4,350
7	DS025	郭浩然	财务部	财务人员	¥3,500	¥700	¥150	¥4,350
8	DS026	郭浩然	财务部	财务人员	¥3,500	¥700	¥150	¥4,350
9			财务部 最大值		¥5,500			
10	DS001	李霞	行政部	行政人员	¥2,500	¥1,500	¥500	¥4,500
11	DS002	王泵	行政部	行政人员	¥2,500	¥1,500	¥300	¥4,300
12	DS014	刁文峰	行政部	部门经理	¥5,000	¥2,000	¥150	¥7,150
13	DS017	齐美明	行政部	行政人员	¥2,500	¥1,500	¥150	¥4,150
14			行政部 最大值		¥5,000			

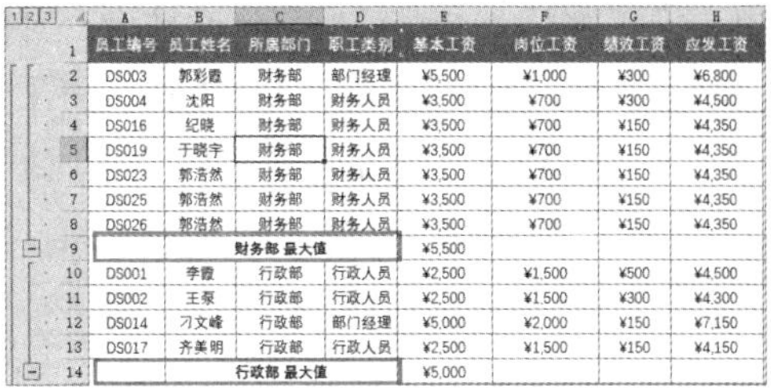

图 4-53

Step 01 选择“所属部门”列任意单元格，在“数据”选项卡中单击“升序”按钮进行排序，如图4-54所示。

Step 02 接着单击“分类汇总”按钮，打开“分类汇总”对话框，将“分类字段”设置为“所属部门”，将“汇总方式”设置为“最大值”，在“选定汇总项”列表框中勾选“基本工资”复选框，单击“确定”按钮即可，如图4-55所示。

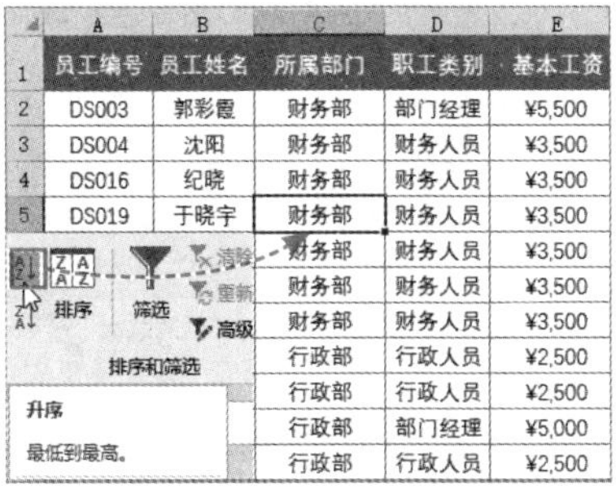

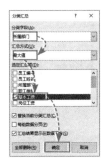

图 4-54

图 4-55

在工作中，经常需要将多张工作表中的数据合并到一张工作表中，应用合并计算功能可以轻松实现，用户不仅可以对同一工作簿中的工作表合并计算，还可以对不同工作簿中的工作表合并计算。

4.6.1 对同一工作簿中的工作表合并计算

将一个工作簿中的多张工作表中的数据合并计算到一张工作表中，例如将"华北""华东"和"华南"工作表中的数据求和汇总到"汇总"工作表中，如图4-56所示。

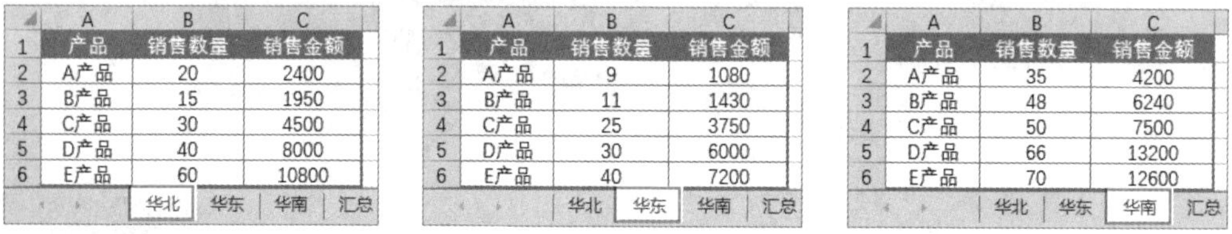

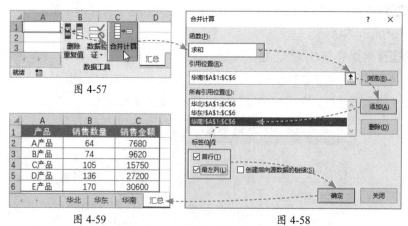

图 4-56

可以选择"汇总"工作表中的A1单元格，在"数据"选项卡中单击"合并计算"按钮，如图4-57所示。打开"合并计算"对话框，在"函数"列表中选择"求和"选项，单击"引用位置"右侧的折叠按钮，引用"华北"工作表中的数据区域，单击"添加"按钮，将引用区域添加到"所有引用位置"列表框中。按照同样的方法，引用"华东"和"华南"工作表中的数据区域，并将其添加到"所有引用位置"列表框中，最后勾选"首行"和"最左列"复选框，如图4-58所示。单击"确定"按钮，即可将3个工作表中的数据求和汇总到"汇总"工作表中，如图4-59所示。此外，用户可以根据需要美化汇总表格。

图 4-57

图 4-59　　　　　　　　　　　图 4-58

注意事项 对多张工作表进行合并计算时，要求工作表的列标题名称相同，否则只能进行汇总，不能进行计算。

4.6.2 对不同工作簿中的工作表合并计算

如果用户需要将不同工作簿中的工作表合并计算到其他工作表中，例如将"华北""华东"和"华南"工作簿中的数据，求和汇总到"汇总"工作簿中，则需要打开工作簿，如图4-60所示。

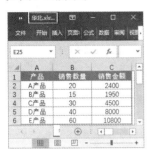

图 4-60

选择"汇总"工作簿中的A1单元格，打开"合并计算"对话框，引用"华北""华东"和"华南"工作簿中的数据区域，并将其添加到"所有引用位置"列表框中，勾选"首行"和"最左列"复选框，单击"确定"按钮即可，如图4-61所示。

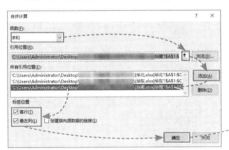

图 4-61

4.6.3 自动更新合并计算的数据

如果想要实现修改工作表中的数据后，汇总数据也跟着发生相应更改，则需要在"合并计算"对话框中勾选"创建指向源数据的链接"复选框，单击"确定"按钮，求和汇总的数据会以分级显示，如图4-62所示。

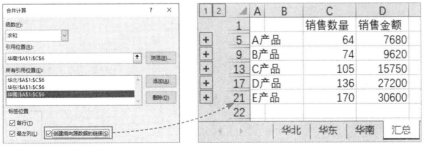

图 4-62

动手练 **创建分户销售汇总报表**

一个工作簿中分别在4张工作表上显示"南京""北京""上海"和
"广州"4个城市的销售额数据，用户使用合并计算功能可以方便地制作出4个城市的销售分户汇总报表，如图4-63所示。

	A	B	C	D	E
1	商品	北京销售额	广州销售额	南京销售额	上海销售额
2	空调	78950		12560	
3	冰箱	32581		36542	
4	吸尘器				33652
5	电视	22350			14582
6	热水器		58750		48752
7	洗衣机		44236	47820	
8	微波炉		39890	36580	

南京　北京　上海　广州　汇总　＋

图 4-63

选择"汇总"工作表中的A1单元格，在"数据"选项卡中单击"合并计算"按钮，打开"合并计算"对话框，将引用的"南京""北京""上海"和"广州"工作表中的数据区域添加到"所有引用位置"列表框中，并在"标签位置"选项中勾选"首行"和"最左列"复选框，单击"确定"按钮，如图4-64所示，即可生成各个城市销售额的分户汇总表。

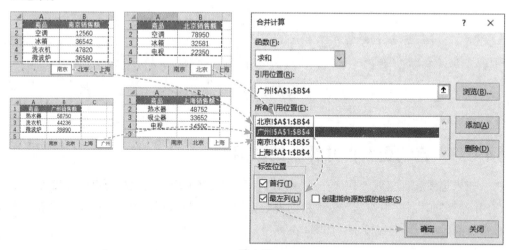

图 4-64

知识点拨

执行分类汇总后，工作表左上角会出现1、2、3样式的小图标，用户单击不同的数字图标，可以查看不同级别的分类汇总结果。

案例实战：分析销售业绩统计报表

销售业绩统计报表中记录了员工商品销售总额和业绩提成情况，如图4-65所示。用户可以根据需要对其进行相关分析，例如排序、筛选、应用条件格式等操作，下面介绍详细的操作流程。

	A	B	C	D	E	F	G	H	I
1	日期	员工编号	员工姓名	货品名称	单价（元）	销售数量（台）	总销售额（元）	提成率	业绩提成（元）
2	2020/1/1	2019001	何丽丽	电脑	¥3,500	10	¥35,000	2%	¥700.0
3	2020/1/2	2019002	王天	电视机	¥2,900	13	¥37,700	3%	¥1,131.0
4	2020/1/3	2019003	李小明	空调	¥1,890	5	¥9,450	1%	¥94.5
5	2020/1/4	2019004	吴丽	冰箱	¥2,500	11	¥27,500	1%	¥275.0
6	2020/1/5	2019005	张欣梅	洗衣机	¥900	8	¥7,200	1%	¥72.0
7	2020/1/6	2019006	郝菲	投影仪	¥3,600	5	¥18,000	1%	¥180.0
8	2020/1/7	2019007	贺庆嘉	电脑	¥2,900	20	¥58,000	1%	¥580.0
9	2020/1/8	2019008	张瑞蒋	电视机	¥1,800	25	¥45,000	2%	¥900.0
10	2020/1/9	2019009	谢婷婷	空调	¥2,600	30	¥78,000	1%	¥780.0
11	2020/1/10	2019010	苏梅	冰箱	¥2,400	23	¥55,200	2%	¥1,104.0
12	2020/1/11	2019011	周浩	电视机	¥1,080	30	¥32,400	1%	¥324.0
13	2020/1/12	2019012	李丽婷	空调	¥2,400	8	¥19,200	1%	¥192.0

图 4-65

Step 01 选择“总销售额（元）”列中任意单元格，在“数据”选项卡中单击“降序”按钮，如图4-66所示，即可对总销售额进行降序排序，如图4-67所示。

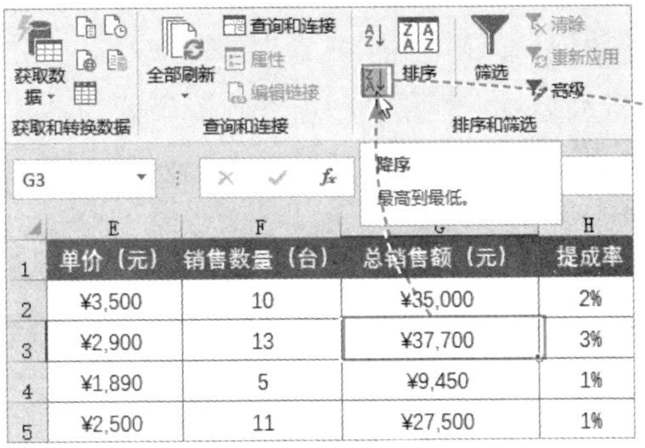

图 4-66

	E	F	G	H
1	单价（元）	销售数量（台）	总销售额（元）	提成率
2	¥2,600	30	¥78,000	1%
3	¥5,200	15	¥78,000	2%
4	¥2,900	20	¥58,000	1%
5	¥2,400	23	¥55,200	2%
6	¥1,800	25	¥45,000	2%
7	¥1,400	29	¥40,600	1%
8	¥2,900	13	¥37,700	3%
9	¥3,500	10	¥35,000	2%
10	¥1,080	30	¥32,400	1%

图 4-67

Step 02 选择表格中任意单元格，使用Ctrl+Shift+L组合键进入筛选状态，单击“货品名称”筛选按钮，从弹出的列表中勾选“冰箱”复选框，单击“确定”按钮，即可将“冰箱”的销售信息筛选出来，如图4-68所示。

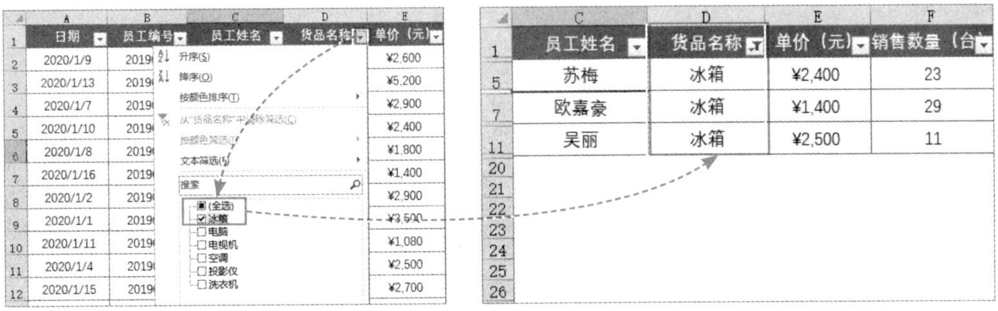

图 4-68

Step 03 如果要将"业绩提成"小于100元的单元格突出显示出来，则可以选择I2:I19单元格区域，在"开始"选项卡中单击"条件格式"下拉按钮，从弹出的列表中选择"突出显示单元格规则"选项，并从其级联菜单中选择"小于"选项，打开"小于"对话框，在"为小于以下值的单元格设置格式"文本框中输入"100"，并在"设置为"列表中选择"浅红填充色深红色文本"选项，单击"确定"按钮即可，如图4-69所示。

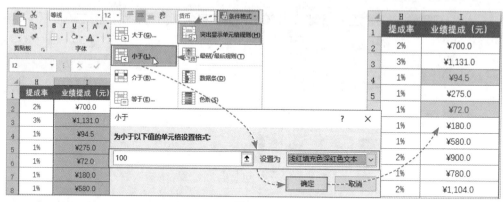

图 4-69

Step 04 用户可以按照"货品名称"对"销售数量"进行分类汇总。首先对"货品名称"进行"升序"排序，然后在"数据"选项卡中单击"分类汇总"按钮，打开"分类汇总"对话框，将"分类字段"设置为"货品名称"，将"汇总方式"设置为"求和"，勾选"销售数量（台）"复选框，单击"确定"按钮即可，如图4-70所示。

	B	C	D	E	F
1	员工编号	员工姓名	货品名称	单价（元）	销售数量（台）
2	2019004	吴丽	冰箱	¥2,500	11
3	2019010	苏梅	冰箱	¥2,400	23
4	2019016	欧嘉豪	冰箱	¥1,400	29
5			冰箱 汇总		63
6	2019001	何丽丽	电脑	¥3,500	10
7	2019007	贺庆嘉	电脑	¥2,900	20
8	2019013	陆萧凤	电脑	¥5,200	15
9			电脑 汇总		45
10	2019002	王天	电视机	¥2,900	13
11	2019008	张瑞蒋	电视机	¥1,800	25

图 4-70

知识点拨

　　要想在合并计算结果中显示标题信息，要求数据源本身必须包含行标题或列标题，并且需要在"合并计算"对话框中勾选"首行"或"最左列"复选框。

手机办公：创建并编辑新的数据表

在手机上安装Microsoft Office软件后，用户可以创建一个Excel表格，并在表格中输入编辑数据，具体操作方法如下。

Step 01 使用Microsoft Office软件创建一个空白工作簿，在工作表中点击A1单元格，可以将其选中，双击A1单元格，可以在A1单元格中输入数据，如图4-71所示。

Step 02 选择A1单元格后，按住单元格右下方的小圆圈，拖动鼠标选择整个A1:D7数据区域，在下方的工具栏中，点击右侧的绿色小三角，弹出一个"开始"面板，在面板中选择"边框"选项，可以为数据添加边框，如图4-72所示。

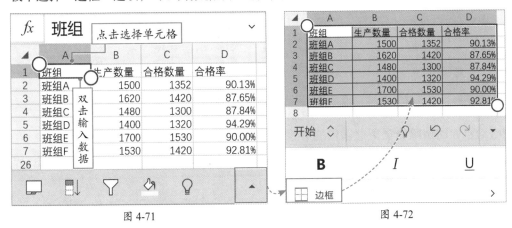

图 4-71　　　　　　　　　　　　图 4-72

Step 03 在"开始"面板中可以将表格中的数据设置为"水平居中"和"垂直居中"对齐方式，如图4-73所示。

Step 04 选择A1:D1单元格区域，在"开始"面板中可以为单元格区域设置填充颜色，为单元格中的数据设置字体颜色和加粗，如图4-74所示。

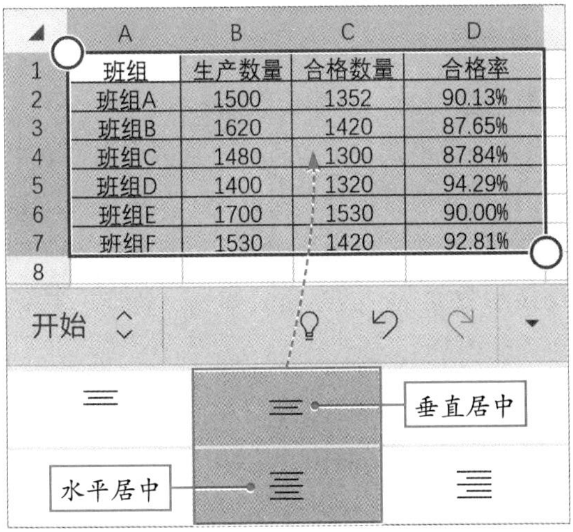

图 4-73 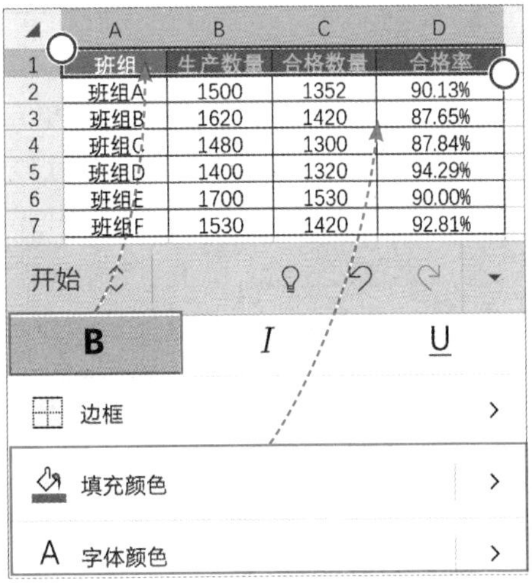　　　　　　　　　　　　图 4-74

1. Q: 如何删除表格中的重复数据?

A: 选择表格中任意单元格,在"数据"选项卡中单击"删除重复值"按钮,打开"删除重复值"对话框,选择一个或多个包含重复值的列,单击"确定"按钮,弹出提示对话框,提示"发现几个重复值,已将其删除",单击"确定"按钮即可,如图4-75所示

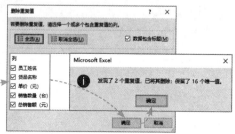

图 4-75

2. Q: 如何清除分类汇总表中的分级显示?

A: 在"数据"选项卡中单击"取消组合"下拉按钮,从弹出的列表中选择"清除分级显示"选项即可,如图4-76所示。

图 4-76

3. Q: 如何让添加"数据条"的单元格只显示数据条,不显示数据?

A: 选择添加数据条的单元格区域,单击"条件格式"下拉按钮,从弹出的列表中选择"管理规则"选项,打开"条件格式规则管理器"对话框,从中选择"数据条"选项,单击"编辑规则"按钮,打开"编辑格式规则"对话框,在"编辑规则说明"选项区域中勾选"仅显示数据条"复选框,单击"确定"按钮即可。

第5章
公式的应用

公式是数据统计时常用的一种计算方式，在Excel中编写一个简单的公式往往能够快速实现复杂计算，从而顺利解决数据统计和分析中的很多麻烦，本章将介绍Excel公式的基础知识。

Excel公式是一种对单元格中的值进行计算的等式，可以对一个或多个值进行运算，并返回一个或多个结果。

Excel公式和普通的数学公式稍有不同，普通的数学公式等号是写在公式的最后，如图5-1所示。而Excel公式的等号是写在公式的开始处，如图5-2所示。

数学公式需要手动计算才能得到结果，而Excel公式在确认输入后可以自动计算结果，如图5-3所示。

图 5-1

图 5-2

图 5-3

5.1.1 公式的构成

一个完整的公式通常由等号、函数、括号、单元格引用、常量、运算符、逻辑值等构成，如图5-4所示。其中常量可以是数字、文本或其他字符，如果常量不是数字就要加上引号。

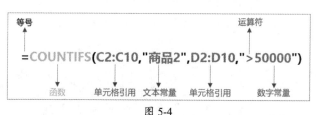
图 5-4

5.1.2 公式中的运算符

Excel公式中包含4种类型的运算符，分别是算数运算符、比较运算符、文本运算符和引用运算符，下面介绍每种运算符的具体作用。

1. 运算符的分类

（1）算数运算符

算术运算符用来完成基本的数学运算，例如加法、减法、乘法等。算术运算符有+（加）、-（减）、*（乘）、/（除）、%（百分比）、^（乘方），如图5-5所示。

	A	B	C	D	E
1	组别	产量	次品	合格率%	
2	A组	1000	12	=(B2-C2)/B2*100	
3					

图 5-5

Excel办公应用标准教程——公式、函数、图表与数据分析（实战微课版）

（2）比较运算符

比较运算符用来对两个数值进行比较，产生的结果为逻辑值TRUE（真）或FALSE（假）。比较运算符有=（等于）、>（大于）、>=（大于或等于）、<（小于）、<=（小于或等于）、<>（不等于），如图5-6所示。

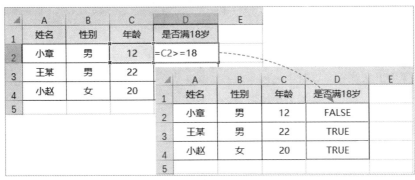

图 5-6

（3）文本运算符

文本运算符只有一个，即&，作用是将一个或多个文本连接成为一个组合文本，如图5-7所示。

图 5-7

（4）引用运算符

引用运算符用来将单元格区域合并运算，引用运算符有如下几种。

冒号（区域）：表示对两个引用之间，包括两个引用在内的所有区域的单元格进行引用，如图5-8所示。

逗号（联合）：表示将多个引用合并为一个引用，如图5-9所示。

空格（交叉）：表示产生同时隶属于两个引用的单元格区域的引用，如图5-10所示。

	A	B	C
1	A区商品	销量	
2	面包	35	
3	奶酪	18	
4	酸奶	40	
5	蛋糕	33	
6			
7	销量合计	=SUM(B2:B5)	

图 5-8

	A	B	C
1	A区商品	销量	
2	面包	35	
3	奶酪	18	
4	酸奶	40	
5	蛋糕	33	
6			
7	销量合计	=SUM(B2,B3,B4,B5)	

图 5-9

	A	B	C
1	1	1	1
2	2	2	2
3	3	3	3
4	4	4	4
5	5	5	5
6	6	6	6
7			
8	交叉引用	=SUM(A3:C5 A5:C6)	

图 5-10

2. 运算符的优先级

只有熟知各运算符的优先级别，才有可能避免公式编辑和运算中出现错误。

第1优先级是引用运算符里面的冒号（:）、逗号（,）以及空格运算符。

第2优先级是算数运算符中的负号（-）。

第3优先级是算数运算符中的百分号（%）。

第4优先级是算数运算符中的求幂（^）。

第5优先级是算数运算符中的乘号（*）和除号（/）。

第6优先级是算数运算符中的加号（+）和减号（-）。

第7优先级是文本运算符的连接运算符（&）。

第8优先级是比较运算符中的等于（=）、大于（>）、小于（<）、大于或等于（>=）、小于或等于（<=）、不等于（<>）。

注意事项 当公式中包含多种类型的运算符时，将按运算符的优先级由高到低进行运算，相同优先级的运算符，从左到右进行计算。若想指定运算顺序，可用小括号括起相应部分。

5.1.3 输入公式

录入Excel公式时最好不要直接使用单元格中的具体数值，如图5-11所示。虽然这样也能返回正确的结果，但是，这种公式相当于是"一次性"的，若还有大量数据要进行相同计算，或者单元格中的数据被更改，那么就需要反复地输入公式，耗时费力。

正确的方法是在公式中引用数据所在的单元格，如图5-12所示。这样，即使单元格中的数据被更改，公式也会自动进行重新计算。另外，在公式中引用单元格最大的好处是方便填充。

图 5-11

图 5-12

注意事项 使用函数编写公式时经常需要引用单元格区域，引用单元格区域也很简单，选中区域的第一个单元格后按住鼠标左键，拖动光标，选择需要引用的单元格区域，即可将该区域地址输入到公式中，如图5-13所示。

地区	华东	华南	华中	华北	平均销售额	
1季度	5800.00	6700.00	4700.00	3300.00	=AVERAGE(B2:E2)	
2季度	7200.00	9500.00	3300.00	6200.00	AVERAGE(**number1**, [number2])	

图 5-13

1. 在公式中引用单元格

选中需要输入公式的单元格，先输入=（等号），随后将光标移动到需要引用的单元格上方，单击即可将该单元格地址输入到公式中，如图5-14所示。

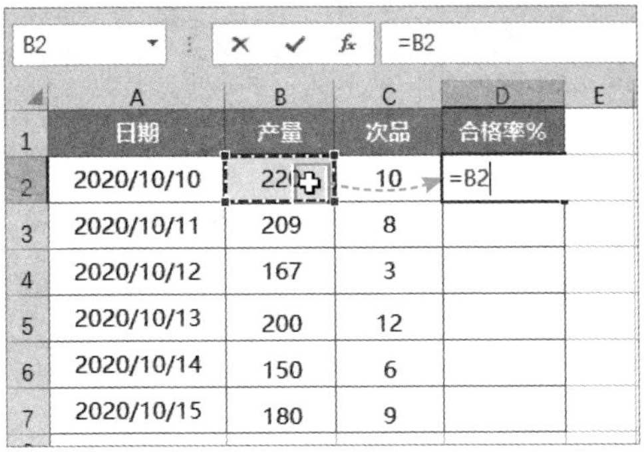

	A	B	C	D	E
1	日期	产量	次品	合格率%	
2	2020/10/10	220	10	=B2	
3	2020/10/11	209	8		
4	2020/10/12	167	3		
5	2020/10/13	200	12		
6	2020/10/14	150	6		
7	2020/10/15	180	9		

图 5-14

接着手动输入运算符号、括号等元素，公式输入完成后按Enter键即可返回计算结果，如图5-15所示。

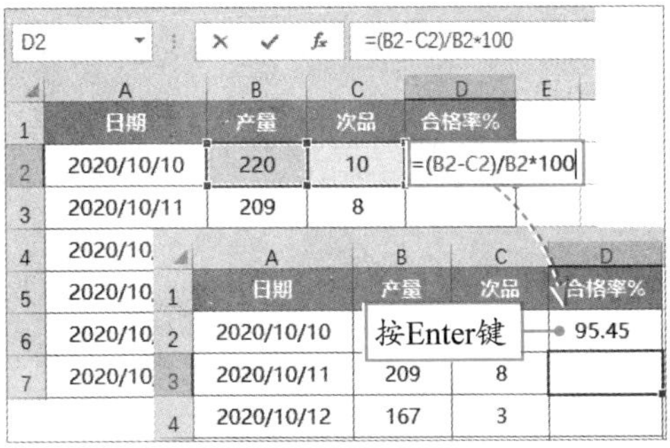

图 5-15

2. 填充公式

选中公式所在单元格，将光标放在单元格右下角，当光标变成“+”形状时，按住左键并向下拖动光标，如图5-16所示。

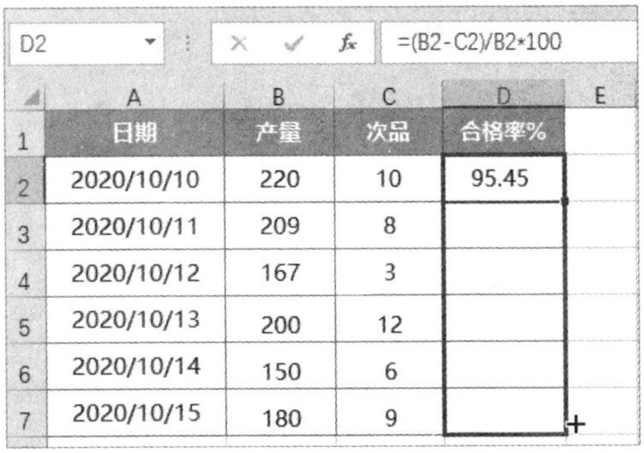

	A	B	C	D	E
1	日期	产量	次品	合格率%	
2	2020/10/10	220	10	95.45	
3	2020/10/11	209	8		
4	2020/10/12	167	3		
5	2020/10/13	200	12		
6	2020/10/14	150	6		
7	2020/10/15	180	9		

图 5-16

拖动到最后一个需要输入公式的单元格后松开鼠标，此时光标拖动过的单元格中全部被填充了公式，并显示出计算结果，如图5-17所示。

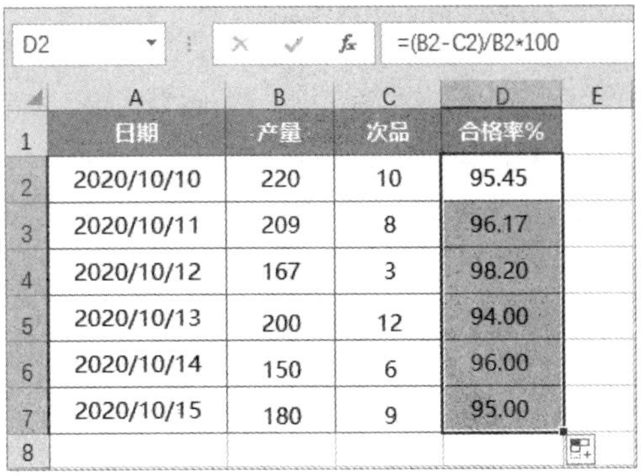

	A	B	C	D	E
1	日期	产量	次品	合格率%	
2	2020/10/10	220	10	95.45	
3	2020/10/11	209	8	96.17	
4	2020/10/12	167	3	98.20	
5	2020/10/13	200	12	94.00	
6	2020/10/14	150	6	96.00	
7	2020/10/15	180	9	95.00	
8					

图 5-17

填充公式后选中不同单元格，可以发现，随着公式位置的移动，公式中引用的单元格也自动发生了变化，如图5-18、图5-19所示。

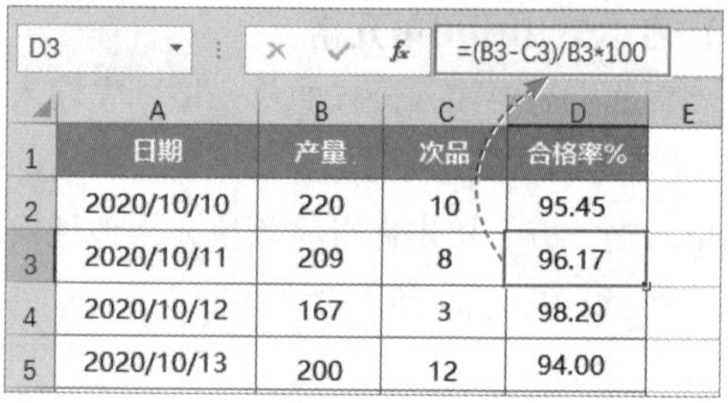

图 5-18

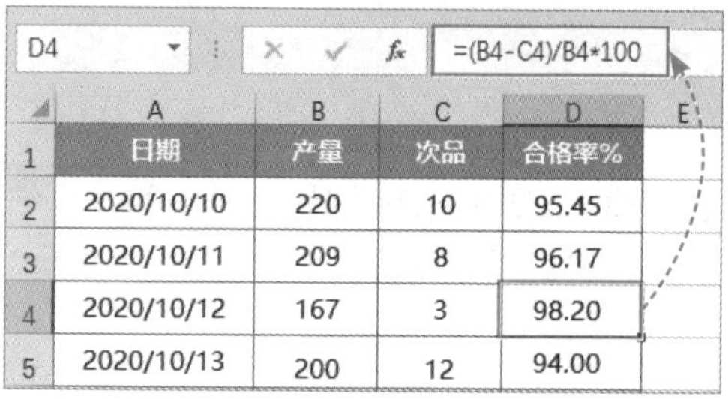

图 5-19

5.1.4　编辑公式

若输入的公式有误，则需要用户手动对公式进行修改或重新编辑，在Excel中有多种方法可以启动公式的编辑状态。

1. 在单元格中编辑

选中包含公式的单元格，双击该单元格，或按F2键即可进入公式编辑状态，如图5-20所示。

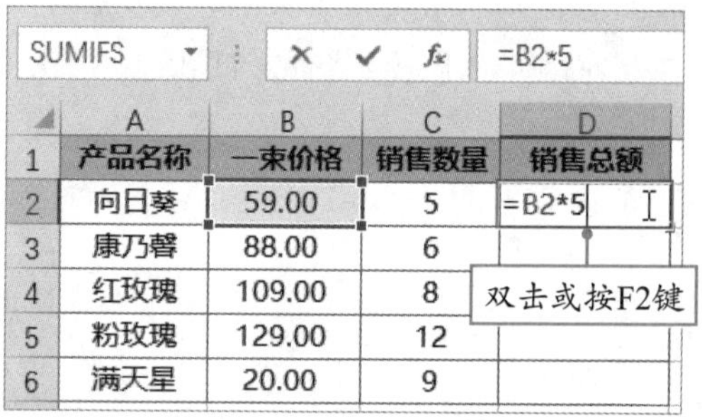

图 5-20

在该状态下可对公式进行编辑，如图5-21所示，编辑完成后按Enter键进行确认。

图 5-21

Excel办公应用标准教程——公式、函数、图表与数据分析（实战微课版）

2. 在编辑栏中编辑

选中公式所在单元格,将光标定位在编辑栏中,对公式进行修改,修改完成后,按Enter键进行确认即可,如图5-22所示。

图 5-22

第5章 公式的应用

知识点拨

知识点拨:公式输入完成后除了按Enter键进行确认外,也可通过单击编辑栏右侧的"☑"按钮进行确认。单击"☒"按钮可取消对公式的编辑,如图5-23所示。

取消编辑　确认输入

图 5-23

动手练 计算商品打折后价格

扫码看视频

商品在促销时通常会进行不同力度的打折,下面将根据表格中已知的记录计算商品折后销售总价(折后价格=原价×(折扣÷10))。

Step 01 选中F2单元格,输入公式"=C2*D2*(E2/10)",如图5-24所示,输入完成后按Enter键返回计算结果。

	A	B	C	D	E	F	G
1	销售日期	货品名称	销售数量	单价	折扣	折后总价	
2	2020/9/1	平板电脑	5	2200.00	8.5	=C2*D2*(E2/10)	
3	2020/9/1	电话手表	10	299.00	9.8		
4	2020/9/1	运动手表	8	550.00	9		
5	2020/9/2	儿童相机	4	450.00	8		
6	2020/9/2	平板电脑	2	2050.00	8		
7	2020/9/2	儿童手表	2	590.00	9		
8	2020/9/2	智能音箱	10	599.00	8.5		
9	2020/9/3	平板电脑	6	2450.00	8		
10							

图 5-24

Step 02 再次选中F2单元格,将光标移动到该单元格右下角,光标变成"➕"形状时双击,即可将公式填充至F3:F9单元格区域,计算出其他商品的折后总价,如图5-25所示。

	A	B	C	D	E	F	G
1	销售日期	货品名称	销售数量	单价	折扣	折后总价	
2	2020/9/1	平板电脑	5	2200.00	8.5	9350.00	
3	2020/9/1	电话手表	10	299.00	9.8	2930.20	
4	2020/9/1	运动手表	8	550.00	9	3960.00	
5	2020/9/2	儿童相机	4	450.00	8	1440.00	
6	2020/9/2	平板电脑	2	2050.00	8	3280.00	
7	2020/9/2	儿童手表	2	590.00	9	1062.00	
8	2020/9/2	智能音箱	10	599.00	8.5	5091.50	
9	2020/9/3	平板电脑	6	2450.00	8	11760.00	
10							

图 5-25

公式中对单元格的引用分为三种形式，分别是相对引用、绝对引用以及混合引用。下面将对这三种引用形式进行详细介绍。

5.2.1 相对引用

在C1单元格中输入"=A1+B1"，如图5-26所示，将公式填充到C2单元格后，公式自动变成了"=A2+B2"，如图5-27所示。

在"=A1+B1"这个公式中对A1和B1单元格的引用是相对引用。公式中的相对单元格是基于包含公式和单元格引用的单元格的相对位置。如果公式所在单元格的位置改变，引用也随之改变。

C1	▼	✕	✓	fx	=A1+B1

	A	B	C	D
1	1	1	2	
2	2	2		
3	3	3		
4	4	4		
5	5	5		

图 5-26

C2	▼	✕	✓	fx	=A2+B2

	A	B	C	D
1	1	1	2	
2	2	2	4	
3	3	3	6	
4	4	4	8	
5	5	5	10	

图 5-27

5.2.2 绝对引用

公式中的绝对单元格引用总是在指定位置引用单元格。如果公式所在单元格的位置改变，绝对引用保持不变，绝对引用的单元格在行号和列表之前都有"$"符号（例如$E$2）。

下面以实际案例进行演示。在C2单元格中输入公式"=B2*$E$2"，如图5-28所示。当公式被填充到C3单元格中后公式变成了"=B3*$E$2"，相对引用的单元格发生了变化，而绝对引用的单元格没有变，如图5-29所示。

SUMIFS	▼	✕	✓	fx	=B2*$E$2

	A	B	C	D	E
1	产品名称	销售金额	销售利润		利润率
2	磁力片	2976.00	=B2*$E$2		20%
3	堆堆乐	4577.00			
4	诺米骨牌	2544.00			
5	积木	2880.00			
6	识字卡	10547.00			
7	电子琴	31150.00			

图 5-28

C3	▼	✕	✓	fx	=B3*$E$2

	A	B	C	D	E
1	产品名称	销售金额	销售利润		利润率
2	磁力片	2976.00	595.20		20%
3	堆堆乐	4577.00	915.40		
4	诺米骨牌	2544.00	508.80		
5	积木	2880.00	576.00		
6	识字卡	10547.00	2109.40		
7	电子琴	31150.00	6230.00		

图 5-29

Excel办公应用标准教程——公式、函数、图表与数据分析（实战微课版）

5.2.3 混合引用

混合引用具有绝对列和相对行，或是绝对行和相对列。绝对引用列采用$A1、$B1等形式。绝对引用行采用A$1、B$1等形式。如果公式所在单元格的位置改变，则相对引用改变，而绝对引用不变。

例如，在D1单元格内输入"=$A1"，分别向行方向和列方向填充公式，绝对引用列不会发生变化，只有相对引用行发生变化，如图5-30、图5-31所示。

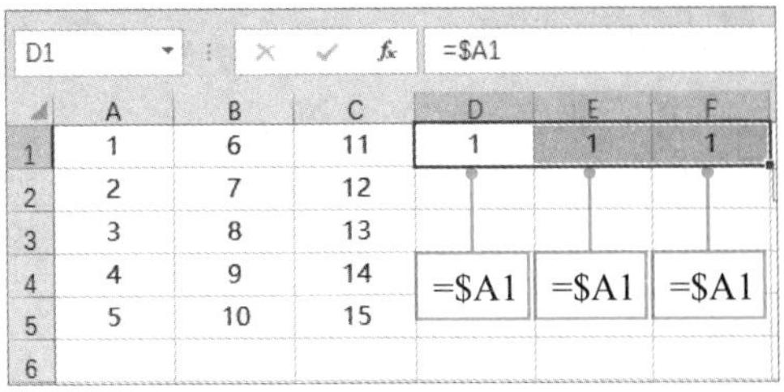

图 5-30

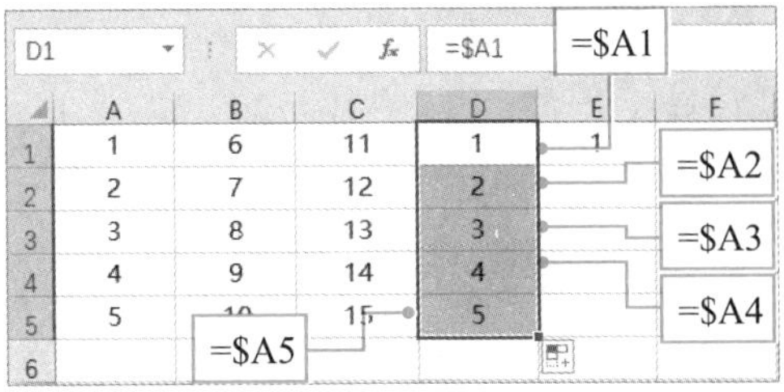

图 5-31

若在D1单元格内输入"=A$1"，分别向行方向和列方向填充公式，会发现列引用会发生变化，而行引用不会发生变化，如图5-32、图5-33所示。

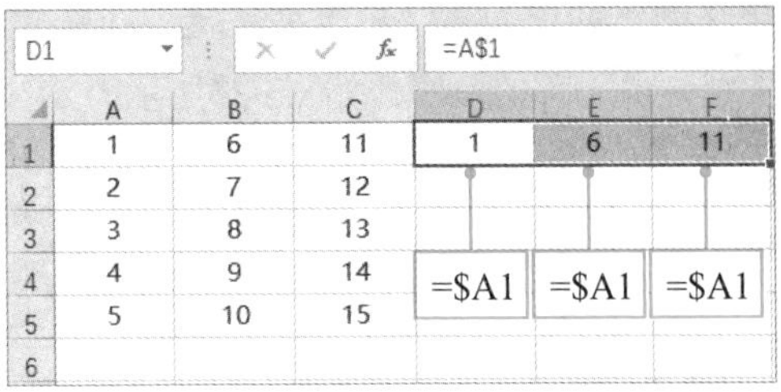

图 5-32

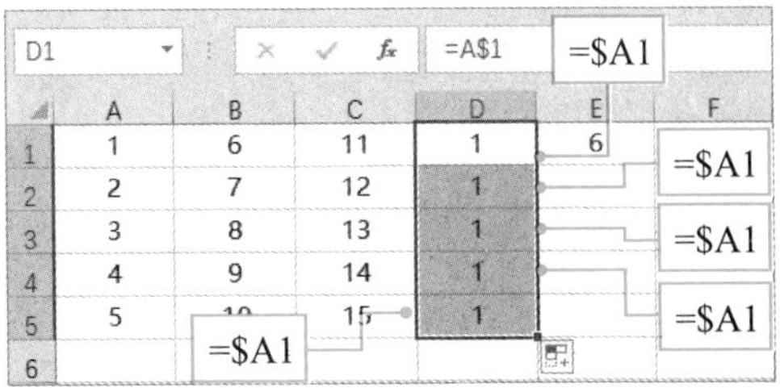

图 5-33

第5章 公式的应用

知识点拨

引用单元格时除了手动输入$符号，也可按F4键自动输入。在公式中将光标定位在某个单元格名称之后，按一次F4键，会变成绝对引用（例如$A$1）；按两次F4键，变成相对列绝对行的混合引用（例如A$1）；按三次F4键，变成绝对列相对行的混合引用（例如$A1）；按四次F4键恢复相对引用。

对于公式中反复引用的单元格区域或某些特定的值，可以对其进行命名，从而提高公式的输入速度。

1. 为单元格区域定义名称

打开"公式"选项卡，在"定义的名称"组中单击"定义名称"按钮，如图5-34所示。

图 5-34

弹出"新建名称"对话框，在名称文本框中输入"业绩总额"，删除引用位置文本框中原有的内容，在工作表中选择需要定义名称的单元格，单击"确定"按钮，完成定义名称的操作，如图5-35所示。

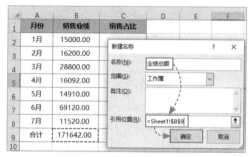

图 5-35

知识点拨

定义名称后，通过"名称管理器"对话框可以对名称进行编辑、删除等操作，如图5-36所示。

在"公式"选项卡中的"定义名称"组中单击"名称管理器"按钮，可打开"名称管理器"对话框。

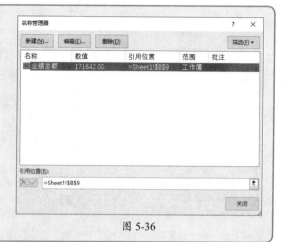

图 5-36

2. 在公式中使用名称

选中C2单元格，输入公式“=B2/业绩总额”，输入完成后按Enter键进行确认，如图5-37所示。随后再次选中C2单元格，向下拖动该单元格填充柄，如图5-38所示。松开鼠标后即可计算出每个月的销售占比，如图5-39所示。

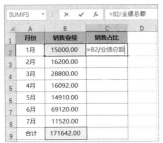

SUMIFS | =B2/业绩总额

月份	销售业绩	销售占比
1月	15000.00	=B2/业绩总额
2月	16200.00	
3月	28800.00	
4月	16092.00	
5月	14910.00	
6月	69120.00	
7月	11520.00	
合计	171642.00	

图 5-37

C2 | =B2/业绩总额

月份	销售业绩	销售占比
1月	15000.00	8.74%
2月	16200.00	
3月	28800.00	
4月	16092.00	
5月	14910.00	
6月	69120.00	
7月	11520.00	
合计	171642.00	

图 5-38

C2 | =B2/业绩总额

月份	销售业绩	销售占比
1月	15000.00	8.74%
2月	16200.00	9.44%
3月	28800.00	16.78%
4月	16092.00	9.38%
5月	14910.00	8.69%
6月	69120.00	40.27%
7月	11520.00	6.71%
合计	171642.00	100.00%

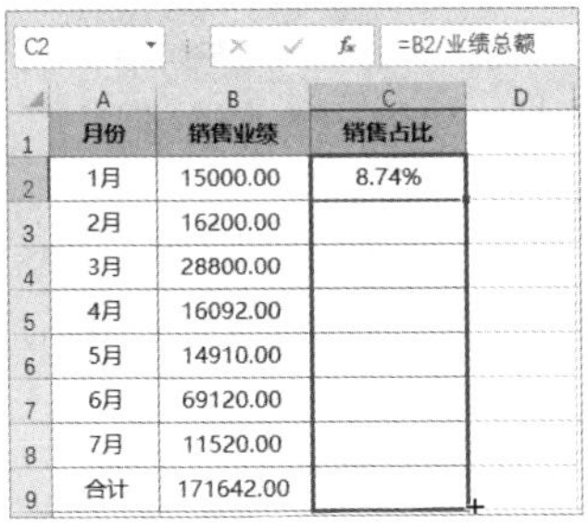

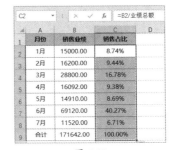

图 5-39

5.4 数组公式的运算规则

Excel中的数组公式可建立产生多值或对一组值而不是单个值进行操作的公式。数组公式是Excel对公式和数组的一种扩充，是Excel公式中一种专门用于数组的公式类型。

5.4.1 数组公式的使用规则

在输入数组公式时，必须遵循相应的规则，否则公式将会出错，无法计算出数据的结果。

- 输入数组公式时，需要先选择用来保存计算结果的单元格或单元格区域。
- 数组公式输入完成后使用Ctrl+Shift+Enter组合键返回计算结果。
- 编辑或清除数组公式时需要选择整个数组公式涵盖的单元格区域，然后在编辑栏中修改或删除数组公式。

5.4.2 数组的表现方式

数组具有行、列及尺寸的特征，所有的数组都能在一个连续的单元格区域中表示出来。数组由一个元素构成时称为“单元素数组”；只有一行或一列的数组称为“一维数组”；多行多列的数组称为“二维数组”，根据方向又分为水平数组和垂直数组两种，如图5-40所示。

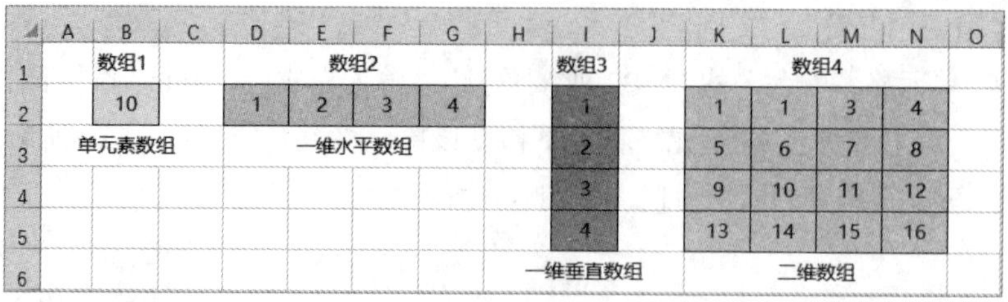

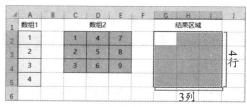

图 5-40

数组应该写在{}（大括号）中，数组1~数组5的表现形式为，数组1{10}；数组2{1,2,3,4}；数组3{1;2;3;4}；数组4{1,2,3,4;5,6,7,8;9,10,11,12;13,14,15,16}。数组中，同一行中的各个元素用逗号分隔，换行的位置用分号。

▌5.4.3　结果区域的判断

当两个数组进行计算时，其结果区域的行列数由两个数组中行数最大值和列数最大值决定，如图5-41所示。

图 5-41

▌5.4.4　数组的运算规律

不同的数组类型，其运算规律有所不同，下面将分别举例介绍数组的运算规律。

1. 单元素数组与其他数组之间的运算

单元素数组会与其他数组中的每一个值逐一进行运算，结果区域的行列数由其他数组的行列数决定。例如用单元素数组"10"分别与一维垂直数组（数组1）、一维水平数组（数组2）以及二维数组（数组3）相乘，其运算结果如图5-42所示。

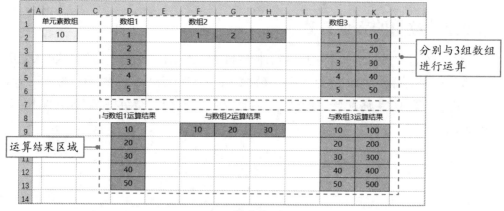

图 5-42

2. 一维数组之间的运算

两个相同方向上的一维数组运算进行同位置元素一一对应的运算。不同方向的两个一维数组进行运算时，数组中的每个元素分别与另一组的每一个元素进行运算，如图5-43所示。

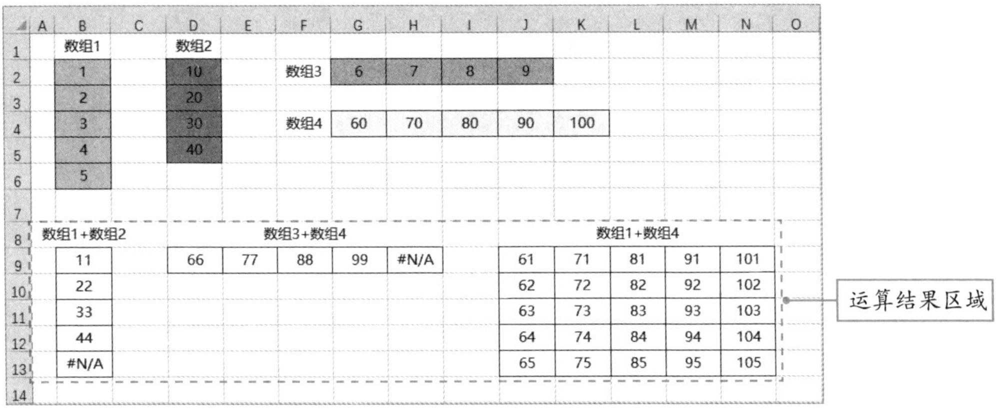

图 5-43

> **注意事项** 当两个数组的尺寸不相同时（数组中的元素数量不相等），会返回与较多元素数组尺寸相同的结果，多出较少元素的部分会返回错误值#N/A。

3. 一维数组与二维数组之间的运算

当一维数组与二维数组尺寸特征相同时，进行一维数组方向上一一对应的运算，并返回与二维数组行列数相同的二维数组结果。若一维数组与二维数组尺寸不同，则会在有差异的位置整行或整列返回错误值#N/A，如图5-44所示。

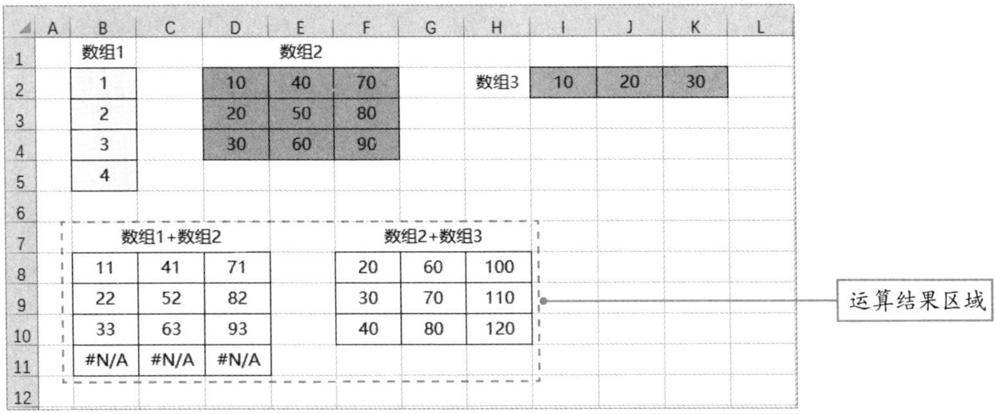

图 5-44

知识点拨

在实际工作中使用数组公式进行计算时，应该选择合适的结果区域，以免返回不必要的错误值。

4.二维数组之间的运算

两个二维数组之间的运算可以看作是两个单元格区域之间的叠加计算，叠加后重叠部分的元素进行一一对应的运算，非重叠区域会返回错误值#N/A，如图5-45所示。

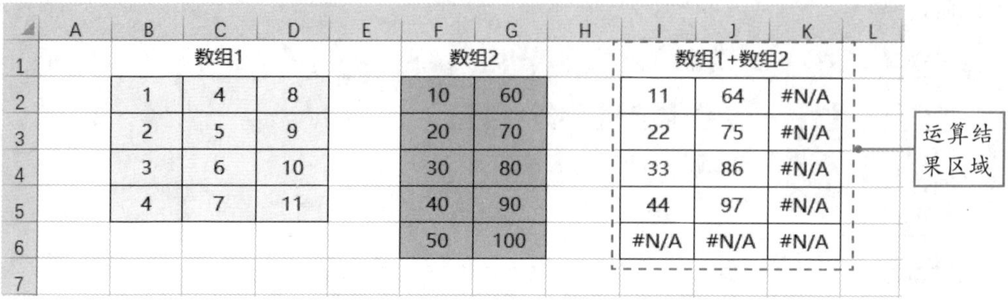

图 5-45

5.4.5　数组公式的应用

将数组公式应用到实际工作中能够快速完成复杂的计算，下面详细介绍数组公式的输入以及编辑方法。

1.输入数组公式

首先选中值返回区域，此处选择D2:D9单元格区域，将光标定位在编辑栏中，输入数组公式"=B2:B9*C2:C9"，如图5-46所示。

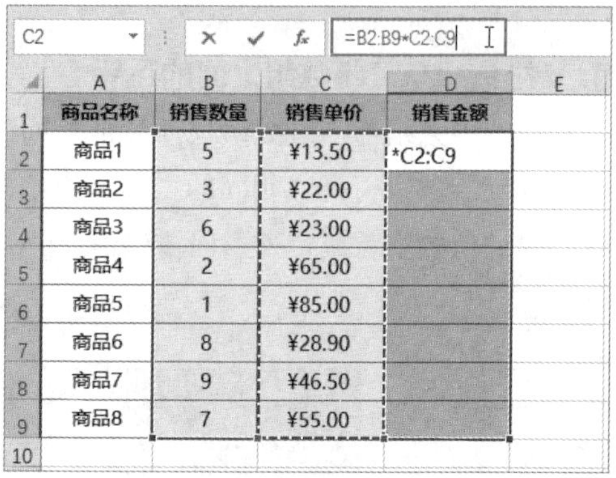

图 5-46

输入完成后使用Ctrl+Shift+Enter组合键即可返回数组计算结果，如图5-47所示。

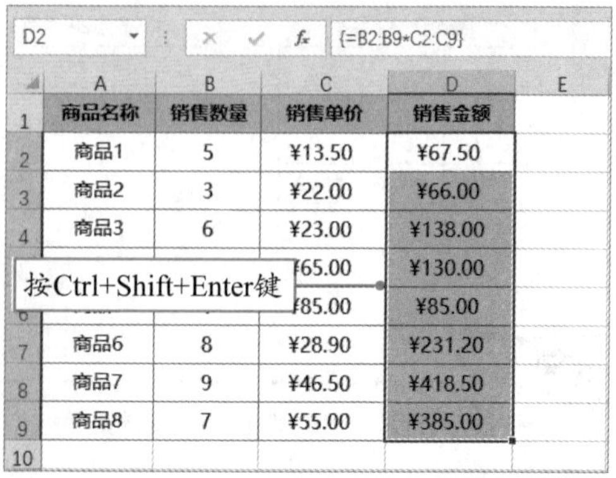

注意事项 数组公式两侧的一对大括号（{ }）是系统自动添加的，不能手动输入，否则无法完成计算。

图 5-47

2. 修改数组公式

数组公式的一组结果，不能单独对其中的某一个结果进行修改或删除，只能以组的形式进行修改或删除，下面将介绍具体操作方法。

假设，用数组公式完成了指定计算后表格中又增加了新的记录，那么可以重新选择数组公式的结果区域，这里选择D2:D10单元格区域，将光标定位在编辑栏中，如图5-48所示。重新修改数组公式的引用区域，修改完成后，再次使用Ctrl+Shift+Enter组合键返回结果，如图5-49所示。

	A	B	C	D	E
SUMIFS			fx	=B2:B9*C2:C9	
1	商品名称	销售数量	销售单价	销售金额	
2	商品1	5	¥13.50	C9	
3	商品2	3	¥22.00	¥66.00	
4	商品3	6	¥23.00	¥138.00	
5	商品4	2	¥65.00	¥130.00	
6	商品5	1	¥85.00	¥85.00	
7	商品6	8	¥28.90	¥231.20	
8	商品7	9	¥46.50	¥418.50	
9	商品8	7	¥55.00	¥385.00	
10	商品9	4	¥26.00		

图 5-48

	A	B	C	D	E
D2			fx	{=B2:B10*C2:C10}	
1	商品名称	销售数量	销售单价	销售金额	
2	商品1	5	¥13.50	¥67.50	
3	商品2	3	¥22.00	¥66.00	
4	商品3	6	¥23.00	¥138.00	
5	商品4	2	¥65.00	¥130.00	
6	商品5	1	¥85.00	¥85.00	
7	商品6	8	¥28.90	¥231.20	
8	商品7	9	¥46.50	¥418.50	
9	商品8	7	¥55.00	¥385.00	
10	商品9	4	¥26.00	¥104.00	

图 5-49

知识点拨

若要删除数组公式，可先删除一组数组公式中的任意一个，然后使用Ctrl+Shift+Enter组合键。

 计算平均日产量

扫码看视频

函数公式中使用数组进行计算能够缩短公式的长度，让公式更容易理解，让计算变得更简单。

例如，用数组公式计算所有车间的平均日产量，具体步骤如下。

Step 01 选中C7单元格，输入数组公式"=AVERAGE（B2:B6/C2:C6）"，如图5-50所示。

Step 02 使用Ctrl+Shift+Enter组合键返回数组公式计算结果，即平均日产量，如图5-51所示。

	A	B	C	D	E
SUMIFS			fx	=AVERAGE(B2:B6/C2:C6)	
1	车间	总产量	生产天数		
2	1车间	5000	30		
3	2车间	4200	28		
4	3车间	3500	15		
5	4车间	2000	10		
6	5车间	5800	30		
7	平均日产量		=AVERAGE(B2:B6/C2:C6)		

图 5-50

	A	B	C	D	E
C7			fx	{=AVERAGE(B2:B6/C2:C6)}	
1	车间	总产量	生产天数		
2	1车间	5000	30		
3	2车间	4200	28		
4	3车间	3500	15		
5	4车间	2000	10		
6	5车间	5800	30		
7	平均日产量		189		

图 5-51

5.5 公式中常见的错误值

经常使用公式的用户可能都见过错误值，错误值的类型不止一种，其产生原因也各不相同，下面对常见的错误值类型以及产生原因进行详细介绍。

5.5.1 #DIV/0!错误值

当公式中的除数为空单元格或0值时（例如=15/0），将会产生错误值#DIV/0!，如图5-52所示。

	A	B	C	D	E
				D8	=C8/B8
1	产品	送检数量	不良数量	不良率	
2	A	100	15	15.0%	
3	B	10	1	10.0%	
4	C	20	5	25.0%	
5	D	20	1	5.0%	
6	E	50	2	4.0%	
7	F	15	3	20.0%	
8	G		2	#DIV/0!	
9	H	30	3	10.0%	

图 5-52

#DIV/0!错误值的解决方法为：方法一，修改单元格引用，或在作为除数的单元格中输入不为0的值，如图5-53所示；方法二，将除数修改成非0值。

	A	B	C	D	E
				D8	=C8/B8
1	产品	送检数量	不良数量	不良率	
2	A	100	15	15.0%	
3	B	10	1	10.0%	
4	C	20	5	25.0%	
5	D	20	1	5.0%	
6	E	50	2	4.0%	
7	F	15	3	20.0%	
8	G	30	2	6.7%	
9	H	30	3	10.0%	

图 5-53

5.5.2 #N/A错误值

当函数没有在参数列表中找到可用值时，会返回#N/A错误，如图5-54所示。

#N/A错误值的解决方法为，保证公式或函数引用的参数列表中包含可用值，如图5-55所示。

	A	B	C	D	E	F
				E3	=VLOOKUP(D3,A1:B6,2,FALSE)	
1	姓名	销售提成		查询表		
2	张雪峰	5980		姓名	销售提成	
3	刘力扬	12000		吴明亮	#N/A	
4	将梦溪	8320				
5	王杨林	20000		列表中不包含要查询的姓名		
6	宋毅	3200				
7						
8						

图 5-54

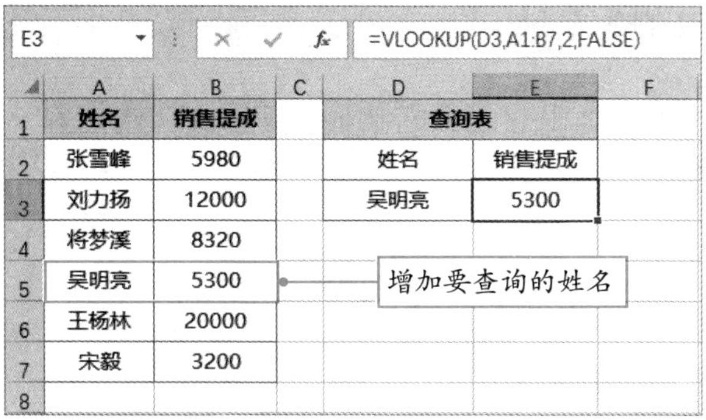

图 5-55

5.5.3 #NAME?错误值

公式中使用了Excel不能识别的内容时，会返回#NAME?错误值。例如公式中使用的名称被删除了、名称根本不存在、名称拼写错误、函数参数顺序设置不正确以及文本参数没有添加双引号等，如图5-56所示。

#NAME?错误值的解决方法为，确认公式中使用的名称确实存在且拼写正确、为文本参数添加双引号、确保函数参数顺序正确，如图5-57所示。

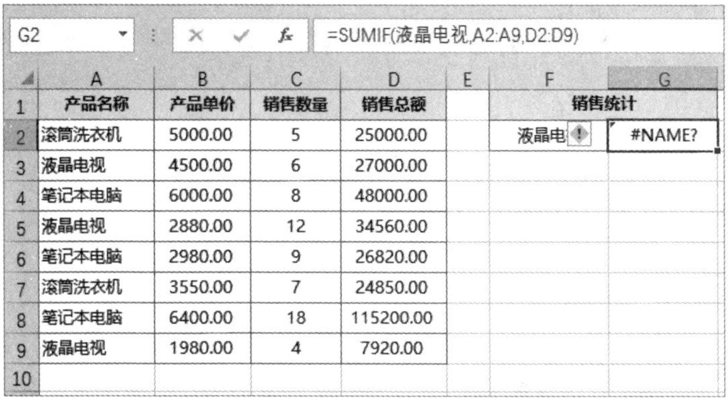

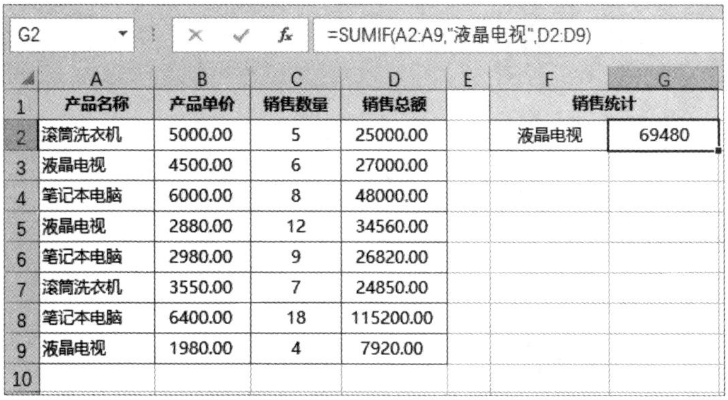

图 5-56

图 5-57

5.5.4 #REF!错误值

当公式引用了无效单元格时，公式引用的单元格会被删除或移动，如图5-58所示。

#REF!错误值的解决方法为，尽量避免误操作删除或移动公式引用的单元格。

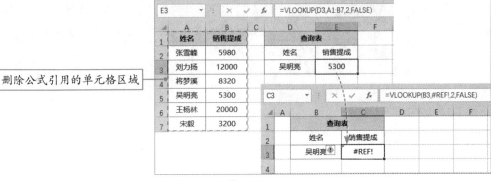

图 5-58

5.5.5 #VALUE!错误值

造成#VALUE!错误值的原因有很多，当使用了错误的参数或运算对象时就会产生#VALUE!错误。例如公式不能将文本转换为正确的数据类型进行运算，如图5-59所示；赋予了需要单一数值的运算符或函数一个数值区域，如图5-60所示；公式中缺少用于计算的函数等，如图5-61所示。

#VALUE!错误值的解决方法为：确保公式或函数所需的运算符或参数正确；确保公式引用的单元格中包含有效值；在公式中添加用于相应计算的函数等。

	D2		×	✓	fx	=C2/B2
	A	B		C		D
1	产品	送检数量		不良数量		不良率
2	A	100		无		#VALUE!
3	B	10		1		10.0%
4	C	20		5		25.0%
5	D	20		1		5.0%
6	E	50		2		4.0%
7	F	15		3		20.0%

图 5-59

	C10		×	✓	fx	=B2:B9*C2:C9
	A		B		C	D
1	产品名称		产品单价		销售数量	
2	滚筒洗衣机		5000.00		5	
3	液晶电视		4500.00		6	
4	笔记本电脑		6000.00		8	
5	液晶电视		2880.00		12	
6	笔记本电脑		2980.00		9	
7	滚筒洗衣机		3550.00		7	
8	笔记本电脑		6400.00		18	
9	液晶电视		1980.00		4	
10	合计				#VALUE!	

图 5-60

	D10		×	✓	fx	=D2:D9
	A		B		C	D
1	产品名称		产品单价		销售数量	销售总额
2	滚筒洗衣机		5000.00		5	25000.00
3	液晶电视		4500.00		6	27000.00
4	笔记本电脑		6000.00		8	48000.00
5	液晶电视		2880.00		12	34560.00
6	笔记本电脑		2980.00		9	26820.00
7	滚筒洗衣机		3550.00		7	24850.00
8	笔记本电脑		6400.00		18	115200.00
9	液晶电视		1980.00		4	7920.00
10	合计					#VALUE!

图 5-61

5.6 公式审核

很多人会忽视Excel中的公式审核功能，其不仅能进行错误检查和追踪引用，还能够快速找到引用的单元格、快速显示所有公式、查看函数计算过程等。

5.6.1 显示公式

显示公式功能可以将工作表中的公式显示出来，而不是以公式的结果显示，具体操作方法如下。

打开"公式"选项卡，在"公式审核"组中单击"显示公式"按钮，即可将工作表中所有公式显示出来，如图5-62所示。若要让公式重新以结果值显示，只需再次单击"显示公式"按钮即可。

图 5-62

5.6.2 检查错误公式

有些错误公式会返回错误代码，但大多数情况下，公式中有异常却不会直接返回错误代码，后台的错误检查功能也只能在单元格左上角以绿色的小三角标识提示该公式有异常，却并不能直观地反应公式中存在的问题。此时可以使用错误检查功能查看造成公式异常的原因。

打开"公式"选项卡，在"公式审核"组中单击"错误检查"按钮，弹出"错误检查"对话框，工作表中随即自动选中第一个包含异常公式的单元格，对话框的左侧显示出该公式的异常原因，用户可通过对话框右侧的按钮对该异常公式进行处理，单击"下一个"按钮可继续检查工作表中的其他异常公式，如图5-63所示。

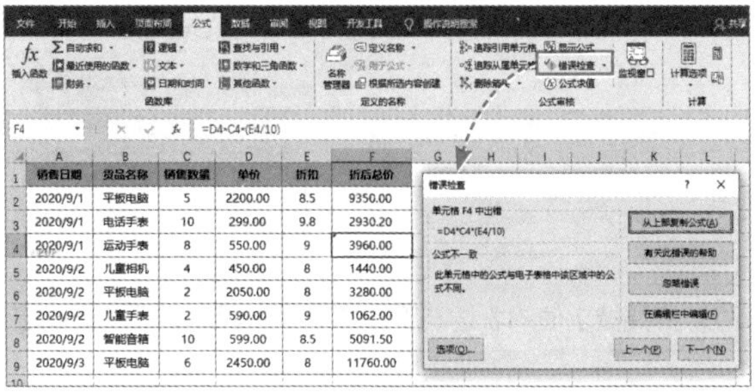

图 5-63

5.6.3 查看公式求值过程

对于一些较为复杂的公式，初学者可能无法理解其计算原理，这时可通过"公式求值"功能分步查看公式的求值过程，通过此过程加深对公式的理解。

另外，分步求值还能够帮助用户验证公式中是否存在错误，以及错误产生的位置，下面详细介绍"公式求值"的具体操作方法。

选中包含公式的单元格，打开"公式"选项卡，在"公式审核"组中单击"公式求值"按钮。系统随即弹出"公式求值"对话框，单击"求值"按钮即可开始分步计算（单击一次"求值"按钮完成一步计算），直至完成所有步骤的计算，如图5-64所示。

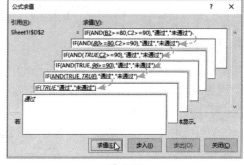

图 5-64

当正在求值的单元格中包含常量时，单击"步入"按钮可查看该常量的具体值。单击"步出"按钮可切换回分步求值模式，如图5-65所示。

图 5-65

若公式中存在错误，在分步求解的过程中计算到该错误部分时，该部分会直接返回相应的错误值结果，如图5-66所示。

图 5-66

知识点拨

在进行公式求值时，将要被求值的表达式下方会显示下画线，而被计算出结果的部分则会以斜体显示。

Excel办公应用标准教程——公式、函数、图表与数据分析（实战微课版）

扫码看视频

动手练 隐藏包含公式的单元格

为了保护报表中使用的公式不被他人轻易查看和修改，可以选择将表格中的公式隐藏起来。

在这个案例中“工龄”和“年假天数”都是用公式统计出来的，正常情况下当选中包含公式的单元格后，在编辑栏中便可看到完整的公式，如图5-67所示。

隐藏公式后，再选中包含公式的单元格，编辑栏中将不显示任何内容，如图5-68所示。

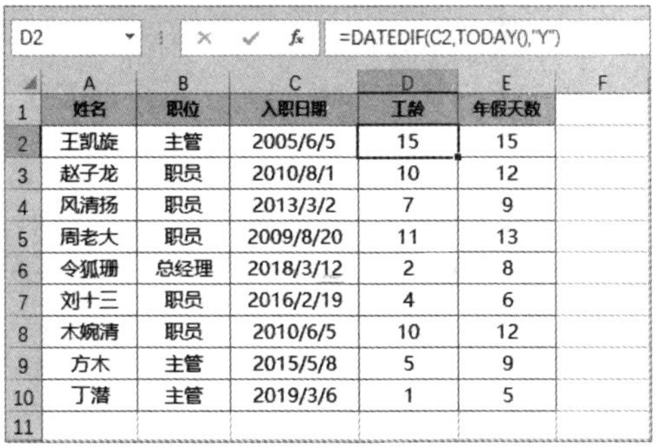

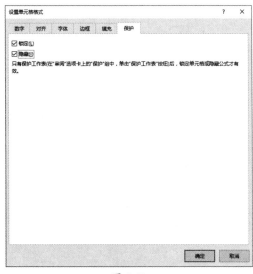

D2　=DATEDIF(C2,TODAY(),"Y")

	A	B	C	D	E	F
1	姓名	职位	入职日期	工龄	年假天数	
2	王凯旋	主管	2005/6/5	15	15	
3	赵子龙	职员	2010/8/1	10	12	
4	风清扬	职员	2013/3/2	7	9	
5	周老大	职员	2009/8/20	11	13	
6	令狐珊	总经理	2018/3/12	2	8	
7	刘十三	职员	2016/2/19	4	6	
8	木婉清	职员	2010/6/5	10	12	
9	方木	主管	2015/5/8	5	9	
10	丁潜	主管	2019/3/6	1	5	
11						

图 5-67

D2

	A	B	C	D	E	F
1	姓名	职位	入职日期	工龄	年假天数	
2	王凯旋	主管	2005/6/5	15	15	
3	赵子龙	职员	2010/8/1	10	12	
4	风清扬	职员	2013/3/2	7	9	
5	周老大	职员	2009/8/20	11	13	
6	令狐珊	总经理	2018/3/12	2	8	
7	刘十三	职员	2016/2/19	4	6	
8	木婉清	职员	2010/6/5	10	12	
9	方木	主管	2015/5/8	5	9	
10	丁潜	主管	2019/3/6	1	5	
11						

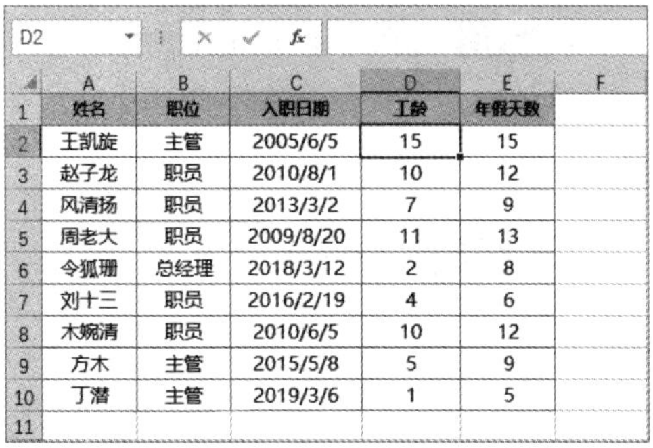

图 5-68

具体设置方法如下。

Step 01 选中表格中的所有单元格，使用Ctrl+1组合键，打开“设置单元格格式”对话框，在“保护”界面中同时勾选“锁定”和“隐藏”复选框，随后单击“确定”按钮，关闭对话框，如图5-69所示。

Step 02 返回工作表，选中所有包含公式的单元格区域，打开“审阅”选项卡，在“保护”组中单击“保护工作表”按钮，打开“保护工作表”对话框，不做任何设置，直接单击“确定”按钮，如图5-70所示，此时所选区域中的公式已经全部被隐藏。

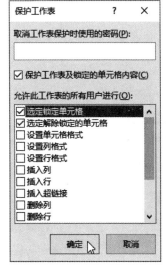

图 5-69

图 5-70

根据员工的基本工资可以计算出需要缴纳的各项保险金额，例如养老保险、医疗保险、失业保险等。最终用基本工资减去所有包含的保险金额总和就可以得到实发工资。

Step 01 先在员工工资表中输入已知的基本信息，设置好表格样式以及单元格格式，如图5-71所示。

图 5-71

Step 02 分别在D2、E2、F2、G2以及H2单元格中输入公式，如图5-72所示。

=C2*8%

=C2*2%+3

=C2*0.2%

=C2*7%

=C2-SUM(D2:G2)

图 5-72

Step 03 选中D2:H2单元格区域，向下方拖动填充柄，拖动至第16行，如图5-73所示。

图 5-73

Step 04 松开鼠标后，C2:H16单元格区域中随即全部被填充公式，至此完成所有员工工资的计算，如图5-74所示。

图 5-74

Excel办公应用标准教程——公式、函数、图表与数据分析（实战微课版）

手机办公：以PDF形式分享文件

手机中的文件可以直接以PDF形式分享给他人，下面介绍具体操作方法。

Step 01 使用手机中的Microsoft Office软件打开Excel文件，点击屏幕右上角的"⋮"按钮，如图5-75所示。

Step 02 屏幕底部展开一个列表，选择"以PDF格式共享"选项，如图5-76所示。

图 5-75　　　　　　　　　　　　　　　图 5-76

Step 03 随后选择分享方式，此处以发送给微信好友为例，点击微信图标，如图5-77所示。

Step 04 在微信好友列表中选择需要分享的好友，点击"分享"按钮，即可将当前文件以PDF格式分享给指定人员，如图5-78所示。

图 5-77

图 5-78

新手答疑

1. Q：在Excel中输入公式后，公式不能自动计算了是怎么回事？

A： 造成公式不能计算的原因有很多种。如果发现公式不能计算，可以尝试按以下几种方法进行排查。

- 检查公式前面是否有空格。
- 检查包含公式的单元格是否为文本格式。
- 检查Excel是否被设置成了手动计算（打开"公式"选项卡，在"计算"组中单击"计算选项"下拉按钮，在弹出的列表中查看勾选的项目）。

2. Q：为什么表格中有些单元格的左上角有绿色的小三角？

A： 这些绿色的小三角其实是后台通过自动错误检查标识出的有问题的单元格。选中有绿色小三角的单元格后，单元格右侧会出现"⚠"图标，单击该图标，可查看到当前单元格中存在的问题、对该问题解决方案、对该错误的帮助等选项，如图5-79所示。

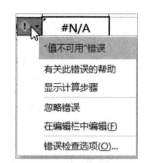

图 5-79

3. Q：如何重新设置错误检查规则，或关闭后台自动检查功能？

A： 单击"文件"菜单，选择"选项"选项，打开"Excel选项"对话框，在"公式"界面中通过"允许后台错误检查"复选框的勾选，可控制自动错误检查功能的开启或关闭；通过勾选"错误检查规则"组中的相应复选框则可重新设置需要被检查的项目，如图5-80所示。

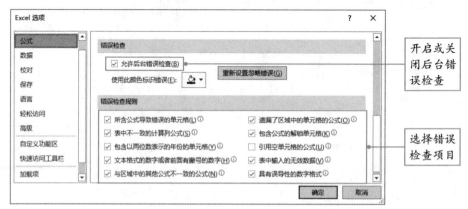

图 5-80

第6章
常见函数的应用

　　Excel中包含几百种函数；要想掌握所有函数的用法需要花费很大的时间和精力。事实上，在工作中常用的函数就那么几种，用户可以先从这些常用函数学起。本章将对工作中常用的函数进行介绍。

6.1 函数的基础知识

函数其实是一种预定的公式，其使用参数按照特定的顺序或结构进行计算，使用函数能够有效简化和缩短公式。

6.1.1 函数的结构

函数由函数名称和函数参数两部分组成。参数可以是数字、单元格引用、文本、逻辑值等，所有参数必须用小括号括起来，每个参数之间要用逗号隔开，结构如图6-1所示。

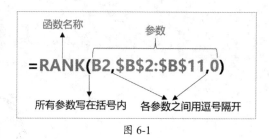

图 6-1

6.1.2 函数的类型

新版本的Excel包含了400多种函数，十几种函数类型，例如，财务函数、逻辑函数、文本函数、统计函数、日期和时间函数、查找与引用函数、数学和三角函数等。

在"公式"选项卡中的"函数库"组内可以查看到不同类型的函数分类，如图6-2所示。

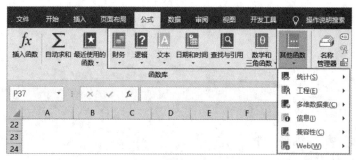

图 6-2

单击不同的函数类型下拉按钮，可在弹出的列表中查看到该类型的所有函数。将光标停留在某个函数上方时，屏幕中会显示该函数的语法格式及作用，如图6-3所示，用户可通过这种方式先对Excel函数进行初步了解。

图 6-3

6.1.3 输入函数

输入Excel函数的方法不止一种，用户可通过前面介绍的"公式"选项卡插入函数，也可通过"插入函数"对话框插入函数，或者直接手动输入所需函数。

1. 通过"公式"选项卡插入函数

选中C9单元格，打开"公式"选项卡，在"函数库"组中单击"其他函数"下拉按钮，在弹出的列表中选择"统计"选项，随后在弹出的列表中选择COUNTIF选项，如图6-4所示。

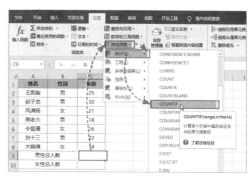

图 6-4

弹出"函数参数"对话框，设置好参数，单击"确定"按钮，如图6-5所示。

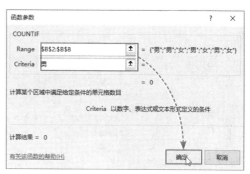

图 6-5

返回工作表，此时，C9单元格中已经被插入了函数，并自动计算出了结果，如图6-6所示。

注意事项 在"函数参数"对话框中设置文本参数时不需要手动为文本参数添加双引号，系统会自动为其添加。

	A	B	C	D	E
1	姓名	性别	年龄		
2	王凯旋	男	25		
3	赵子龙	男	30		
4	风清扬	女	21		
5	周老大	男	18		
6	令狐珊	女	16		
7	刘十三	男	22		
8	木婉清	女	3		
9	男性总人数		4		

C9 = COUNTIF($B$2:$B$8,"男")

图 6-6

2. 通过"插入函数"对话框插入函数

选中C10单元格，打开"公式"选项卡，在"函数库"组中单击"插入函数"按钮，如图6-7所示。

弹出"插入函数"对话框，选择函数类型为"统计"，选择好需要的函数，单击"确定"按钮，如图6-8所示。

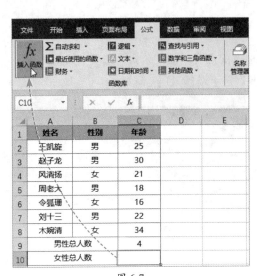

图 6-7

图 6-8

　　随后弹出"函数参数"对话框，设置好函数的参数，单击"确定"按钮，如图6-9所示。

　　返回工作表，此时C10单元格即被输入了公式并自动返回计算结果，如图6-10所示。

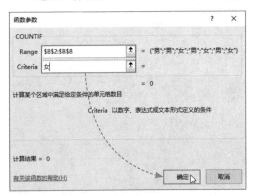

图 6-9

图 6-10

Excel办公应用标准教程——公式、函数、图表与数据分析（实战微课版）

知识点拨

　　在编辑栏右侧单击"插入函数"按钮，如图6-11所示，或直接使用Shift+F3组合键也可打开"插入函数"对话框。

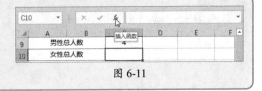

图 6-11

3. 手动输入函数

　　若用户很熟悉所要使用函数的拼写方法，或者至少准确知道该函数的前几个字母，这时可以选择手动输入函数。

　　选中C11单元格，输入等号=，接着开始输入函数，当输入函数的第一个字母后，单元格下方会出现一个列表，列表中显示了以该字母开头的所有函数，用户可多输入几个字母以缩小列表中的函数范围，当需要使用的函数出现在列表中的可视范围内，可通过双击的方式将该函数输入到公式中，如图6-12所示，此时函数的后面会自动输入左括号。

接着继续手动输入函数的参数，每个参数之间要用逗号隔开，最后输入右括号，如图6-13所示，按Enter键即可返回计算结果。

图 6-12

图 6-13

4. 自动插入函数

求和、求平均值、计数等都是Excel中经常会执行的计算，Excel为这些计算内置了快捷操作选项，下面以自动计数为例进行介绍。

选中C9单元格，打开"公式"选项卡，在"函数库"组中单击"自动求和"下拉按钮，在弹出的列表中选择"计数"选项，如图6-14所示，C9单元格中即自动输入公式，按Enter键即可返回公式的计算结果，如图6-15所示。

图 6-14

图 6-15

工作中常用的函数包括SUM、AVERAGE、IF、VLOOKUP等，下面将对这些函数的使用方法进行详细介绍。

6.2.1 SUM函数

求和是Excel中最常见的计算，而进行求和计算时使用最多的则是SUM函数，SUM函数可以对数值或单元格引用进行求和。

语法格式为：=SUM(number1,number2,…)

参数释义：=SUM(数值1,数值2,…)

1. SUM 函数的基础应用

当需要对一个连续区域的单元格值进行求和时，只需将这个区域设置成SUM函数的参数即可，例如统计下半年的产品销量。

选中F2单元格，输入公式"=SUM(C2:C8)"，如图6-16所示。公式输入完成后按Enter键返回计算结果，如图6-17所示。

图 6-16

图 6-17

当有多个求和对象时，只要向SUM函数中添加参数即可，各参数之间用英文逗号隔开，例如计算上半年和下半年的合计销量。

选中F3单元格，输入公式"=SUM(B2:B8,C2:C8)"，如图6-18所示，公式输入完成后按Enter键返回计算结果，如图6-19所示。

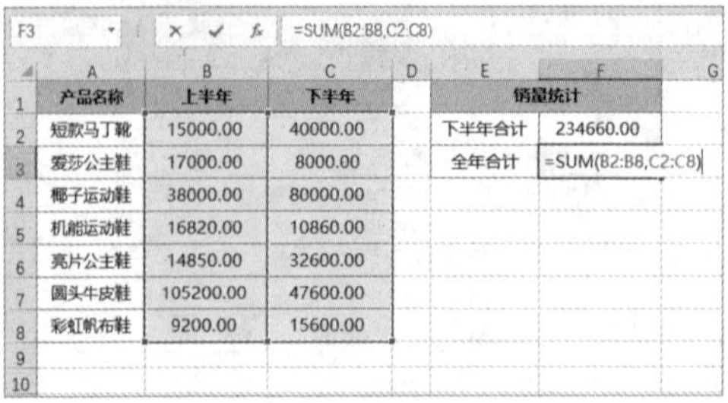

图 6-18

图 6-19

6.2.2　SUMIF函数

SUMIF函数与SUM函数一样同属于求和函数的一员，其可以根据指定的条件进行求和。

语法格式为：=SUMIF(range,criteria,sum_range)

参数释义：=SUMIF(区域,条件,求和区域)

为SUMIF函数设置的条件可以是文本、数值、单元格引用、表达式等。

下面以统计大于50000的销量之和为例：

选中F2单元格，使用Shift+F3组合键，打开"插入函数"对话框，选择函数类型为"数学与三角函数"，选择SUMIF函数，单击"确定"按钮，如图6-20所示。

图 6-20

弹出"函数参数"对话框，依次设置参数为"B2:C8""">50000""""B2:C8"，最后单击"确定"按钮，关闭对话框，如图6-21所示，F2单元格中随即显示出计算结果，在编辑栏中可以查看到完整的公式，如图6-22所示。

图 6-21

图 6-22

SUMIF函数也可使用模糊匹配设置条件，下面以查找"公主鞋"的合计销量为例。

选中F3单元格，使用Shift+F3组合键，打开"插入函数"对话框，从"数学与三角函数"分类中选择SUMIF函数。打开"函数参数"对话框，依次设置参数为"A2:A8""""*公主鞋""""B2:C8"，单击"确定"按钮，如图6-23所示。

F3单元格中随即显示出产品名称中最后三个字是“公主鞋”的所有销量之和，在编辑栏中可查看完整公式，如图6-24所示。

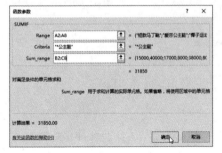

图 6-23

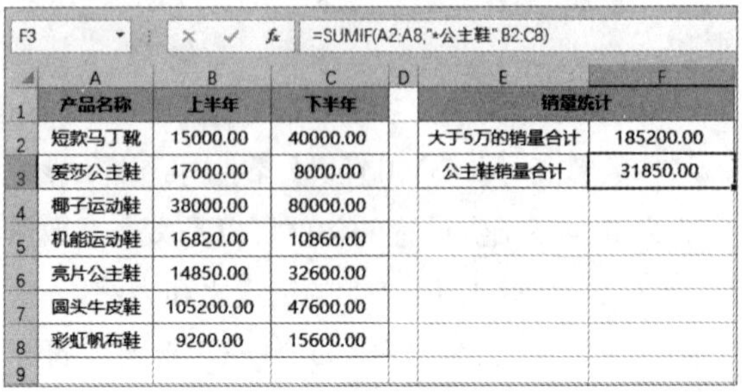

F3 =SUMIF(A2:A8,"*公主鞋",B2:C8)

	A	B	C	D	E	F
1	产品名称	上半年	下半年		销量统计	
2	短款马丁靴	15000.00	40000.00		大于5万的销量合计	185200.00
3	爱莎公主鞋	17000.00	8000.00		公主鞋销量合计	31850.00
4	椰子运动鞋	38000.00	80000.00			
5	机能运动鞋	16820.00	10860.00			
6	亮片公主鞋	14850.00	32600.00			
7	圆头牛皮鞋	105200.00	47600.00			
8	彩虹帆布鞋	9200.00	15600.00			

图 6-24

知识点拨

公式中出现的“*”是通配符，代表任意个数的字符。

6.2.3 AVERAGE函数

AVERAGE函数是求平均值函数，用于计算所有参数的平均值，参数可以是数值、单元格引用、数组、名称等。

语法格式为：=AVERAGE(number1,number2,…)

语法释义：=AVERAGE(数值1,数值2,…)

下面以计算员工平均工资为例。

选中G2单元格，输入公式“=AVERAGE(C2:C12)”，如图6-25所示。

SUMIF =AVERAGE(C2:C12)

	A	B	C	D	E	F	G
1	姓名	部门	基本工资	奖金金额	工资合计		平均基本工资
2	陈小青	企划部	¥3,800.00	¥2,500.00	¥ 6,300.00		=AVERAGE(C2:C12)
3	顾玫帆	企划部	¥2,800.00	¥3,500.00	¥ 6,300.00		
4	顾磊	人事部	¥2,200.00	¥3,600.00	¥ 5,800.00		
5	姜超	财务部	¥1,800.00	¥3,000.00	¥ 4,800.00		
6	宋木勋	企划部	¥1,800.00	¥2,800.00	¥ 4,600.00		
7	梁菁菁	业务部	¥2,200.00	¥1,900.00	¥ 4,100.00		
8	刘星	业务部	¥2,200.00	¥2,000.00	¥ 4,200.00		
9	程思	业务部	¥2,200.00	¥2,000.00	¥ 4,200.00		
10	金夏	企划部	¥3,000.00	¥ 900.00	¥ 3,900.00		
11	郝美美	人事部	¥1,800.00	¥2,000.00	¥ 3,800.00		
12	陈燕燕	财务部	¥2,800.00	¥ 800.00	¥ 3,600.00		

图 6-25

按Enter键返回计算结果，如图6-26所示。

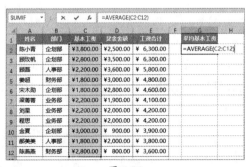

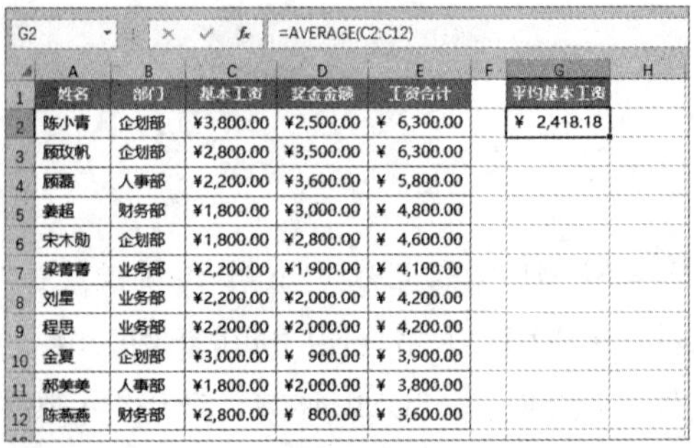

G2 =AVERAGE(C2:C12)

	A	B	C	D	E	F	G
1	姓名	部门	基本工资	奖金金额	工资合计		平均基本工资
2	陈小青	企划部	¥3,800.00	¥2,500.00	¥ 6,300.00		¥ 2,418.18
3	顾玫帆	企划部	¥2,800.00	¥3,500.00	¥ 6,300.00		
4	顾磊	人事部	¥2,200.00	¥3,600.00	¥ 5,800.00		
5	姜超	财务部	¥1,800.00	¥3,000.00	¥ 4,800.00		
6	宋木勋	企划部	¥1,800.00	¥2,800.00	¥ 4,600.00		
7	梁菁菁	业务部	¥2,200.00	¥1,900.00	¥ 4,100.00		
8	刘星	业务部	¥2,200.00	¥2,000.00	¥ 4,200.00		
9	程思	业务部	¥2,200.00	¥2,000.00	¥ 4,200.00		
10	金夏	企划部	¥3,000.00	¥ 900.00	¥ 3,900.00		
11	郝美美	人事部	¥1,800.00	¥2,000.00	¥ 3,800.00		
12	陈燕燕	财务部	¥2,800.00	¥ 800.00	¥ 3,600.00		

图 6-26

6.2.4 AVERAGEIF函数

AVERAGEIF函数的作用是根据条件计算参数的平均值，AVERAGEIF函数的参数设置方法和SUMIF函数相似。

语法格式为：=AVERAGEIF(range,criteria,average_range)

语法释义：= AVERAGEIF(区域,条件,求平均值区域)

下面以计算指定部门平均合计工资为例。

选中G4单元格，输入公式"=AVERAGEIF(B2:B12,"企划部",E2:E12)"，如图6-27所示，按下Enter键返回计算结果，如图6-28所示。

图 6-27

图 6-28

6.2.5 MAX/MIN函数

MAX和MIN函数是两个求极值函数。MAX函数可以返回一组数值中的最大值，MIN函数可以返回一组数值中的最小值，这两个函数的语法格式完全相同。

语法格式为：=MAX/MIN(number1,number2,…)

语法释义：=MAX/MIN(数值1,数值2,…)

下面以分别计算员工绩效考评的最高分和最低分为例。

选中G13单元格，输入公式"=MAX(G2:G12)"，输入完成后按Enter键返回总分最高分，如图6-29所示。选中G14单元格，输入公式"=MIN(G2:G12)"，确认输入后返回总分最低分，如图6-30所示。

	A	B	C	D	E	F	G
1	姓名	工作业绩	工作能力	工作态度	个人品德	团队协作	总分
2	陈萍萍	80	66	94	88	92	420
3	刘思洋	76	80	58	68	66	349
4	王明玉	68	61	77	81	87	373
5	赵凯乐	76	89	86	70	75	396
6	王子龙	59	66	75	50	61	310
7	吴莉	84	81	70	96	78	410
8	赵凤霞	76	90	77	80	83	406
9	李思睿	89	51	75	47	78	340
10	王海洋	55	48	37	54	48	242
11	赵丹妮	68	75	81	90	65	379
12	马冬梅	39	50	42	27	45	204
13	总分最高分						420
14	总分最低分						

图 6-29

	A	B	C	D	E	F	G
1	姓名	工作业绩	工作能力	工作态度	个人品德	团队协作	总分
2	陈萍萍	80	66	94	88	92	420
3	刘思洋	76	80	58	68	66	349
4	王明玉	68	61	77	81	87	373
5	赵凯乐	76	89	86	70	75	396
6	王子龙	59	66	75	50	61	310
7	吴莉	84	81	70	96	78	410
8	赵凤霞	76	90	77	80	83	406
9	李思睿	89	51	75	47	78	340
10	王海洋	55	48	37	54	48	242
11	赵丹妮	68	75	81	90	65	379
12	马冬梅	39	50	42	27	45	204
13	总分最高分						420
14	总分最低分						204

图 6-30

在实际应用中，MAX和MIN函数与SUM函数组合使用，能够计算比赛评分时去掉最高分和去掉最低分的最终评分。

选中I2单元格，输入公式"=(SUM(B2:H2)–MAX(B2:H2)–MIN(B2:H2))/5"，确认输入后即可计算出当前选手去掉一个最高分和一个最低分的最终成绩，如图6-31所示，接着向下填充公式计算出其他选手的最终成绩，如图6-32所示。

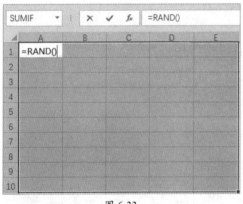

图 6-31

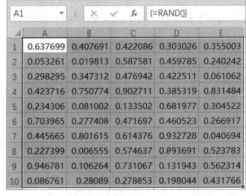

图 6-32

6.2.6 RAND函数

RAND函数是一个随机函数，其可以返回大于或等于0并小于1的均匀分布随机实数，RAND函数每次计算都会返回一个新的随机实数，该函数没有参数。

语法格式为：=RAND()

下面以随机生成50个大于或等于0并小于1的随机数为例：

选中A1:E10单元格区域，直接输入公式"=RAND()"，如图6-33所示。使用Ctrl+Shift+Enter组合键，所选单元格区域中随即自动返回50个大于或等于0并小于1的随机数字，如图6-34所示。

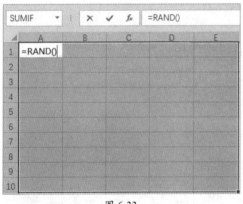

图 6-33

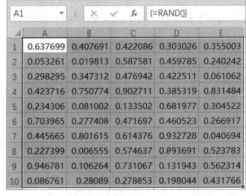

图 6-34

注意事项 使用RAND函数生成随机数后，按F9键可刷新计算结果，产生新的随机数。

若要生成a与b之间的随机实数，应使用"RAND()*(b-a)+a"，例如生成50个10~20的随机数。

选中A1:E10单元格区域，输入公式"=RAND()*(20-10)+10"，如图6-35所示，使用Ctrl+Shift+Enter组合键，所选区域中随即自动生成50个10~20的随机数，如图6-36所示。

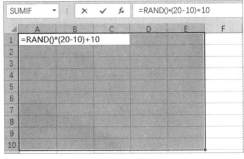

图 6-35　　　　　　　　　　　　　　　　　图 6-36

6.2.7　ROUND函数

ROUND函数是四舍五入函数，该函数的使用率很高，其作用是按指定的位数对数值进行四舍五入。

语法格式为：=ROUND(number,num_digits)

语法释义：=ROUND(数值,小数位数)

下面以对每月平均销售额进行四舍五入为例。

选中F2单元格，输入公式"=ROUND(E2,2)"，确认输入后将公式向下填充，超过2位小数的数据全部被四舍五入到2位小数，如图6-37所示。

若不使用辅助列，可在计算每月平均销售额的同时，为AVERAGE函数嵌套ROUND函数，直接得到四舍五入后的结果。嵌套公式为"=ROUND(AVERAGE(B2:D2),2)"，如图6-38所示。

姓名	1月	2月	3月	每月平均销售额	四舍五入保留两位小数
墨小白	5843	6722	4700	5755	5755
孙怡	7200	9500	3300	6666.666667	6666.67
张紫妍	4300	3300	5100	4233.333333	4233.33
胡明亮	5500	4842	2900	4414	4414
刘源	9000	7900	5550	7483.333333	7483.33
毛智敏	5115	6800	7039	6318	6318
胡子怡	6200	5900	3100	5066.666667	5066.67
刘永安	2300	5633	8700	5544.333333	5544.33
武清	8600	9900	3500	7333.333333	7333.33

图 6-37

姓名	1月	2月	3月	每月平均销售额
墨小白	5843	6722	4700	5755
孙怡	7200	9500	3300	6666.67
张紫妍	4300	3300	5100	4233.33
胡明亮	5500	4842	2900	4414
刘源	9000	7900	5550	7483.33
毛智敏	5115	6800	7039	6318
胡子怡	6200	5900	3100	5066.67
刘永安	2300	5633	8700	5544.33
武清	8600	9900	3500	7333.33

图 6-38

知识点拨

ROUND函数的第2个参数也可设置成0或负数。当该参数为0时，将四舍五入只保留整数部分；当该参数为负数时，将从整数部分进行四舍五入，例如设置第2个参数为"-1"，则四舍五入到十位，设置成"-2"，则四舍五入到百位，依此类推。

6.2.8 RANK函数

RANK函数是一个排名函数，其作用是返回某数字在一列数字中相对于其他数值的大小排名。

语法格式为：=RANK(number,ref,order)

语法释义：=RANK(要查找排名的数值,引用,排位方式)

下面以为员工考核成绩排名为例。

选中G2单元格，输入公式"=RANK(F2,$F$2:$F$12,0)"，如图6-39所示。将公式向下填充得到所有员工的考核成绩排名，如图6-40所示。

G2	fx	=RANK(F2,$F$2:$F$12,0)				
	A	B	C	D	E	F	G
1	姓名	学习能力	试岗程度	工作效率	工作质量	总分	总分排名
2	李磊	10	9	9	8	36	1
3	张翔	8	8	7	6	29	
4	刘磊	6	6	2	5	19	
5	李梅梅	5	8	9	7	29	
6	晓云	6	6	8	8	28	
7	程丹	7	6	5	8	26	
8	路遥	8	6	9	5	28	
9	马小冉	7	5	6	9	27	
10	李亮	4	3	5	8	20	
11	赵强	5	6	8	9	28	
12	肖薇	8	8	8	8	32	

图 6-39

G2	fx	=RANK(F2,$F$2:$F$12,0)				
	A	B	C	D	E	F	G
1	姓名	学习能力	试岗程度	工作效率	工作质量	总分	总分排名
2	李磊	10	9	9	8	36	1
3	张翔	8	8	7	6	29	3
4	刘磊	6	6	2	5	19	11
5	李梅梅	5	8	9	7	29	3
6	晓云	6	6	8	8	28	5
7	程丹	7	6	5	8	26	9
8	路遥	8	6	9	5	28	5
9	马小冉	7	5	6	9	27	8
10	李亮	4	3	5	8	20	10
11	赵强	5	6	8	9	28	5
12	肖薇	8	8	8	8	32	2

图 6-40

注意事项 在设置RANK函数的第2个参数时，也就是需要排名的数值所在的区域，需要使用绝对引用，否则在填充公式后将无法得到正确的排名。

动手练 制作简易抽奖器

扫码看视频

假设某公司开年会，现场需要举行抽奖活动，要从108个人中抽出10名中奖者，要求中奖者不能重复。

在Excel中制作随机抽奖器的关键是生成一组不重复的随机数值，下面将使用RAND函数进行操作。

Step 01 在工作表中输入所有员工的姓名，并创建辅助列以及中奖者名单的表格结构，如图6-41所示。

	A	B	C	D	E
1	员工名单	辅助列		中奖者名单	
2	宋江				
3	卢俊义				
4	吴用				
5	公孙胜				
6	关胜				
7	林冲				
8	秦明				
9	呼延灼				
10	花荣				
11	柴进				
12	李应				
13	朱仝				
14	鲁智深				
15	武松				

图 6-41

Step 02 在B2单元格中输入公式"=RAND()"，随后向下填充该公式，保证每个员工姓名的右侧都有一个随机数字，如图6-42所示。

	A	B	C	D	E
	B2	▼	⋮ × ✓ fx	=RAND()	
1	员工名单	辅助列		中奖者名单	
2	宋江	0.500583			
3	卢俊义	0.917158			
4	吴用	0.145472			
5	公孙胜	0.711371			
6	关胜	0.190161			
7	林冲	0.165419			
8	秦明	0.211338			
9	呼延灼	0.541908			
10	花荣	0.228341			
11	柴进	0.700576			
12	李应	0.578036			
13	朱仝	0.447317			
14	鲁智深	0.012162			
15	武松	0.541698			

图 6-42

Step 03 选中D2单元格，输入公式"=INDEX(A\$2:A\$109,RANK(B2,B\$2:B\$109))"，随后将公式填充至D3:D12单元格区域，如图6-43所示。

Step 04 按住F9键开始抽奖，松开F9键，D2:D11单元格区域中即可显示10名被随机抽中的中奖者姓名，如图6-44所示。

=INDEX(A\$2:A\$109,RANK(B2,B\$2:B\$109))

	D	E	F	G
	中奖者名单			
	=INDEX(A\$2:A\$109,RANK(B2,B\$2:B\$109))			

图 6-43

	A	B	C	D	E
1	员工名单	辅助列		中奖者名单	
2	宋江	0.438916		安道全	
3	卢俊义	0.405841		孔明	
4	吴用	0.535638		单廷珪	
5	公孙胜	0.409121		扈三娘	
6	关胜	0.209124		汤隆	
7	林冲	0.62727		解宝	
8	秦明	0.072108		石勇	
9	呼延灼	0.87133		朱仝	
10	花荣	0.458787		吕方	
11	柴进	0.500865		裴宣	
12	李应	0.270118			
13	朱仝	0.329691			
14	鲁智深	0.449289			
15	武松	0.742585			

图 6-44

知识点拨

公式中的RANK(B2,B\$2:B\$109)部分，用RANK函数为B2:B109单元格中的每个姓名都生成一个随机数字，RANK函数的计算结果将用于INDEX函数的参数。INDEX函数返回表格B2:B109中的员工姓名，员工姓名由行号的索引值（也就是RANK函数的运算结果）决定。因为B列的数字是完全随机的，所以任何数字出现在前10行的概率都相同。

6.3 逻辑函数的应用

Excel中的逻辑函数，可以执行真假值判断，根据逻辑计算的真假值，返回不同结果，返回值为逻辑值TRUE或FALSE。

TRUE：逻辑真，表示"是"的意思。

FALSE：逻辑假，表示"不是"的意思。

6.3.1 IF函数

IF函数的作用是判断是否满足某个条件，如果满足返回一个值，如果不满足则返回另一个值。

语法格式为：=IF(logical_test,value_if_true,value_if_false)

语法释义：=IF(判断条件,条件为真时的返回值,条件为假时的返回值)

下面以计算车间每日是否完成规定产量为例（按规定，每日产量大于或等于500为完成，否则为未完成）。

选中C2单元格，输入公式"=IF(B2>=500,"完成","未完成")"，如图6-45所示。

图 6-45

确认输入后，将公式向下填充，即可返回是否完成每日规定产量，如图6-46所示。

图 6-46

一个IF函数只执行一次选择，面对多重选择时需要用到两个或两个以上IF函数。

下面以评定员工考核成绩为例（评定标准如下，总分大于或等于35分评定为"优秀"；总分小于35分，大于或等于28分评定为"良好"，其他评定为"一般"）。

选中G2单元格，输入公式"=IF(F2>=35,"优秀",(IF(F2>=28,"良好","一般")))"，按Enter键返回结果，如图6-47所示，将公式向下填充，返回所有员工的考核评定结果，如图6-48所示。

Excel办公应用标准教程——公式、函数、图表与数据分析（实战微课版）

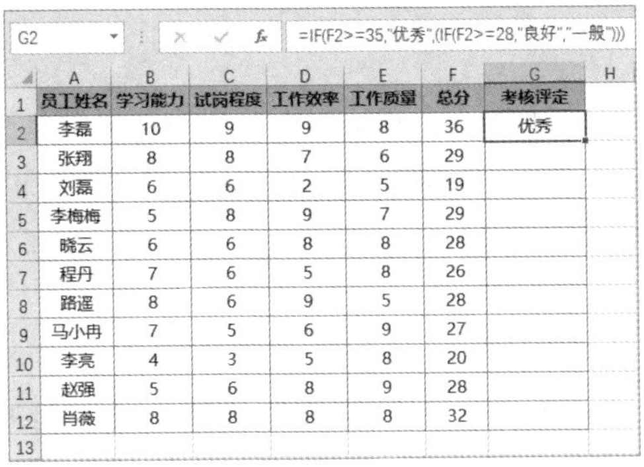

G2 =IF(F2>=35,"优秀",(IF(F2>=28,"良好","一般")))

员工姓名	学习能力	试岗程度	工作效率	工作质量	总分	考核评定
李磊	10	9	9	8	36	优秀
张翔	8	8	7	6	29	
刘磊	6	6	2	5	19	
李梅梅	5	8	9	7	29	
晓云	6	6	8	8	28	
程丹	7	6	5	8	26	
路遥	8	6	9	5	28	
马小冉	7	5	6	9	27	
李亮	4	3	5	8	20	
赵强	5	6	8	9	28	
肖薇	8	8	8	8	32	

图 6-47

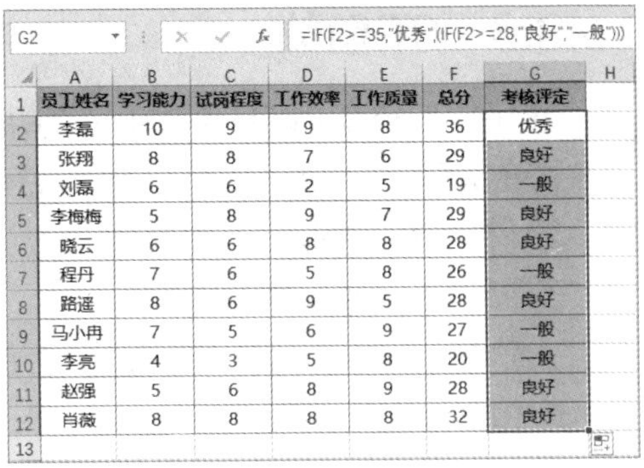

G2 =IF(F2>=35,"优秀",(IF(F2>=28,"良好","一般")))

员工姓名	学习能力	试岗程度	工作效率	工作质量	总分	考核评定
李磊	10	9	9	8	36	优秀
张翔	8	8	7	6	29	良好
刘磊	6	6	2	5	19	一般
李梅梅	5	8	9	7	29	良好
晓云	6	6	8	8	28	良好
程丹	7	6	5	8	26	一般
路遥	8	6	9	5	28	良好
马小冉	7	5	6	9	27	一般
李亮	4	3	5	8	20	一般
赵强	5	6	8	9	28	良好
肖薇	8	8	8	8	32	良好

图 6-48

6.3.2 AND函数

AND函数的作用是检查所有参数是否全部符合条件，如果全部符合条件，就返回TRUE，如果有一个不符合条件则返回FALSE。

语法格式为：=AND(logical1,logical2,···)

语法释义：=AND(条件1,条件2···)

下面以计算各店铺业绩达标情况为例（业绩达标要求为，一月大于30000，二月大于20000，三月大于20000）。

选中E2单元格，输入公式“=AND(B2>30000,C2>20000,D2>20000)”，如图6-49所示，输入完成后按Enter键返回结果，如图6-50所示，向下填充公式计算出其他店的业绩达标情况。

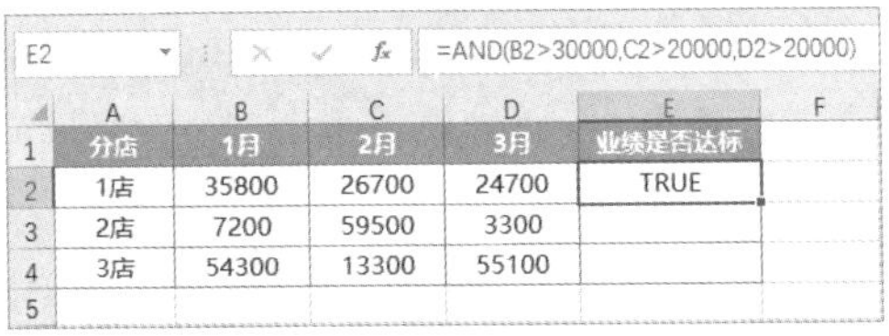

E2 =AND(B2>30000,C2>20000,D2>20000)

分店	1月	2月	3月	业绩是否达标
1店	35800	26700	24700	TRUE
2店	7200	59500	3300	
3店	54300	13300	55100	

图 6-49

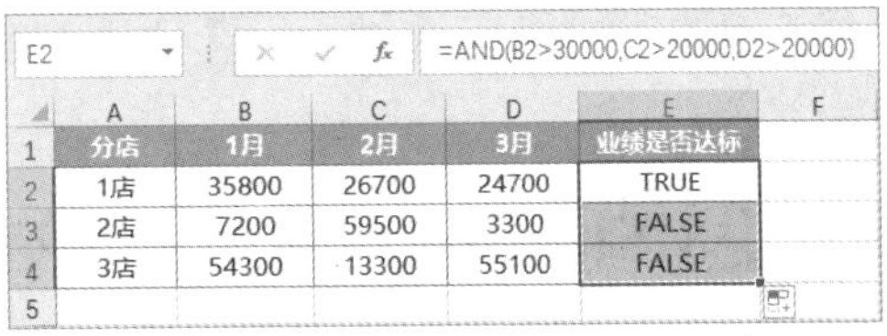

E2 =AND(B2>30000,C2>20000,D2>20000)

分店	1月	2月	3月	业绩是否达标
1店	35800	26700	24700	TRUE
2店	7200	59500	3300	FALSE
3店	54300	13300	55100	FALSE

图 6-50

为AND函数嵌套IF函数，可以让逻辑值以更直观的文本形式返回，下面介绍公式的具体编写方法。

选中E2单元格，修改公式为“=IF(AND(B2>30000,C2>20000,D2>20000),"达标","不达标")”，确认输入后将公式向下填充，判断结果即可以文本形式返回，如图6-51所示。

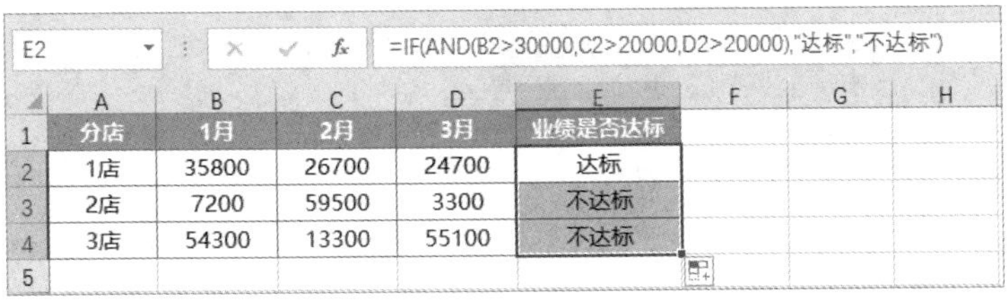

E2 =IF(AND(B2>30000,C2>20000,D2>20000),"达标","不达标")

分店	1月	2月	3月	业绩是否达标
1店	35800	26700	24700	达标
2店	7200	59500	3300	不达标
3店	54300	13300	55100	不达标

图 6-51

6.3.3 OR函数

OR函数与AND函数的作用相同，也是用来进行条件判断的。但是OR函数只要有1个参数符合条件就会返回TRUE，只有所有参数全都不符合条件才会返回FALSE。

语法格式为：=OR(logical1,logical2,…)

语法释义：=OR(条件1,条件2,…)

下面以判断儿童是否符合免票标准为例。

选中D2单元格，输入公式"=OR(B2<=6,C2<=120)"，输入后按Enter键返回计算结果，如图6-52所示，将公式向下填充，得到所有儿童的判断结果，如图6-53所示。

图 6-52

图 6-53

知识点拨

OR函数同样可以嵌套IF函数实现逻辑值和文本的转换，用户可参照前面介绍的AND函数的示例自己动手编写这个公式。

动手练 判断员工是否符合申请退休的条件

扫码看视频

假设男性60岁退休，女性55岁退休，下面根据性别和年龄判断员工是否符合退休条件。

选中D2单元格，输入公式"=IF(OR(AND(B2="女",C2>50),AND(B2="男",C2>60)),"退休","")"，随后将公式向下填充，公式即可根据性别和年龄判断出员工是否符合退休条件，如图6-54所示。

图 6-54

Excel办公应用标准教程——公式、函数、图表与数据分析（实战微课版）

6.4 查找与引用函数的使用

Excel中常用的查找和引用函数包括VLOOKUP、INDEX、MATCH等，下面将对这些函数的应用进行详细介绍。

6.4.1 VLOOKUP函数

VLOOKUP函数是查找函数，其可按照指定的查找值从工作表中查找相应的数据。

语法格式为：=VLOOKUP(lookup_value,table_array,col_index_num,range_lookup)

语法释义：=VLOOKUP(要查找的值,数据表,列序号,匹配条件)

下面以查询员工工资为例。

选中I3单元格，输入公式"=VLOOKUP($H$3,$A$2:$F$16,3,FALSE)"，查询指定员工的基本工资，如图6-55所示。

	SUMIF		▾	:	×	✓	fx	=VLOOKUP($H$3,$A$2:$F$16,3,FALSE)			

▲	A	B	C	D	E	F	G	H	I	J	K
1	姓名	部门	基本工资	岗位津贴	奖金金额	实发工资			查询表		
2	宋江	财务部	¥2,500.00	¥540.00	¥800.00	¥3,840.00		姓名	基本工资	实发工资	
3	卢俊义	人事部	¥1,800.00	¥460.00	¥3,000.00	¥5,260.00		林冲	=VLOOKUP($H$3,$A$2:$F$16,3,FALSE)		
4	吴用	企划部	¥2,800.00	¥530.00	¥3,500.00	¥6,830.00					
5	公孙胜	业务部	¥2,200.00	¥700.00	¥1,900.00	¥4,800.00					
6	关胜	人事部	¥2,800.00	¥500.00	¥700.00	¥4,000.00					
7	林冲	人事部	¥2,500.00	¥400.00	¥700.00	¥3,600.00					
8	秦明	财务部	¥2,800.00	¥620.00	¥800.00	¥4,220.00					
9	呼延灼	企划部	¥1,800.00	¥520.00	¥2,800.00	¥5,120.00					

图 6-55

将I3单元格中的公式填充至J3单元格，并将公式中的第三个参数"3"修改成"6"，返回该员工的实发工资，如图6-56所示。

	J3		▾	:	×	✓	fx	=VLOOKUP($H$3,$A$2:$F$16,6,FALSE)			

▲	A	B	C	D	E	F	G	H	I	J
1	姓名	部门	基本工资	岗位津贴	奖金金额	实发工资			查询表	
2	宋江	财务部	¥2,500.00	¥540.00	¥800.00	¥3,840.00		姓名	基本工资	实发工资
3	卢俊义	人事部	¥1,800.00	¥460.00	¥3,000.00	¥5,260.00		林冲	¥2,500.00	¥3,600.00
4	吴用	企划部	¥2,800.00	¥530.00	¥3,500.00	¥6,830.00				
5	公孙胜	业务部	¥2,200.00	¥700.00	¥1,900.00	¥4,800.00				
6	关胜	人事部	¥2,800.00	¥500.00	¥700.00	¥4,000.00				
7	林冲	人事部	¥2,500.00	¥400.00	¥700.00	¥3,600.00				
8	秦明	财务部	¥2,800.00	¥620.00	¥800.00	¥4,220.00				
9	呼延灼	企划部	¥1,800.00	¥520.00	¥2,800.00	¥5,120.00				

图 6-56

注意事项 VLOOKUP函数的第三个参数表示要查询的内容在表区域的第几列。在本例中基本工资在表区域的第3列，实发工资在第6列。

6.4.2 HLOOKUP函数

HLOOKUP函数和VLOOKUP函数的作用十分相似，区别在于VLOOKUP函数可按列进行查找（纵向查询），而HLOOKUP函数可按行进行查找（横向查询）。

语法格式为：=HLOOKUP(lookup_value,table_array,row_index_num,range_lookup)

语法释义：=HLOOKUP(要查找的值,数据表,行序数,匹配条件)

下面以查询指定星座对应的日期为例。

选中B5单元格，输入公式"=HLOOKUP(B4,B1:M2,2,FALSE)"，输入完成后按Enter键即可返回该星座对应的日期，如图6-57所示。

	B5		×	✓	fx	=HLOOKUP(B4,B1:M2,2,FALSE)							
▲	A	B	C	D	E	F	G	H	I	J	K	L	M
1	星座	水瓶座	双鱼座	白羊座	金牛座	双子座	巨蟹座	狮子座	处女座	天秤座	天蝎座	射手座	摩羯座
2	对应日期	1.20~2.18	2.19~3.20	3.21~4.19	4.20~5.20	5.21~6.21	6.22~7.22	7.23~8.22	8.23~9.22	9.23~10.23	10.24~11.21	11.22~12.21	12.22~1.19
3													
4	查询表	双子座											
5		5.21~6.21											
6													

图 6-57

6.4.3 INDEX函数

INDEX函数可以在给定的单元格区域中返回特定行列交叉处单元格的值或引用。该函数有两种语法格式，一种是数组形式，另一种是引用形式。

常量形式语法格式为：=INDEX(array,row_num,column_num)

语法释义：=INDEX(单元格区域,行位置,列位置)

数组形式语法格式为：=INDEX(reference,row_num,column_num,area_num)

语法释义：=INDEX(一个或多个单元格区域,行位置,列位置,从第一个参数中指定区域)。

在实际工作中，数组形式的引用更为常用，下面将以INDEX函数的数组形式根据座位信息查询对应人员姓名。

选中H2单元格，输入公式"=INDEX(B2:E6,4,3)"，按Enter键即可返回指定行列处的姓名，如图6-58所示。

	H2		×	✓	fx	=INDEX(B2:E6,4,3)			
▲	A	B	C	D	E	F	G	H	I
1		第1列	第2列	第3列	第4列		查询表		
2	第1排	王勉	刘子乐	江琴	倪宏		第4排第3列	吴晓燕	
3	第2排	赵子龙	吴小妹	孙克林	王海英				
4	第3排	王翔	江明	赵木木	李科				
5	第4排	刘利民	刘洋	吴晓燕	赵琦				
6	第5排	蒋朝阳	赵海	吉娜	刘诗诗				
7									

图 6-58

6.4.4 MATCH函数

MATCH函数可以返回指定方式下与指定数值匹配的元素的相应位置。

语法格式为：=MATCH(lookup_value,lookup_array,match_type)

语法释义：=MATCH(要查找的值,查找区域,匹配类型)

MATCH函数的第三个参数（匹配类型）设置成不同数值时代表的查找方式如表6-1所示。

表 6-1

match_type	查找方式
1或省略	查找小于或等于第1参数的最大值，此时，第2参数中的数据必须按升序排列
0	查找等于第1参数的第1个值，此时，第2参数中的数据可以按任何顺序排列
-1	查找大于或等于第1参数的最小值，此时，第2参数的数据必须按降序排列

下面以查询指定人员的签到名次为例。

选中B3单元格，输入公式"=MATCH("吴磊",B1:I1,0)"，按下Enter键即可返回"吴磊"在指定区域中的位置，如图6-59所示。

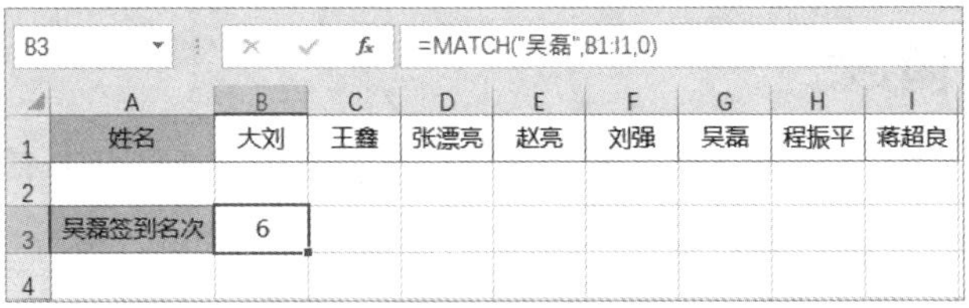

图 6-59

注意事项 MATCH函数的查找区域仅限于单行或单列数据，且只显示指定的内容首次出现的位置。

6.5 财务函数的应用

Excel在财务工作中是不可缺少的工具之一，在进行各项财务统计和分析的过程中，也经常会用到各种财务函数，例如PV、FV、DB等，下面将对这些函数的应用进行详细介绍。

6.5.1 PV函数

PV函数的作用是计算投资的现值。即指定利率、年限及收益金额的条件下，每个项目需要投入的金额。

语法格式为：=PV(rate,nper,pmt,fv,type)

语法释义：=PV(各期利率,支付总期数,定额支付额,终值,是否期初支付)

下面以计算一笔保险支出的现值为例。

选中C5单元格，输入公式"=PV(C3,C4,C2,0,0)"，如图6-60所示。

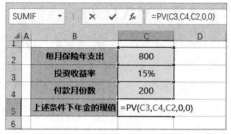

图 6-60

按下Enter键计算出年金的现值，如图6-61所示。

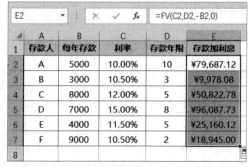

图 6-61

注意事项 PV函数的计算结果为负数，因为投资是资金付出，而收益才是正数。

6.5.2 FV函数

FV函数的作用是计算固定利率及在等额分析付款方式前提下计算投资的未来值。对于银行存款则是每年的利息相同，且每年固定存入相同金额，然后计算若干年后的存款总额。

语法格式为：=FV(rate,nper,pmt,pv,type)

语法释义为：=FV(利率,支付总期数,定期支付额,现值,是否初期支付)

下面以计算个人存款加利息总额为例。

选中E2单元格，输入公式"=FV(C2,D2,-B2,0)"，公式输入完成后按Enter键，计算出第一个存款人的存款和利息，如图6-62所示。将公式向下填充，计算出其他人的存款和利息，如图6-63所示。

E2		fx	=FV(C2,D2,-B2,0)	
	A	B	C	D	E
存款人	每年存款	利率	存款年限	存款加利息
A	5000	10.00%	10	¥79,687.12
B	3000	10.50%	3	
C	8000	12.00%	5	
D	7000	15.00%	8	
E	4000	11.50%	5	
F	9000	10.50%	2	

图 6-62

E2		fx	=FV(C2,D2,-B2,0)	
	A	B	C	D	E
存款人	每年存款	利率	存款年限	存款加利息
A	5000	10.00%	10	¥79,687.12
B	3000	10.50%	3	¥9,978.08
C	8000	12.00%	5	¥50,822.78
D	7000	15.00%	8	¥96,087.73
E	4000	11.50%	5	¥25,160.12
F	9000	10.50%	2	¥18,945.00

图 6-63

6.5.3 DB函数

DB函数使用固定余额递减法，计算一笔资金在给定期间内的折旧值。

语法格式为：=DB(cost,salvage,life,period,month)

语法释义：=DB(原值,残值,折旧期限,期间,月份数)

下面以计算一笔固定资产每年的折旧值为例。

选中B5单元格，输入公式“=DB($A$2,$B$2,$C$2,A5,12)”，输入完成后按Enter键返回第一年的资产折旧值，如图6-64所示。向下填充公式，计算出剩余每年的资产折旧值，如图6-65所示。

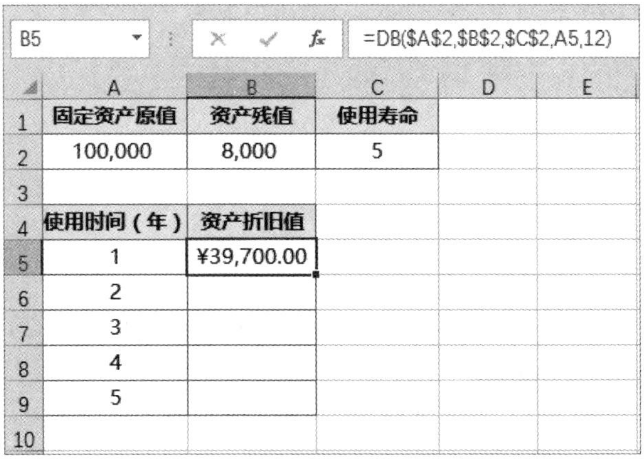
B5 =DB($A$2,$B$2,$C$2,A5,12)

	A	B	C	D	E
1	固定资产原值	资产残值	使用寿命		
2	100,000	8,000	5		
3					
4	使用时间（年）	资产折旧值			
5	1	¥39,700.00			
6	2				
7	3				
8	4				
9	5				
10					

图 6-64

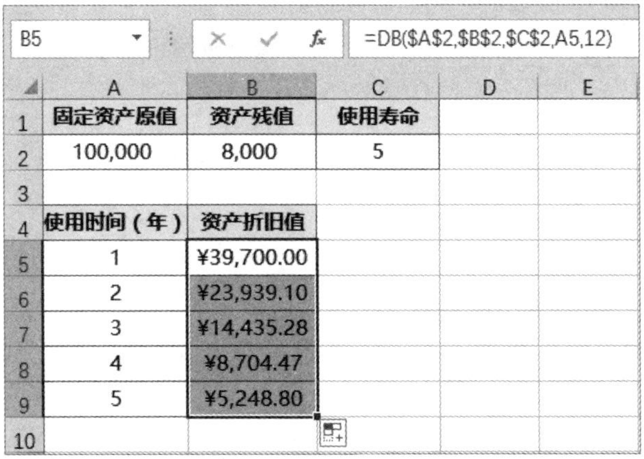
B5 =DB($A$2,$B$2,$C$2,A5,12)

	A	B	C	D	E
1	固定资产原值	资产残值	使用寿命		
2	100,000	8,000	5		
3					
4	使用时间（年）	资产折旧值			
5	1	¥39,700.00			
6	2	¥23,939.10			
7	3	¥14,435.28			
8	4	¥8,704.47			
9	5	¥5,248.80			
10					

图 6-65

注意事项 本例根据资产原值、残值及折旧期限计算每年的折旧值，第一年以12个月计算折旧。若本例中资产是从8月开始投入使用，6年后的8月申请报废，那么计算每年折旧的公式为，=DB($A$2,$B$2,6,A5,5)。

案例实战：制作物流价格查询表

本章内容主要介绍工作中一些常用函数的使用方法，接下来利用所学知识制作一份物流价格查询表，在这个案例中将使用到HLOOKUP、VLOOKUP以及INDEX函数，下面介绍具体操作步骤。

Step 01 在物流价格表右侧创建"物流价格查询表"，分别在N2和N3单元格中输入需要查询的发货地"苏州"和收货地"南京"，如图6-66所示。

图 6-66

Step 02 选中O2单元格，输入公式"=VLOOKUP(N2,A3:B11,2,FALSE)"，计算发货地"苏州"的代码，如图6-67所示。

Step 03 选中O3单元格，输入公式"=HLOOKUP(N3,C1:K2,2,FALSE)"，计算收货地"南京"的代码，如图6-68所示。

图 6-67

图 6-68

Step 04 最后，在O4单元格中输入公式"=INDEX(C3:K11,O2,O3)"，即可计算出发货地"苏州"到收货地"南京"的物流收费，如图6-69所示。

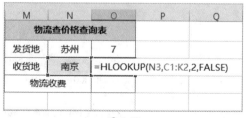

图 6-69

在手机中编辑Excel表格时也可使用公式和函数对数据进行计算,下面介绍具体操作方法。

Step 01 选中需要输入公式的单元格,单击工作表左上角的"fx"图标,如图6-70所示。

图 6-70

Step 02 屏幕中随即出现Excel中所有函数的分类。单击需要的函数分类,此处选择"数学与三角函数"选项,此时会显示出所有数学与三角函数,找到需要使用的函数,这里选择SUM函数,如图6-71所示。

图 6-71

Step 03 所选单元格已经出现了所选函数,手动在表格中选取需要引用的单元格区域,该区域会自动输入到公式中,公式输入完成后点击"✓"图标确认,如图6-72所示。

图 6-72

Step 04 公式返回计算结果后,在包含公式的单元格上方单击一下,在出现的选项中选择"填充"选项,如图6-73所示。

Step 05 单元格随即进入填充状态,此时,单元格的左上角和右下角变成了绿色的小方块,按住右下角的绿色小方块向下方拖动,如图6-74所示。

Step 06 松开手指后,被拖过的区域中即被填充了公式,如图6-75所示。

fx	=SUM(B2:D2)			∨
✂	▢	▢	批注 清除	填充 编辑
	A	B	C	D	E
1	姓名	1月	2月	3月	销量合计
2	墨小白	5843	6722	4700	17265
3	孙怡	7200	9500	3300	
4	张紫妍	4300	3300	5100	
5	胡明亮	5500	4842	2900	
6	刘源	9000	7900	5550	
7	毛智敏	5115	6800	7039	
8	胡子怡	6200	5900	3100	
9	刘永安	2300	5633	8700	
10	武清	8600	9900	3500	

图 6-73

fx	=SUM(B2:D2)			∨
	A	B	C	D	E
1	姓名	1月	2月	3月	销量合计
2	墨小白	5843	6722	4700	17265
3	孙怡	7200	9500	3300	
4	张紫妍	4300	3300	5100	
5	胡明亮	5500	4842		
6	刘源	9000	7900	5550	向下方拖动
7	毛智敏	5115	6800	7039	
8	胡子怡	6200	5900	3100	
9	刘永安	2300	5633	8700	
10	武清	8600	9900	3500	

图 6-74

求和: 158444	平均值: 17604.88889	计
	A	B	C	D	E
1	姓名	1月	2月	3月	销量合计
2	墨小白	5843	6722	4700	17265
3	孙怡	7200	9500	3300	20000
4	张紫妍	4300	3300	5100	12700
5	胡明亮	5500	4842	2900	13242
6	刘源	9000	7900	5550	22450
7	毛智敏	5115	6800	7039	18954
8	胡子怡	6200	5900	3100	15200
9	刘永安	2300	5633	8700	16633
10	武清	8600	9900	3500	22000
11					

图 6-75

新手答疑

1. Q: 如何将表格中所有公式全部删除?

　　A: 可以使用"定位条件"功能先定位所有包含公式的单元格,然后直接按Delete键删除。

　　定位公式的方法为,使用Ctrl+G组合键打开"定位"对话框,单击"定位条件"按钮,如图6-76所示。打开"定位条件"对话框,选中"公式"单选按钮,单击"确定"按钮,如图6-77所示,即可定位所有包含公式的单元格。

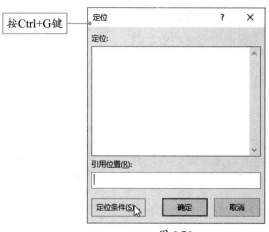

图 6-76

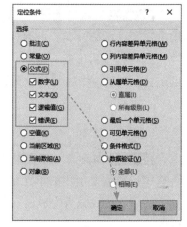

图 6-77

2. Q: 有没有能把小写金额转换成大写金额的函数?

　　A: 当然有,NUMBERSTRING函数就是,而且把该函数的第二个参数设置不同数字时,返回的结果也不同,如图6-78、图6-79所示。

图 6-78　　　　　　　　　　　　　　　　图 6-79

3. Q: 如何快速将阿拉伯数字转换成罗马数字?

　　A: Excel中总有一些让人意想不到的函数,ROMAN函数就可以实现阿拉伯数字到罗马数字的转换,如图6-80所示。

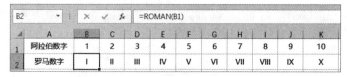

图 6-80

Excel办公应用标准教程——公式、函数、图表与数据分析(实战微课版)

第 7 章
用图表直观呈现数据

　　相比数据表而言，使用图表更能直观地展示数据，使抽象的数据变得具体化、形象化，而且还可以帮助用户更好地理解和记忆数据，可以说图表是数据的共同语言。本章将对图表的类型、图表的创建与编辑、图表元素的设置、图表的美化以及迷你图表的应用等进行详细介绍。

7.1 认识Excel图表

在使用图表展示数据之前，用户需要先认识一下图表的类型以及图表的主要组成元素。

7.1.1 Excel图表的类型

Excel内置了17种图表类型，包括柱形图、折线图、饼图、条形图、面积图、XY散点图、地图、股价图、曲面图、雷达图、树状图、旭日图、直方图、箱形图、瀑布图、漏斗图和组合，如图7-1所示。

其中使用频率最高的还是柱形图、折线图和饼图。

通常表现对比关系用柱形图，表现趋势用折线图，表现数据占比关系用饼图。

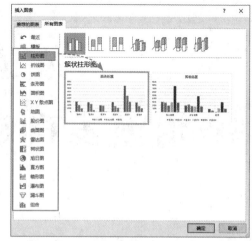

图 7-1

7.1.2 图表的主要组成元素

创建一张图表后，图表默认由图表区、绘图区、水平（类别）轴、垂直（值）轴、图表标题、数据系列、网格线、图例等元素组成，如图7-2所示，这些元素便于用户理解图表并起视觉引导作用。

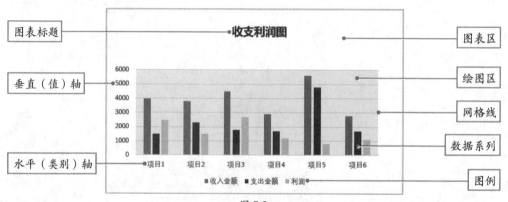

图 7-2

Excel办公应用标准教程——公式、函数、图表与数据分析（实战微课版）

E 7.2 创建与编辑图表

了解图表类型后，用户可以根据实际情况来创建图表，并且对图表进行相关编辑，例如调整图表大小和位置、更改图表类型、更改数据源、切换行列等。

▌7.2.1 插入图表

用户可以通过对话框插入图表，也可以通过功能区插入图表。选择数据区域，在"插入"选项卡中单击"推荐的图表"按钮，打开"插入图表"对话框，在"所有图表"选项卡中选择合适的图表类型，并在右侧选择子图表类型，如图7-3所示，单击"确定"按钮，即可插入一个图表。

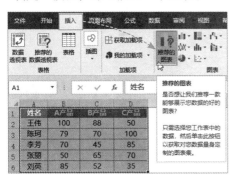
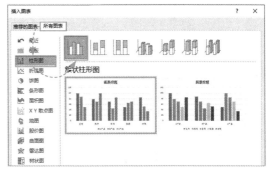

图 7-3

此外，选择数据区域后，打开"插入"选项卡，在"图表"选项组中选择合适的图表类型，也可以插入图表，如图7-4所示。

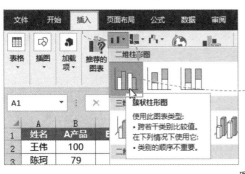
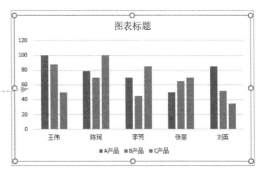

图 7-4

> **知识点拨**
>
> 选择数据区域后，使用Alt+F1组合键，即可快速在数据所在的工作表中创建一个图表；按F11功能键，可以创建一个名为Chart1的图表工作表。

7.2.2 调整大小和位置

插入图表后，有时需要对图表的大小和位置进行调整，使其以合适的大小和位置显示在工作表中。

1. 调整大小

选择图表，将光标移至图表右下角的控制点上，然后按住鼠标左键不放并拖动光标，即可调整图表的大小，如图7-5所示。

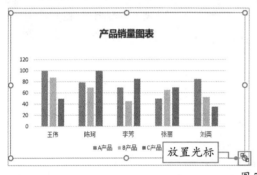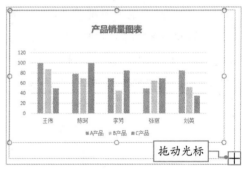

图 7-5

2. 调整位置

选择图表，将光标移至图表上方空白处，此时光标会改变形状，然后按住鼠标左键不放并将光标拖至合适位置即可，如图7-6所示。

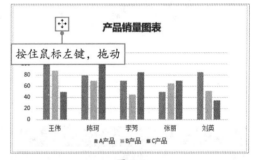

图 7-6

Excel办公应用标准教程——公式、函数、图表与数据分析（实战微课版）

知识点拨

选择图表后，在"图表工具-设计"选项卡中单击"移动图表"按钮，打开"移动图表"对话框，在该对话框中可以将图表移动到现有工作表或新工作表中，如图7-7所示。

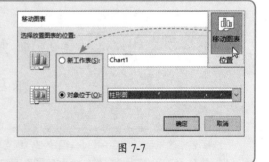

图 7-7

7.2.3　更改图表类型

当用户创建的图表类型不符合要求时，可以直接更改图表类型，而无须重新创建。选择图表，在"图表工具-设计"选项卡中单击"更改图表类型"按钮，打开"更改图表类型"对话框，从中选择需要的图表类型，如图7-8所示，单击"确定"按钮，即可将图表更改为所选图表类型。

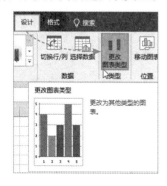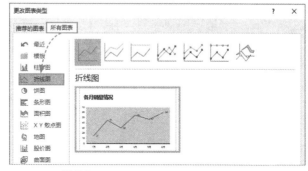

图 7-8

7.2.4　更改数据源

创建图表后，当用户在源数据表中输入新的数据时，就需要更改图表中包含的数据区域。选择图表，在"图表工具-设计"选项卡中单击"选择数据"按钮，如图7-9所示。

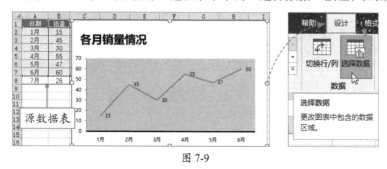

图 7-9

打开"选择数据源"对话框，单击"图表数据区域"右侧的折叠按钮，重新在源数据表中选择数据区域，单击"确定"按钮，即可更改图表中的数据区域，如图7-10所示。

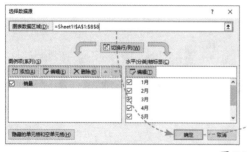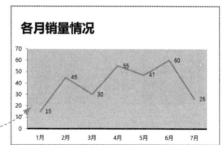

图 7-10

此外，选择图表后，在源数据表中会显示引用区域，将光标放置在引用区域的小方块上，按住鼠标左键不放并向下拖动光标，即可增加引用数据区域，如图7-11所示，向上拖动光标，即可减少引用数据区域。

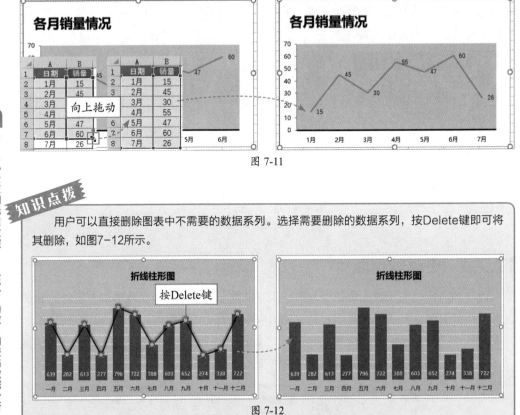

图 7-11

知识点拨

用户可以直接删除图表中不需要的数据系列。选择需要删除的数据系列，按Delete键即可将其删除，如图7-12所示。

图 7-12

7.2.5 切换行、列

如用户需要交换坐标轴上的数据，使标在水平轴上的数据转移到垂直轴上，则可选择图表，在"图表工具-设计"选项卡中单击"切换行/列"按钮即可，如图7-13所示。

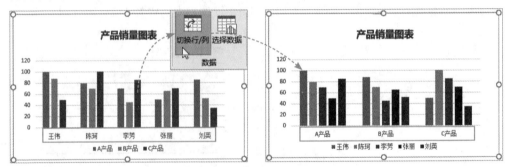

图 7-13

动手练 创建销售额历年增长数据图表

除了使用柱形图和折线图展示数据外，用户还可以选择条形图，例如通过条形图来展示天猫和京东销售额历年的增长情况，如图7-14所示。

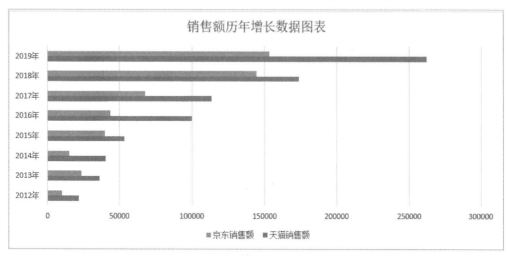

图 7-14

选择A1:C9单元格区域，如图7-15所示。

年度	天猫销售额	京东销售额
2012年	21645	9785
2013年	36298	23689
2014年	40377	15258
2015年	53650	39805
2016年	99776	43702
2017年	113395	67876
2018年	173908	144636
2019年	262194	153482

选择数据区域

图 7-15

在"插入"选项卡中单击"插入柱形图或条形图"下拉按钮，从弹出的列表中选择"簇状条形图"选项，如图7-16所示，即可在工作表中插入一个条形图表，然后根据需要调整图表的大小，并输入图表标题。

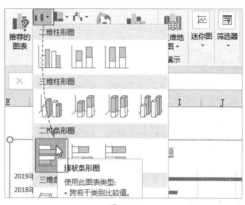

图 7-16

了解图表由哪些元素组成后，用户可以对这些元素进行添加或删除，或者根据需要编辑设置图表标题、数据标签、图例、坐标轴等元素。

7.3.1 添加或删除图表元素

图表中有些元素是默认显示的，而有些元素需要自己添加，例如为了方便查看对应的数值，需要为图表添加"数据标签"。

选择图表，在"图表工具-设计"选项卡中单击"添加图表元素"下拉按钮，从弹出的列表中选择"数据标签"选项，并从其级联菜单中选择合适的标签位置，即可为图表添加数据标签，如图7-17所示。

此外，在"添加图表元素"列表中，用户也可以为图表添加"图表标题""数据表""误差线""网格线""图例""趋势线"等元素。

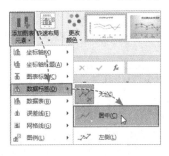
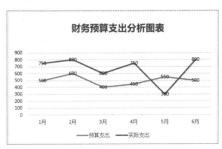

图 7-17

如果用户需要删除图表元素，则选择图表后，单击图表右上方的"+"按钮，从弹出的面板中取消对要删除元素的勾选，即可将该元素从图表中删除，如图7-18所示。

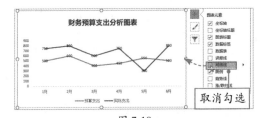

图 7-18

知识点拨

用户选择需要删除的图表元素，直接按Delete键，也可以将所选元素删除。

7.3.2 设置图表标题

在图表中输入标题后，用户可按照需要设置图表标题的格式及标题的字体格式。

1.设置图表标题格式

选择图表标题，右击，从弹出的快捷菜单中选择"设置图表标题格式"命令，打开

"设置图表标题格式"窗格，在"标题选项"中选择"填充与线条"选项卡，然后在"填充"选项组中可以为图表标题设置"纯色填充""渐变填充""图片或纹理填充"以及"图案填充"，如图7-19所示。

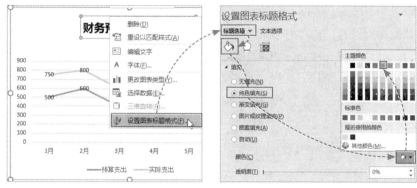

图 7-19

在"边框"选项组中，用户可以设置图表标题的边框线条、颜色、宽度、复合类型、短画线类型等，如图7-20所示。

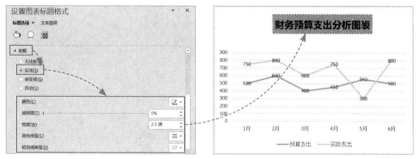

图 7-20

2. 设置标题字体格式

选择图表标题，在"开始"选项卡中可以设置标题的字体、字号、字体颜色、字形等，如图7-21所示，或者在"设置图表标题格式"窗格中选择"文本选项"选项，在"文本填充与轮廓"选项卡中可以设置文本的填充与轮廓，如图7-22所示。

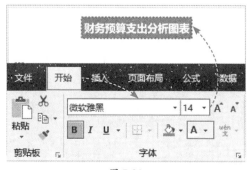

图 7-21

图 7-22

7.3.3 设置数据标签

为图表添加数据标签后，用户可以对数据标签进行一系列设置，例如，设置数据标签的位置、设置数据标签的填充颜色、更改数据标签形状等。

1. 设置数据标签位置

选择数据标签，右击，从弹出的快捷菜单中选择"设置数据标签格式"命令，打开"设置数据标签格式"窗格，选择"标签选项"选项卡，在"标签位置"选项中，可将数据标签设为"居中""靠左""靠右""靠上"和"靠下"显示，如图7-23所示。

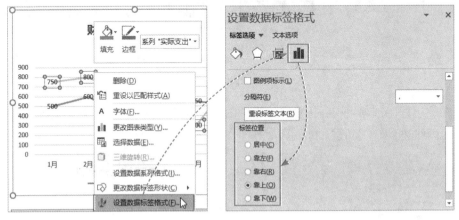

图 7-23

2. 设置数据标签填充颜色

在"设置数据标签格式"窗格中，选择"填充与线条"选项卡，在"填充"选项组中可以为数据标签设置"纯色填充""渐变填充"等。这里选中"渐变填充"单选按钮，并设置渐变光圈和颜色，如图7-24所示。

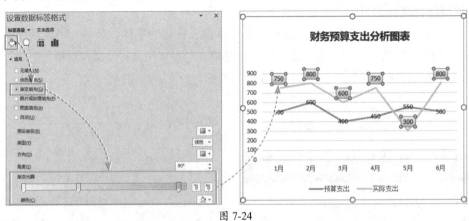

图 7-24

注意事项 用户通过单击某个数据标签，可以将整个系列的数据标签选中，再次单击标签，即可选中单个数据标签。

3. 更改数据标签形状

选择数据标签，右击，从弹出的快捷菜单中选择"更改数据标签形状"命令，并从其级联菜单中选择合适的数据标签形状即可，如图7-25所示。

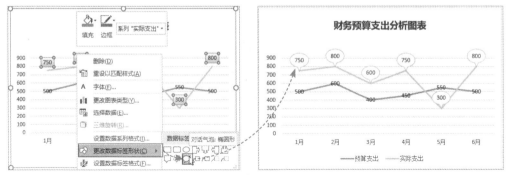

图 7-25

知识点拨

选择数据标签，在"设置数据标签格式"窗格中选择"标签选项"选项卡，在"标签包括"选项中勾选需要的复选框，该选项即可显示在数据标签中，如图7-26所示。

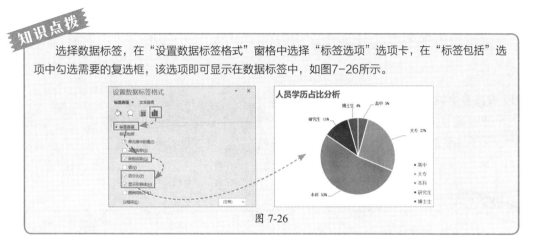

图 7-26

7.3.4　编辑图例

在创建的图表中，图例默认显示在图表的下方，用户可以让图例显示在其他位置。选择图例，右击，从弹出的快捷菜单中选择"设置图例格式"命令，打开"设置图例格式"窗格，在"图例选项"中可以将图例的位置设置为"靠上""靠下""靠左""靠右"和"右上"，如图7-27所示。

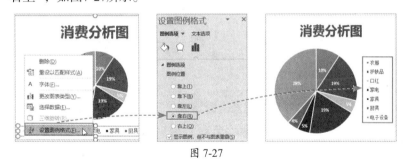

图 7-27

此外，用户选择图例后，按住鼠标左键不放，可以将其拖至图表的任何位置，如图7-28所示，或者将光标移至图例周围的控制点上，按住左键不放并拖动鼠标，可以调整图例的显示方向和间距，如图7-29所示。

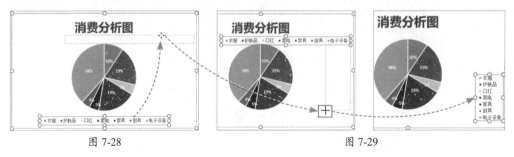

图 7-28　　　　　　　　　　　　　　　　　图 7-29

▌7.3.5　设置坐标轴

坐标轴分为水平轴和垂直轴。其中水平轴也是横坐标轴，显示数据表中的行标题。垂直轴也是纵坐标轴，包含刻度，最大值和最小值。用户可根据需要对水平轴和垂直轴进行设置。

1. 设置垂直轴

选择垂直（值）轴，右击，从弹出的快捷菜单中选择"设置坐标轴格式"命令，打开"设置坐标轴格式"窗格，在"坐标轴选项"中，可以设置垂直轴边界的"最小值"和"最大值"、单位的大小、显示单位等，如图7-30所示。

知识点拨

在"设置坐标轴格式"窗格中，用户还可以设置垂直轴的刻度线类型、标签位置和数字类别。

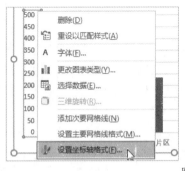

图 7-30

2. 设置水平轴

选择水平（类别）轴，打开"设置坐标轴格式"窗格，在"坐标轴选项"中，可以设置水平轴的"坐标轴类型""纵坐标轴交叉""坐标轴位置""逆序类别"等，如图7-31所示。

在"刻度线"选项中，可以设置水平轴的"刻度线间隔""主刻度线类型"和"次刻度线类型"。在"标签"选项中可以设置水平轴的"标签间隔""与坐标轴的距离"和"标签位置"。在"数字"选项中可以设置数字类别和格式代码，如图7-32所示。

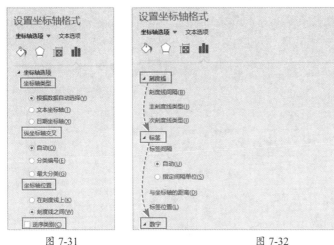

图 7-31   图 7-32

动手练 编辑销售额历年增长数据图表

扫码看视频

创建销售额历年增长数据图表后，用户还需要对该图表进行相关编辑，例如添加数据标签、添加网格线、更改图例位置等，如图7-33所示。

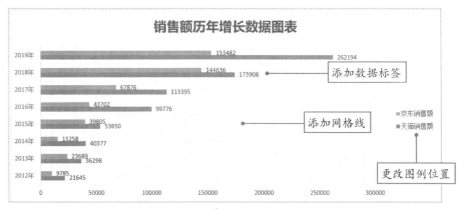

图 7-33

Step 01 选择图表，在"图表工具-设计"选项卡中单击"添加图表元素"下拉按钮，从弹出的列表中选择"数据标签"选项，并从其级联菜单中选择"数据标签外"选项，如图7-34所示。

Step 02 再次打开"添加图表元素"下拉列表，从弹出的列表中选择"网格线"选项，并从其级联菜单中选择"主轴次要水平网格线"选项和"主轴次要垂直网格线"选项，如图7-35所示。

图 7-34

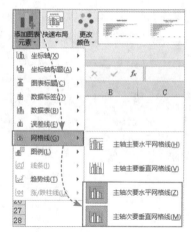

图 7-35

Step 03 在"添加图表元素"列表中选择"图例"选项，并从其级联菜单中选择"右侧"选项，如图7-36所示，最后设置图表标题的字体格式。

图 7-36

知识点拨

选择数据系列，右击，从弹出的快捷菜单中选择"设置数据系列格式"命令，打开"设置数据系列格式"窗格，在"系列选项"中，将"系列重叠"的滑块向右拖动，系列之间的间距变小直至重叠；向左拖动滑块，系列之间的间距变大。将"间隙宽度"的滑块向右拖动，分类之间的间距变大；向左拖动滑块，分类之间的间距变小，如图7-37所示。

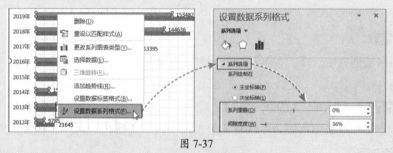

图 7-37

默认创建的图表样式看起来不是很美观，用户需要对图表的系列样式、图表背景、图表边框、绘图区样式等进行设置，以美化图表。

7.4.1　设置图表系列样式

要想图表看起来美观、大方，首先需要对图表中数据系列的样式进行设置，例如设置数据系列的填充、轮廓和效果。

1. 设置数据系列填充

选择数据系列，在"图表工具-格式"选项卡中单击"形状填充"下拉按钮，从弹出的列表中选择合适的颜色，为系列设置纯色填充，如图7-38所示。此外，在"形状填充"列表中，用户还可以为系列设置图片、渐变和纹理填充。

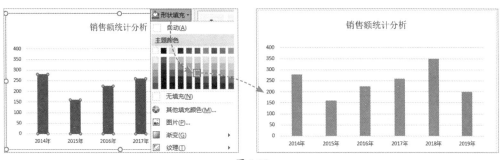

图 7-38

2. 设置数据系列轮廓

选择数据系列，在"图表工具-格式"选项卡中单击"形状轮廓"下拉按钮，从弹出的列表中可以为系列轮廓设置合适的颜色、粗细和线型，如图7-39所示。

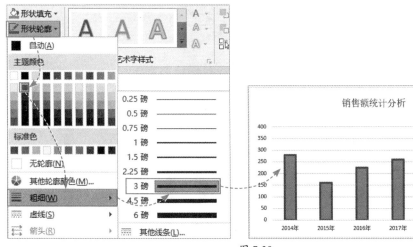

图 7-39

3. 设置数据系列效果

选择数据系列，在"图表工具-格式"选项卡中单击"形状效果"下拉按钮，从弹出的列表中可以为系列设置"预设""阴影""发光""柔化边缘""棱台""三维旋转"等效果，如图7-40所示。

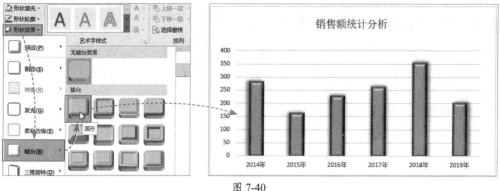

图 7-40

7.4.2 设置图表背景

如果用户认为图表的背景很单调，则可以为其设置颜色、图片、纹理或图案填充。选择图表后右击，从弹出的快捷菜单中选择"设置图表区域格式"命令，打开"设置图表区格式"窗格，在"填充"选项组中进行选择设置即可。这里选中"图片或纹理填充"单选按钮，并单击"文件"按钮，打开"插入图片"对话框，从中选择需要的图片，单击"插入"按钮，可以为图表设置图片背景，如图7-41所示。

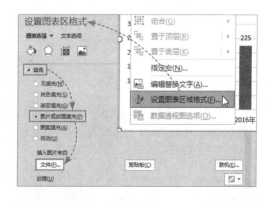

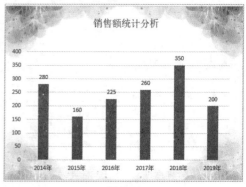

图 7-41

▍7.4.3　设置绘图区样式

为绘图区设置样式就是设置绘图区的填充颜色、边框和效果。选择绘图区，右击，从弹出的快捷菜单中选择"设置绘图区格式"命令，打开"设置绘图区格式"窗格，选择"填充与线条"选项卡，在"填充"选项组中可以为绘图区设置填充颜色，如图7-42所示。

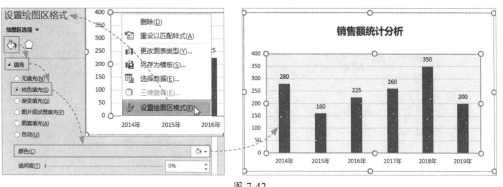

图 7-42

此外，在"边框"选项组中，可以设置绘图区边框的颜色、宽度、类型等，如图7-43所示。打开"效果"选项卡，可以为绘图区设置阴影、发光、柔化边缘、三维格式等效果，如图7-44所示。

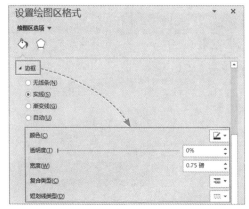

图 7-43

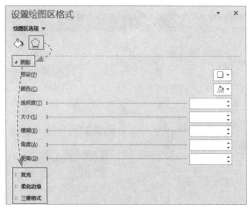

图 7-44

注意事项 在图表中直接选择绘图区可能会选择错误，为了防止这种情况发生，可以选择图表后，在"图表工具-格式"选项卡中单击"图表元素"下拉按钮，从弹出的列表中选择"绘图区"选项，如图7-45所示，即可选中图表中的绘图区。

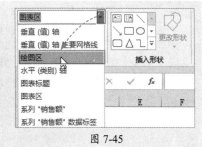

图 7-45

动手练 美化销售额历年增长数据图表

创建和编辑完成销售额历年增长数据图表后，为了使图表看起来赏心悦目，就需要对其进行美化，如图7-46所示。

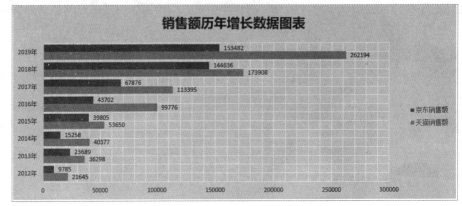

图 7-46

Step 01 选择图表，在"图表工具-设计"选项卡中单击"更改颜色"下拉按钮，从弹出的列表中选择"彩色调色板4"选项，如图7-47所示，即可更改数据系列的颜色。

Step 02 打开"图表工具-格式"选项卡，单击"形状填充"下拉按钮，从弹出的列表中选择"蓝-灰，文字2，淡色80%"选项，如图7-48所示，即可为图表设置纯色背景。

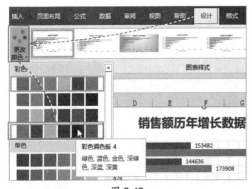

图 7-47

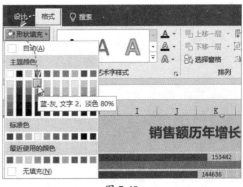

图 7-48

知识点拨

选择图表后，在"图表工具-设计"选项卡中单击"图表样式"选项组的"其他"下拉按钮，从弹出的列表中选择合适的样式，如图7-49所示，即可快速更改图表整体的外观样式。

图 7-49

Excel办公应用标准教程——公式、函数、图表与数据分析（实战微课版）

7.5 迷你图表的应用

迷你图是工作表单元格中的一个微型图表。创建迷你图可以一目了然地反映一系列数据的变化趋势，或突出显示数据中的最大值和最小值。

7.5.1 创建迷你图

创建迷你图很简单，用户可根据需要创建单个迷你图或一组迷你图。

1. 创建单个迷你图

选择创建迷你图的单元格，在"插入"选项卡中，单击"迷你图"选项组的一种迷你图类型，这里单击"折线"按钮，打开"创建迷你图"对话框，在对话框中设置"数据范围"，单击"确定"按钮，即可创建单个迷你图，如图7-50所示。

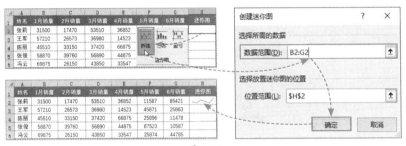

图 7-50

2. 创建一组迷你图

选择单元格区域，在"插入"选项卡中，单击"折线"按钮，在打开的"创建迷你图"对话框中设置"数据范围"，单击"确定"按钮，即可创建一组迷你图，如图7-51所示。

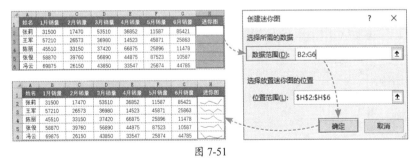

图 7-51

7.5.2 更改迷你图

当用户创建的迷你图不是很合适，可以对迷你图进行更改。选择迷你图，在"迷你图工具-设计"选项卡中单击"类型"选项组中的一个迷你图类型，这里单击"折线"按钮，即可将一组柱形迷你图更改为折线迷你图，如图7-52所示。

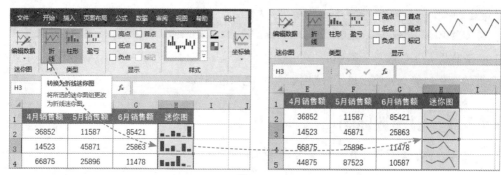

图 7-52

知识点拨

如果用户想要更改其中一个迷你图，则需要选择迷你图后，在"设计"选项卡中单击"取消组合"按钮，然后再进行更改，如图7-53所示。

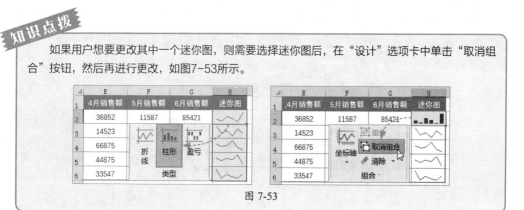

图 7-53

7.5.3 添加标记点

默认创建的迷你图不会显示标记点，如果用户想要将某个数据点显示出来，例如显示"高点"和"低点"，可以在"设计"选项卡中，勾选"显示"选项组的"高点"和"低点"复选框，如图7-54所示。

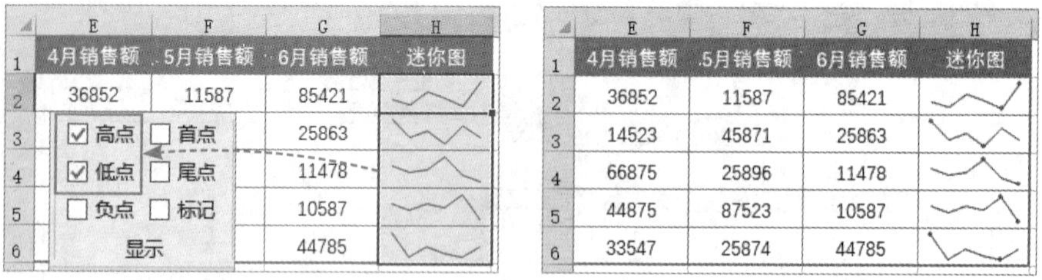

图 7-54

此外，在"显示"选项组中只勾选"标记"复选框，可以将所有的数据点全部显示出来，如图7-55所示。

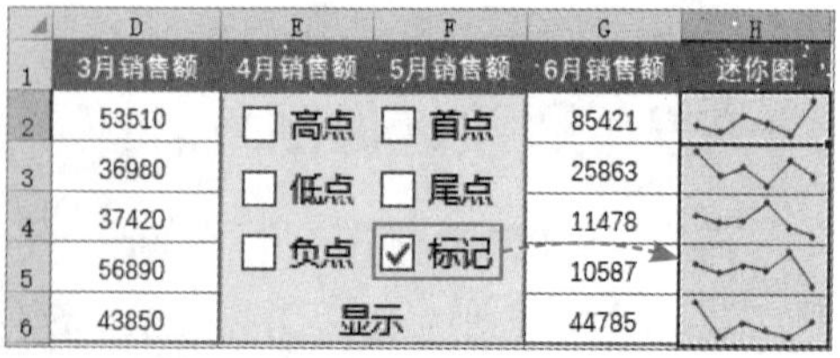

图 7-55

▌7.5.4 美化迷你图

创建迷你图后，用户还可以对迷你图进行相应的美化操作，例如设置迷你图的颜色、粗细，设置标记点颜色。

1. 设置迷你图颜色、粗细

选择迷你图，在"设计"选项卡中单击"迷你图颜色"下拉按钮，从弹出的列表中选择合适的迷你图的颜色和粗细，如图7-56所示。

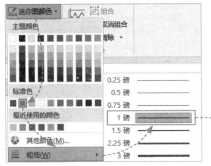

	E	F	G	H
1	4月销售额	5月销售额	6月销售额	迷你图
2	36852	11587	85421	
3	14523	45871	25863	
4	66875	25896	11478	
5	44875	87523	10587	
6	33547	25874	44785	

图 7-56

2. 设置标记点颜色

在"设计"选项卡中单击"标记颜色"下拉按钮，从弹出的列表中可以设置负点、标记、高点、低点、首点以及尾点的颜色，如图7-57所示。

	E	F	G	H
1	4月销售额	5月销售额	6月销售额	迷你图
2	36852	11587	85421	
3	14523	45871	25863	
4	66875	25896	11478	
5	44875	87523	10587	
6	33547	25874	44785	

图 7-57

知识点拨

用户还可在"设计"选项卡中，直接单击"样式"选项组的"其他"按钮，从列表中选择合适的迷你图样式，快速美化迷你图，如图7-58所示。

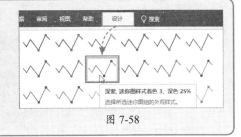

图 7-58

7.5.5 删除迷你图

如果用户需要将迷你图删除，则选择迷你图后，在"设计"选项卡中，单击"组合"选项组的"清除"下拉按钮，从弹出的列表中选择"清除所选的迷你图"或"清除所选的迷你图组"选项即可，如图7-59所示。

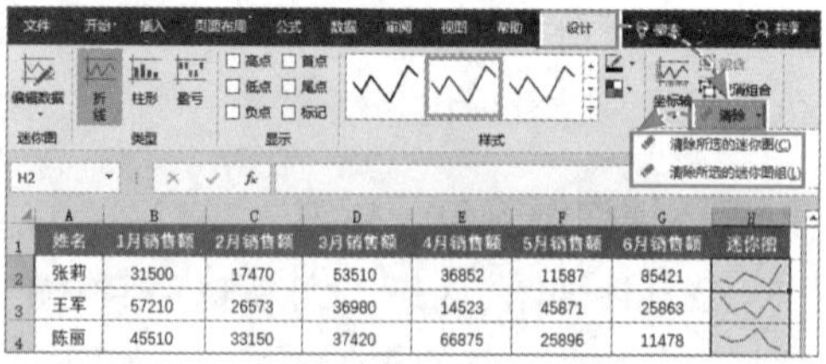

图 7-59

注意事项 有的用户会通过选择迷你图后按Delete键的方式清除迷你图，但这种方法并不能删除迷你图，需要使用"清除"命令才可以。

动手练 **创建公司部门月支出迷你图**

扫码看视频

为了直观地展示各部门每月的支出状况，需要在数据表右侧创建迷你图，显示支出趋势，如图7-60所示。

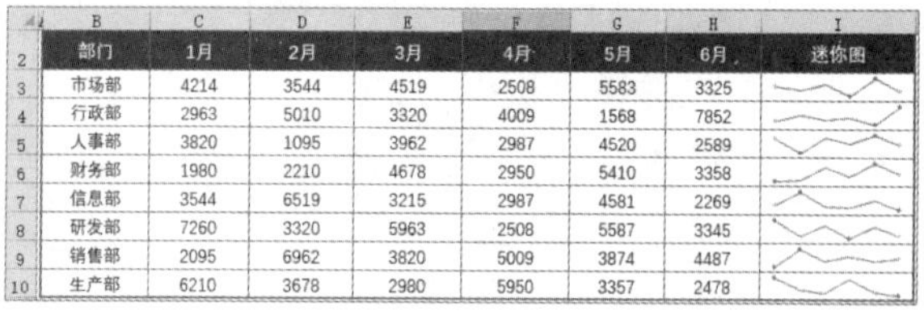

部门	1月	2月	3月	4月	5月	6月	迷你图
市场部	4214	3544	4519	2508	5583	3325	
行政部	2963	5010	3320	4009	1568	7852	
人事部	3820	1095	3962	2987	4520	2589	
财务部	1980	2210	4678	2950	5410	3358	
信息部	3544	6519	3215	2987	4581	2269	
研发部	7260	3320	5963	2508	5587	3345	
销售部	2095	6962	3820	5009	3874	4487	
生产部	6210	3678	2980	5950	3357	2478	

图 7-60

Step 01 选择I3:I10单元格区域，在"插入"选项卡中单击"折线"按钮，打开"创建迷你图"对话框，将"数据范围"设置为C3:H10单元格区域，单击"确定"按钮，即可创建一组折线迷你图，然后在"显示"选项组中勾选"高点""低点""首点"和"尾点"复选框，如图7-61所示。

Step 02 选择迷你图，在"迷你图工具-设计"选项卡中单击"样式"选项组的"其他"下拉按钮，从弹出的列表中选择"红色，迷你图样式彩色#4"选项，如图7-62所示，为迷你图应用所选样式即可。

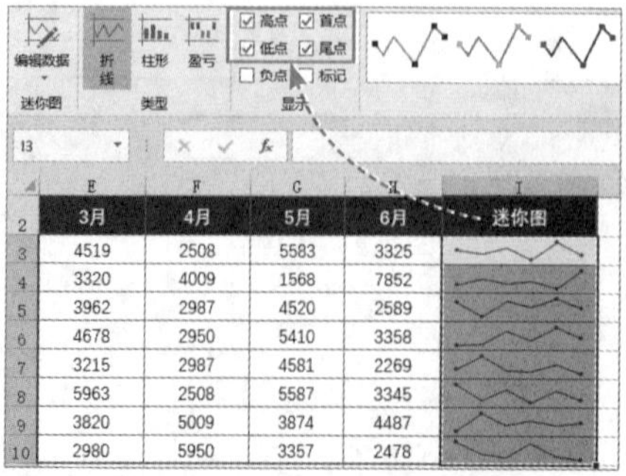

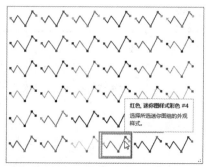

图 7-61

图 7-62

案例实战：制作全球疫情统计图表

通常使用条形图展示项目排名情况，例如通过条形图来展示各国病毒感染人数的多少，如图7-63所示，下面就详细介绍制作全球疫情统计图表的流程。

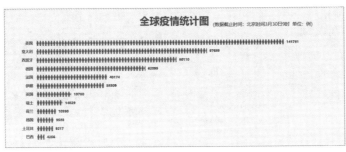

图 7-63

Step 01 首先选择"感染人数"列任意单元格，在"数据"选项卡中单击"升序"按钮进行升序排序，如图7-64所示。

Step 02 接着打开"插入"选项卡，单击"插入柱形图或条形图"下拉按钮，从弹出的列表中选择"簇状条形图"选项，如图7-65所示，插入一个条形图。

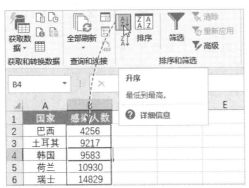

图 7-64

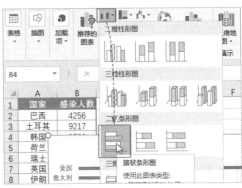

图 7-65

Step 03 调整条形图的大小和位置，并输入图表标题"全球疫情统计图"，然后选择图表，单击其右上方的"加号"按钮，从弹出的列表中取消勾选"网格线"和"主要横坐标轴"复选框，如图7-66所示。

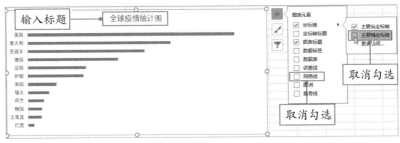

图 7-66

Step 04 打开"图表工具-设计"选项卡,单击"添加图表元素"下拉按钮,从弹出的列表中选择"数据标签"选项,并从其级联菜单中选择"数据标签外"选项,如图7-67所示,添加数据标签。

Step 05 选择数据系列,右击,从弹出的快捷菜单中选择"设置数据系列格式"命令,如图7-68所示。

图 7-67

图 7-68

Step 06 打开"设置数据系列格式"窗格,选择"填充与线条"选项卡,在"填充"选项组中选中"图片或纹理填充"单选按钮,单击"文件"按钮,打开"插入图片"对话框,从中选择需要的图片,单击"插入"按钮,将图片填充到数据系列中,然后在下方选择"层叠"选项,如图7-69所示。

Step 07 打开"系列选项"选项卡,将"间隙宽度"设置为"60%",如图7-70所示。

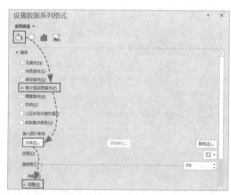

图 7-69

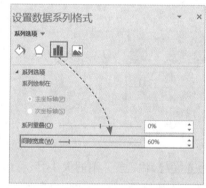

图 7-70

Step 08 选择图表,在"图表工具-格式"选项卡中单击"形状填充"下拉按钮,从弹出的列表中选择"白色,背景1,深色5%"选项,如图7-71所示。最后,设置图表中标题、数据标签和坐标轴的字体格式,并调整图表的布局即可。

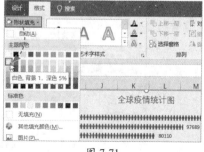

图 7-71

手机办公：插入并编辑图表

用户创建了一个数据表后，可以通过手机Microsoft Office软件自带的功能插入一个图表，并对其进行编辑，具体操作方法如下。

Step 01 选择数据表中任意单元格，点击下方工具栏右侧的绿色小三角，在弹出的列表中切换至"插入"选项卡，选择"图表"选项，如图7-72所示。

Step 02 在弹出的"图表"界面中选择"柱形图"选项，接着在"柱形图"界面中选择合适的类型，如图7-73所示，即可插入一个柱形图。

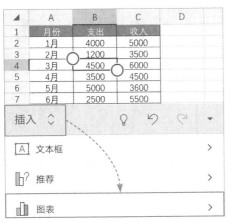

图 7-72

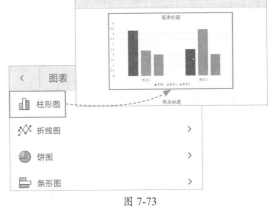

图 7-73

Step 03 选择图表，在弹出的"图表"列表中点击"颜色"选项，可以更改数据系列的颜色；点击"样式"选项，可以更改图表的样式；双击图表标题，可以更改标题内容，如图7-74所示。

Step 04 选择图表后，在上方弹出一个工具栏，选择"删除"选项，可以将图表删除，如图7-75所示。

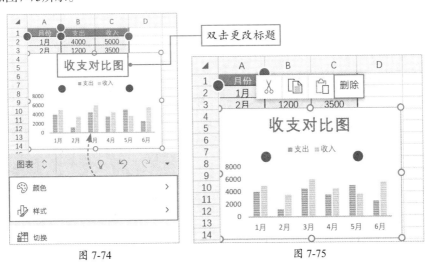

图 7-74   图 7-75

1. Q: 如何快速更改图表的整体布局?

A: 选择图表，在"图表工具-设计"选项卡中单击"快速布局"下拉按钮，从弹出的列表中选择合适的布局样式即可，如图7-76所示。

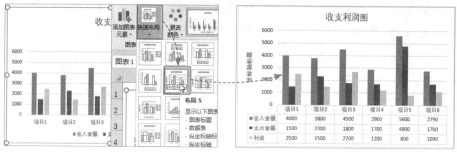

图 7-76

2. Q: 如何固定图表的大小?

A: 选中图表，打开"图表工具-格式"选项卡，单击"大小"选项组的对话框启动器按钮。打开"设置图表区格式"窗格，在"属性"选项组中，选中"随单元格改变位置，但不改变大小"单选按钮，即可固定图表的大小，如图7-77所示。

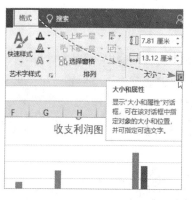
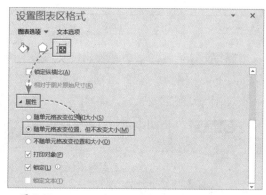

图 7-77

3. Q: 如何将图表背景设置成透明?

A: 选中图表，右击，从弹出的快捷菜单中选择"设置图表区域格式"命令。在打开的窗格中，选择"填充与线条"选项卡，在"填充"选项组中拖动"透明度"滑块调整透明度值即可。

第 8 章
多维度动态分析数据

　　数据透视表能够动态改变自身的版面布置，从而达到按照不同方式分析数据的目的，是Excel中处理和分析数据的绝佳工具。本章内容将对数据透视表的创建及应用进行详细介绍。

8.1 数据透视表的创建和删除

创建及删除数据透视表、向数据透视表中添加或删除字段、刷新数据源等，都属于数据透视表的基础操作。掌握这些基础操作能够为深入学习数据透视表的应用打下良好基础。

8.1.1 创建数据透视表

创建数据透视表需要先整理好数据源，只需要执行几步简单的操作即可完成数据透视表的创建。

选中数据源中的任意一个单元格，打开"插入"选项卡，在"表格"组中单击"数据透视表"按钮，如图8-1所示。

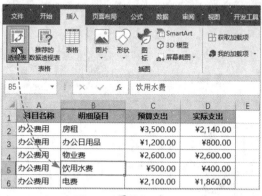

图 8-1

系统随即弹出"创建数据透视表"对话框，保持所有选项为默认，直接单击"确定"按钮，如图8-2所示。

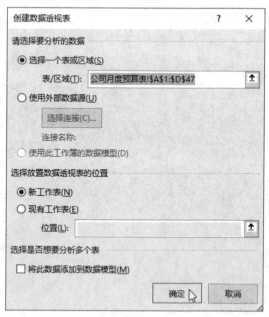

图 8-2

工作簿中随即自动创建一张新工作表，并在该工作表中创建空白数据透视表，如图8-3所示。

Excel办公应用标准教程——公式、函数、图表与数据分析（实战微课版）

图 8-3

> **注意事项** 若在"创建数据透视表"对话框中选中"现有工作表"单选按钮，可将数据透视表创建在数据源所在工作表中。

8.1.2 添加和删除字段

数据透视表被创建出来后，并不包含任何字段，用户需要根据数据分析要求手动向数据透视表中添加字段。

默认情况下只要选中数据透视表中的任意单元格，工作表左侧即会显示"数据透视表字段"窗格，该窗格中包含了数据源中的所有字段选项，只需勾选字段选项右侧的复选框，即可将该字段添加到数据透视表中，如图8-4所示。

图 8-4

同理，若要删除数据透视表中的某个字段，只需在"数据透视表字段"窗格中取消勾选该字段复选框，如图8-5所示。

图 8-5

直接在"数据透视表字段"窗格中勾选字段复选框，无法自由控制字段在数据透视表中的显示位置，一般文本型字段会自动被添加到行区域，数值型字段会自动添加到值区域。

若要自由控制字段在数据透视表中的显示位置，可在"数据透视表字段"窗格中将字段选项拖曳至指定区域，如图8-6所示。添加到数据透视表中的字段也可通过在各区域间相互拖曳改变显示位置，如图8-7所示。在区域中单击指定字段选项，在弹出的列表中可对该字段执行移动、删除等操作，如图8-8所示。

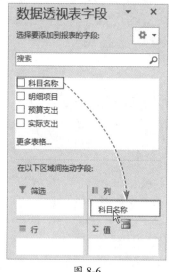

图 8-6

图 8-7

图 8-8

8.1.3 删除数据透视表

当数据分析结束，不再需要使用数据透视表时可将数据透视表删除，删除数据透视表的方法不止一种。

用户可通过删除工作表的方式删除其中包含的数据透视表，也可选中整个数据透视表按Delete键进行删除。若数据透视表中字段较多，可通过"数据透视表工具—分析"选项卡中的"选择"命令删除整个数据透视表，如图8-9所示。

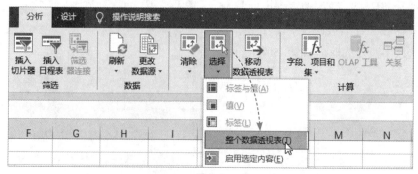

图 8-9

动手练 创建上半年销售分析数据透视表

根据销售明细数据可创建数据透视表，对销售情况进行多维度分析。下面根据数据源动手练习创建上半年销售分析数据透视表。

Step 01 选中销售明细表中的任意一个单元格，打开"插入"选项卡，在"表格"组中单击"推荐的数据透视表"按钮，如图8-10所示。

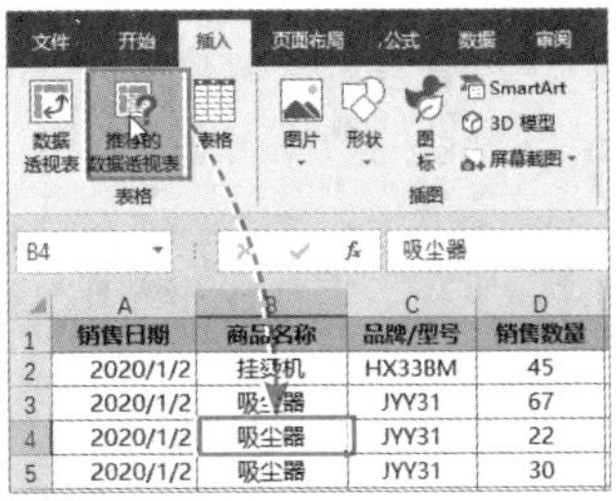

图 8-10

Step 02 弹出"推荐的数据透视表"对话框，从中选择一款需要的数据透视表布局，单击"确定"按钮，如图8-11所示。

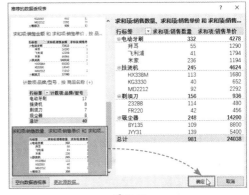

图 8-11

Step 03 工作簿中随即根据数据源创建推荐的数据透视表，如图8-12所示。

图 8-12

Step 04 最后可根据需要适当增减数据透视表中的字段，如图8-13所示。

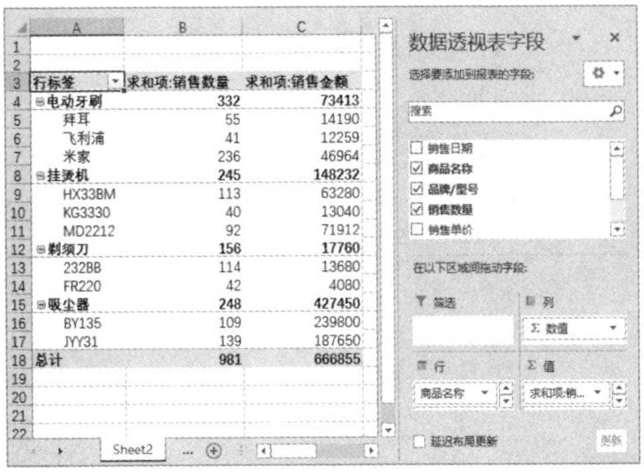

图 8-13

8.2 编辑数据透视表

数据透视表创建完成后通过不断增减字段形成新的报表布局，从而实现多方位的数据分析和计算。在这个过程中用户还可对字段以及数据透视表布局进行更多设置，以满足更复杂的数据分析需求。

8.2.1 设置数据透视表字段

数据透视表字段的设置方式包括修改字段名称、更改值显示方式、更改计算方式、添加新的计算项等，下面逐一进行介绍。

1. 修改字段名称

在数据透视表中选中需要修改的字段名称，打开"数据透视表—分析"选项卡，在"活动字段"组中输入新的字段名称，如图8-14所示，按Enter键即可完成修改，如图8-15所示。

图 8-14 　　　　　　　　　　　　　图 8-15

注意事项 数据透视表中字段名称的更改不会对数据源造成任何影响，"数据透视表字段"窗格中的相应字段选项也不会被更改。

2. 更改值显示方式

用户可以更改数据透视表中值的显示方式，使其以百分比方式显示。下面介绍具体操作方法，选中需要更改显示方式的值字段中的任意一个单元格并右击，在弹出的快捷菜单中选择"值显示方式"选项，在其级联菜单中选择"总计的百分比"选项，如图8-16所示，所选值字段随即以指定的百分比形式显示，如图8-17所示。

图 8-16 　　　　　　　　　　　　　图 8-17

3. 修改值字段计算方式

数据透视表中的值字段默认的计算方式为“求和”，用户可根据需要对计算方式进行修改。

右击需要修改计算方式的字段中的任意一个单元格，在弹出的快捷菜单中选择“值汇总依据”选项，在其级联菜单中选择“最大值”选项，如图8-18所示，所选值字段的计算方式即得到相应修改，如图8-19所示。

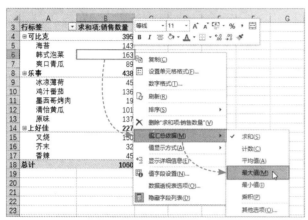

图 8-18

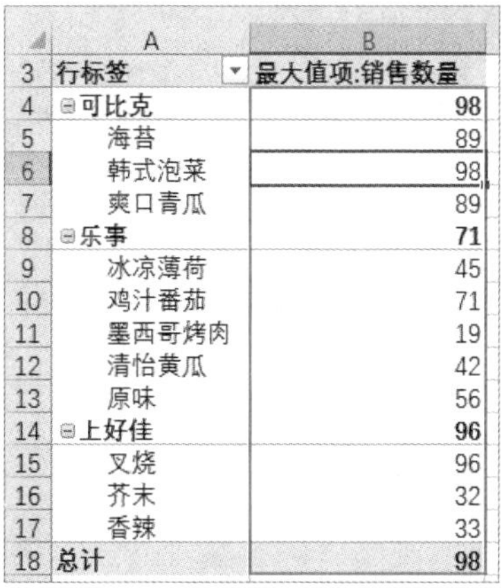

图 8-19

4. 添加计算字段

如果想在数据透视表中增加数据源中不存在的计算项，可以添加计算字段。选中数据透视表中任意一个单元格。打开“数据透视表工具—分析”选项卡，在“计算”组中单击“字段、项目和集”下拉按钮，从弹出的列表中选择“计算字段”选项，如图8-20所示。打开“插入计算字段”对话框，输入字段名称和公式，单击“确定”按钮，如图8-21所示，数据透视表中即可插入相应计算字段，如图8-22所示。

图 8-20

图 8-21

图 8-22

知识点拨

在“插入计算字段”对话框中输入公式时，公式中使用到的字段可从该对话框中的“字段”列表内插入。

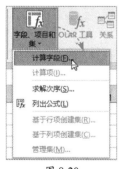

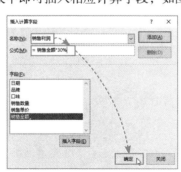

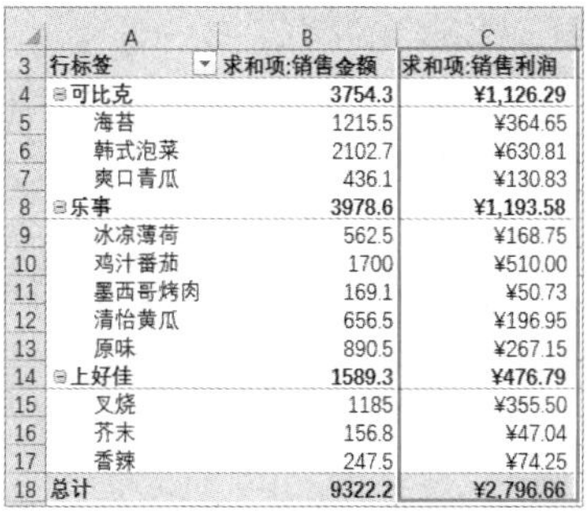

▌8.2.2 更改数据透视表布局

Excel中的数据透视表默认以压缩形式显示，用户可根据需要修改数据透视表的布局形式。Excel共包含三种布局形式，分别为压缩形式、大纲形式以及表格形式。

选中数据透视表中的任意单元格，打开"数据透视表工具—设计"选项卡，在"布局"组中单击"报表布局"下拉按钮，在弹出的列表中选择需要的布局形式，如图8-23所示，数据透视表即可以相应的布局形式显示，如图8-24所示。

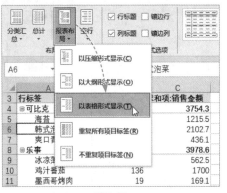

图 8-23

图 8-24

▌8.2.3 设置数据透视表外观

数据透视表和普通报表一样，也可进行美化操作。Excel内置了很多数据透视表样式，使用这些样式可以快速获得漂亮的外观。

选中数据透视表中的任意单元格。打开"数据透视表工具—设计"选项卡，在"数据透视表样式"组中包含了所有数据透视表样式，如图8-25所示。

选择一款满意的样式，即可为当前数据透视表应用该样式，如图8-26所示。

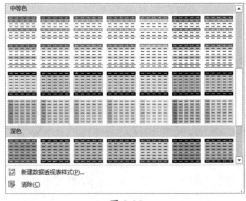

图 8-25

图 8-26

Excel办公应用标准教程——公式、函数、图表与数据分析（实战微课版）

动手练 根据年龄段统计平均工资

用数据透视表分析员工工资时，除了将现有的字段添加进数据透视表进行分析外，还可根据数据分析需求对字段进行组合，下面根据年龄段统计员工的平均工资。

Step 01 根据员工工资表创建数据透视表，在"数据透视表字段"窗格中将"年龄"字段拖动到"行"区域，将"工资合计"字段拖动到"值"区域，如图8-27所示。

Step 02 右击"工资合计"字段中的任意一个单元格，在弹出的快捷菜单中选择"值汇总依据"选项，在其级联菜单中选择"平均值"选项，如图8-28所示。

图 8-27

图 8-28

Step 03 单击"年龄"字段中的任意一个单元格，打开"数据透视表工具—分析"选项卡，在"组合"组中单击"分组选择"按钮，打开"组合"对话框，保持对话框中的选项为默认，单击"确定"按钮，如图8-29所示。

Step 04 年龄字段随即按照10岁的步长值进行了自动分组，重新设置"工资合计"字段中数据的小数位数，保留两位小数，最终效果如图8-30所示。

图 8-29

图 8-30

第 8 章 多维度动态分析数据

8.3 排序和筛选数据透视表

数据透视表中也能执行排序和筛选，但是其操作方法与普通数据透视表稍有差别，下面对数据透视表中的排序和筛选方法进行详细介绍。

▌8.3.1 对数据透视表进行排序

选中需要排序的字段中的任意一个单元格，单击"升序"或"降序"按钮即可实现该字段的简单排序，如图8-31、图8-32所示，排序之前单元格的选择非常重要。

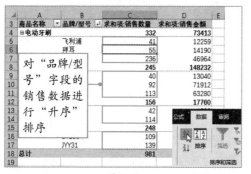

图 8-31　　　　　　　　　　　　　　　　图 8-32

▌8.3.2 对数据透视表进行筛选

数据透视表的布局形式不同，其排序方法也会有所区别，下面以压缩形式的数据透视表为例进行介绍。

由于以压缩形式显示的数据透视表所有行字段全部显示在一列中，所以需要在行标签的筛选器中选择要筛选的字段，如图8-33所示。随后选择要筛选的项目，此处选择"值筛选"选项，在其级联菜单中选择"大于"选项，如图8-34所示。

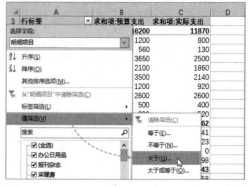

图 8-33　　　　　　　　　　　　　　　　图 8-34

弹出"值筛选"对话框，选择好需要筛选的字段，设置好具体数值，单击"确定"按钮，如图8-35所示，数据透视表中即筛选出符合条件的数据，如图8-36所示。

Excel办公应用标准教程——公式、函数、图表与数据分析（实战微课版）

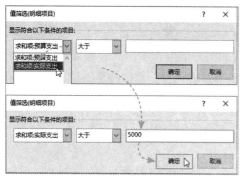

图 8-35

图 8-36

动手练 使用切片器筛选指定商品的销量

数据透视表中还有一个筛选利器,那就是切片器,下面练习使用切片器筛选指定商品的销量。

Step 01 选中数据透视表中的任意一个单元格,打开"数据透视表工具—分析"选项卡,在"筛选"组中单击"插入切片器"按钮,如图8-37所示。

Step 02 打开"插入切片器"对话框,勾选需要插入切片器的字段选项,单击"确定"按钮,如图8-38所示,工作表中随即插入相应字段的切片器,如图8-39所示。

图 8-37

图 8-38

图 8-39

Step 03 在切片器中单击某个选项,数据透视表中即可筛选出相应数据。单击切片器顶部的"多选"按钮,进入多选模式,可在切片器中同时选中多个选项,对数据透视表执行多项筛选,如图8-40所示。

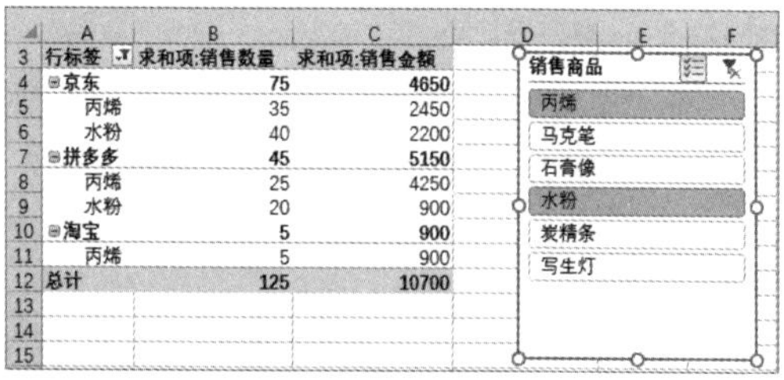

图 8-40

知识点拨

单击切片器右上角的"清除筛选器"按钮可清除切片器中的所有筛选。

8.4 创建和编辑数据透视图

数据透视图是为关联数据透视表中的数据提供的图形表示形式，和普通的图表类似，都包含数据系列、类别、坐标轴、数据标签等图表元素。数据透视图跟数据透视表是联动的，其最大的特点是图表是动态的。

8.4.1 创建数据透视图

数据透视图可以直接利用数据源创建，也可以根据数据透视表创建，下面介绍具体操作方法。

1. 根据数据源创建数据透视图

选中数据源中任意单元格，打开"插入"选项卡，在"图表"组中单击"数据透视图"下拉按钮，从弹出的列表中选择"数据透视图和数据透视表"选项，如图8-41所示。系统随即弹出"创建数据透视表"对话框，单击"确定"按钮，如图8-42所示。

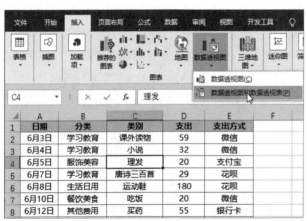

图 8-41

图 8-42

工作簿中即自动新建一张工作表，并在该工作表中创建空白数据透视图和数据透视表。从"数据透视图字段"窗格中向指定区域内添加字段，数据透视图中即可显示出相应图表元素，如图8-43所示。

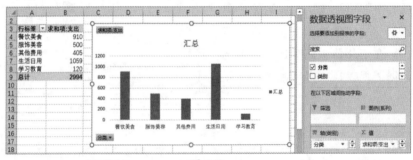

图 8-43

根据数据透视表也可直接创建数据透视图。操作方法为,选中数据透视表中任意单元格,打开"数据透视表工具—分析"选项卡,在"工具"组中单击"数据透视图"按钮,如图8-44所示,随后在弹出的对话框中选择需要的图表类型即可完成创建。

图 8-44

8.4.2　更改数据透视图类型

利用数据源创建的数据透视图默认为"簇状柱形图",若用户对这种图表类型不满意,可根据需要修改数据透视图的类型。

选中数据透视表,打开"数据透视图工具—设计"选项卡,单击"更改图表类型"按钮,如图8-45所示。

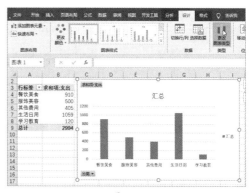

图 8-45

弹出"更改图表类型"对话框,重新选择需要的图表类型,单击"确定"按钮即可,如图8-46所示。

图 8-46

8.4.3　对透视图数据进行筛选

数据透视图中包含字段筛选按钮,可通过数据透视图直接筛选数据。

在数据透视图中单击"类别"按钮,在弹出的筛选器中选择"值筛选"选项,在其级联菜单中选择"大于"选项。系统随即弹出"值筛选"对话框,设置好参数值,单击"确定"按钮,如图8-47所示。

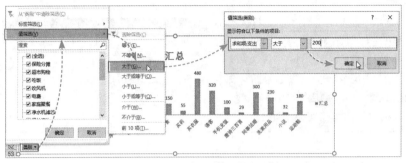

图 8-47

执行完上述操作后，数据透视图中随即筛选出符合条件的数据系列，如图8-48所示。

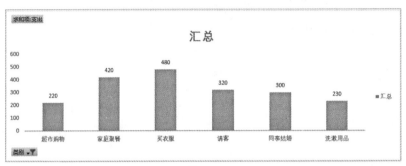

图 8-48

8.4.4 快速美化数据透视图

为了让数据透视图看起来更漂亮，可以使用系统内置的配色及样式快速美化数据透视图。

选中图表，打开"数据透视图工具—设计"选项卡，在"图表样式"组中单击"更改颜色"下拉按钮，在弹出的列表中可为图表选择一款满意的颜色，如图8-49所示。单击"其他"按钮，可展开所有内置的图表样式，单击需要的图表样式，即可为数据透视图应用该样式，如图8-50所示。

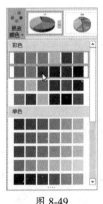

图 8-49

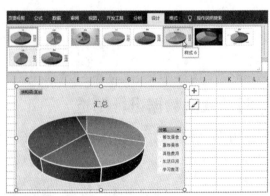

图 8-50

案例实战：创建公司各部门工资分析数据透视表

即使数据源中只包含了很少的基础信息，通过数据透视表不断增加计算项以及改变值的汇总方式和显示方式等，却能得到各种不同的分析结果。接下来创建数据透视表分析公司各部门的工资情况。

Step 01 选中数据源中任意一个单元格，在"插入"选项卡中的"表格"组内单击"数据透视表"按钮，打开"创建数据透视表"对话框，单击"确定"按钮，创建数据透视表，如图8-51所示。

Step 02 向数据透视表中添加字段，将"姓名"字段拖至"筛选"区域，如图8-52所示。

图 8-51

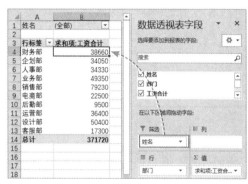
图 8-52

Step 03 在数据透视表的筛选区域中单击"筛选"下拉按钮，从弹出的列表中选择要筛选的姓名（或在搜索框中输入姓名），单击"确定"按钮即可筛选出指定员工的工资，如图8-53所示。

Step 04 若要清除筛选，需要再次单击筛选区域中的下拉按钮，在弹出的列表中选择"全部"选项，单击"确定"按钮即可，如图8-54所示。

Step 05 右击"求和项：工资合计"字段中的任意一个单元格，设置值汇总依据为"计数"，如图8-55所示。

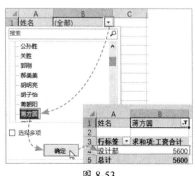
图 8-53

图 8-54

图 8-55

选中"求和项：工资合计"字段标题，直接输入"部门人数"，输入完成后在任意位置单击，即可修改该字段标题名称，如图8-56所示。

Step 07 选中数据透视表中任意单元格，打开"数据透视表工具—分析"选项卡，在"计算"组中单击"字段、项目和集"下拉按钮，在弹出的列表中选择"计算字段"选项，打开"插入计算字段"对话框，设置名称为"工资合计"，输入公式为"=工资合计"，单击"确定"按钮，如图8-57所示，向数据透视表中插入一个合计工资字段。

Step 08 参照上一步骤，再次打开"插入计算字段"对话框，设置名称为"总工资占比"，输入公式为"=工资合计"，单击"确定"按钮，如图8-58所示。

图 8-56

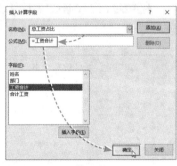

图 8-57　　　　　　　　　　图 8-58

Step 09 在数据透视表中右击"求和项：总工资占比"字段中的任意一个单元格，设置值显示方式为"总计的百分比"，如图8-59所示。

图 8-59

Step 10 "总工资占比"字段中的值随即以总计的百分比形式显示，至此完成公司各部门工资分析，如图8-60所示。

	A	B	C	D	E
1	姓名	(全部)			
2					
3	行标签	部门人数	求和项:合计工资	求和项:总工资占比	
4	财务部	7	38660	10.40%	
5	企划部	6	34050	9.16%	
6	人事部	8	34330	9.24%	
7	业务部	6	49350	13.28%	
8	销售部	7	79230	21.31%	
9	电商部	3	22500	6.05%	
10	后勤部	3	9500	2.56%	
11	运营部	5	36400	9.79%	
12	设计部	7	50400	13.56%	
13	客服部	4	17300	4.65%	
14	总计	56	371720	100.00%	
15					

图 8-60

手机办公：手机中也能执行排序筛选

很多人以为手机办公软件功能很弱小，很多在计算中可以完成的工作在手机中却不能实现，其实不然，像排序、筛选这种数据分析操作，在手机Microsoft Office中照样能够轻松完成，下面介绍具体操作方法。

Step 01 在Microsoft Office中打开Excel文件，选中需要排序或筛选的列中的任意一个单元格，点击屏幕底部的""按钮，如图8-61所示。

Step 02 屏幕底部会弹出排序和筛选列表，通过点击"升序"或"降序"图标可对当前列执行相应排序；而选择"数字筛选器"选项则可对当前列执行筛选，如图8-62所示。

图 8-61

图 8-62

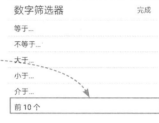

图 8-63

Step 03 当选择了"数字筛选器"后，屏幕中会出现数字筛选的选项，例如，选择"前10个"，如图8-63所示，表格中即可筛选出符合条件的数据，如图8-64所示。

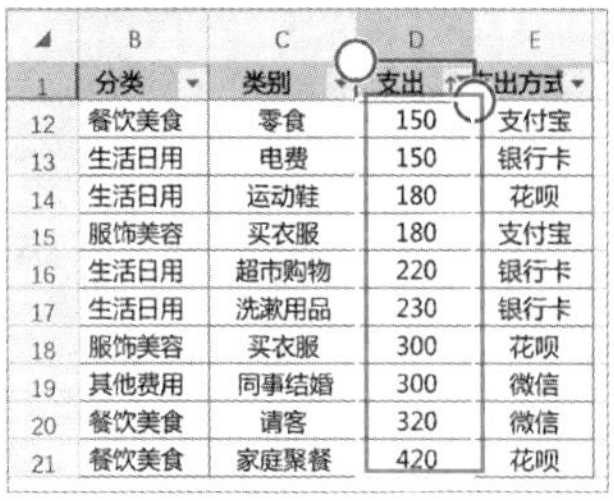

图 8-64

Step 04 若在表中选中文本字段中的某个单元格，则排序和筛选列表中会出现"文本筛选器"选项，点击该按钮，在随后弹出的列表中可对文本字段进行筛选，如图8-65所示。

Step 05 对表格执行了筛选后若要清除筛选，只需再次点击屏幕下方的""按钮，在弹出的列表底部点击"清除筛选器"按钮即可清除筛选，如图8-66所示。

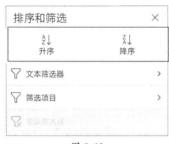

图 8-65

图 8-66

新手答疑

1. Q: 如何快速删除数据透视表中的所有字段?

A: 选中数据透视表中的任意一个单元格,打开"数据透视表工具—分析"选项卡,在"操作"组中单击"清除"下拉按钮,从弹出的列表中选择"全部清除"选项,即可清除数据透视表中的所有字段,如图8-67所示。

图 8-67

2. Q: 对数据源进行了修改后,如何让数据透视表中的数据同步到修改后的数据源?

A: 刷新数据透视表即可。选中数据透视表中的任意一个单元格,使用Alt+F5组合键,或在"数据透视表工具—分析"选项卡中单击"刷新"按钮,即可筛选数据透视表,如图8-68所示。

图 8-68

3. Q: 创建数据透视表后,又想在数据源下方添加新的数据,刷新数据透视表也无法将新增的数据添加进去怎么办?

A: 这种情况就需要重新选择数据源。方法很简单,选中数据透视表中的任意一个单元格,打开"数据透视表工具—分析"选项卡,在"数据"组中单击"更改数据源"按钮,此时会弹出"更改数据透视表数据源"对话框,在该对话框中重新选取数据源区域即可,如图8-69所示。

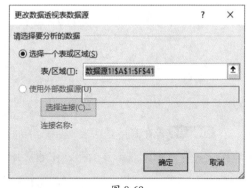

图 8-69

4. Q: 如何删除数据透视表中手动插入的计算字段?

A: 参照8.2.1节中介绍的方法,打开"插入计算字段"对话框,选择需要删除的字段名称,如图8-70所示,单击"删除"按钮,即可删除该字段,如图8-71所示。

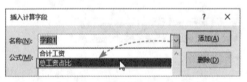

图 8-70

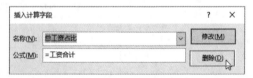

图 8-71

第9章
高级分析工具的应用

在Excel中还有一些不常用到的高级分析工具，例如"模拟分析""规划求解""方案分析""审核与跟踪"等，使用这些工具可以对数据进一步分析处理。本章将对这些工具进行详细介绍。

模拟运算表作为工作表的一个单元格区域，可以显示公式中某些数值的变化对计算结果的影响，它是进行预测分析的工具。模拟运算表根据数据变量的多少分为单变量模拟运算表和双变量模拟运算表。

9.1.1 单变量模拟运算

单变量模拟运算主要分析一个参数变化，其他参数不变时对目标值的影响。单变量模拟运算表的结构特点是其输入数值被排列在一列中（列引用）或一行中（行引用）。虽然输入的单元格不必是模拟运算表的一部分，但是模拟运算表中的公式必须引用输入单元格。

例如，某公司想要扩大生产规模，打算向银行贷款。假设当前的贷款利率为6%，贷款年限为7年，要求计算公司每月选择不同的还款金额可向银行获得的贷款数额。

选择B4单元格，输入公式"=-PV(B1/12,B2*12,A4)"，按Enter键确认计算出结果，如图9-1所示。

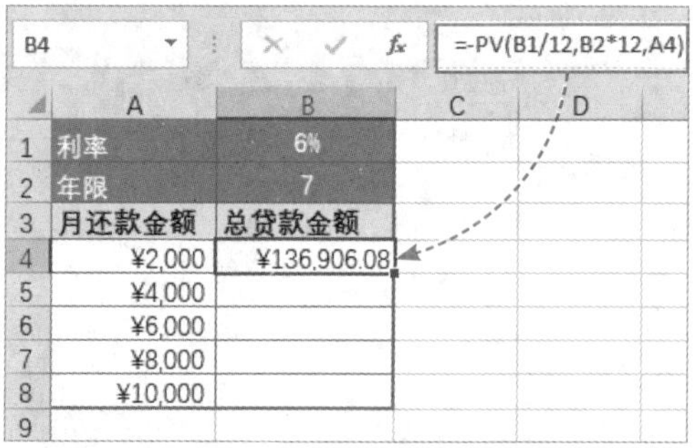

图 9-1

选择A4:B8单元格区域，在"数据"选项卡中单击"模拟分析"下拉按钮，从弹出的列表中选择"模拟运算表"选项，如图9-2所示。

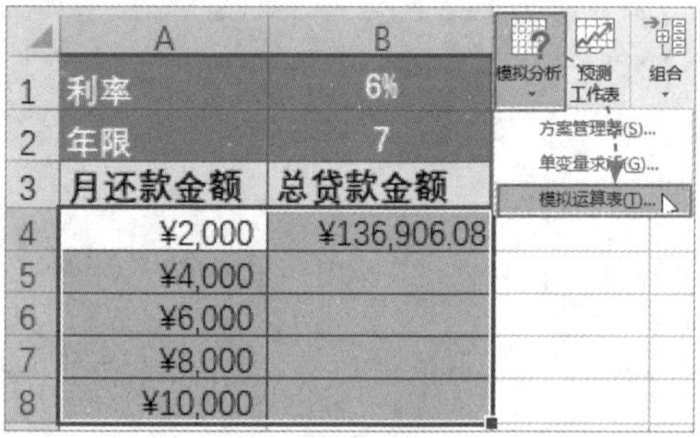

图 9-2

打开"模拟运算表"对话框，单击"输入引用列的单元格"右侧折叠按钮，在表格中选择A4单元格，返回"模拟运算表"对话框，直接单击"确定"按钮，即可计算出每月不同还款的金额，以及对应的可向银行获得的贷款总额，如图9-3所示。

注意事项 使用模拟运算表计算的数据是存放在数组中的，计算结果的单个或部分数据无法删除，要想删除数据表中的数据，选择所有数据后按Delete键即可。

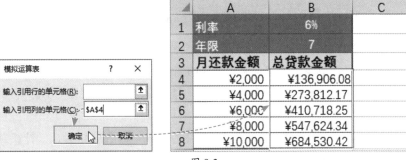

图 9-3

9.1.2 双变量模拟运算

在其他因素不变的条件下，分析两个参数的变化对目标值的影响时，需要使用双变量模拟运算表。

例如，使用双变量模拟运算表预测不同销售金额和不同提成比率所对应的提成金额。选择B3单元格，输入公式"=B1*B2"，按Enter键确认，计算出"提成金额"，如图9-4所示。

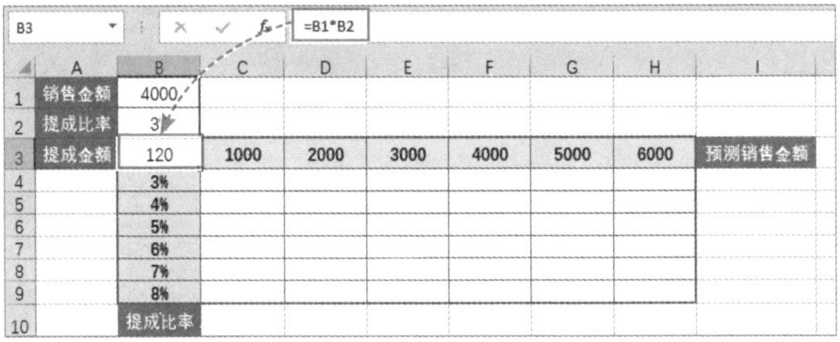

图 9-4

选择B3:H9单元格区域，在"数据"选项卡中单击"模拟分析"下拉按钮，从弹出的列表中选择"模拟运算表"选项，打开"模拟运算表"对话框，在"输入引用行的单元格"数值框中输入销售金额值所在的单元格地址"$B$1"，在"输入引用列的单元格"数值框中输入提成比率值所在的单元格地址"$B$2"，单击"确定"按钮，即可计算出不同的销售金额和不同提成比率对应的提成金额，如图9-5所示。

图 9-5

9.2　单变量求解

如果已知单个的预期结果，而用于确定此公式结果的输入值未知，这种情况下可以使用"单变量求解"，单变量求解是函数公式的逆运算。

例如，如果要贷款20年（240个月）购买一套住房，年利率假设为6%，想要知道每月还款4000元，可以购买总价为多少的住房。

选择B4单元格，输入公式"=-PMT(B3/12,B2,B1)"，按Enter键确认，计算每月还款额，如图9-6所示。再次选中B4单元格，在"数据"选项卡中单击"模拟分析"下拉按钮，从弹出的列表中选择"单变量求解"选项，打开"单变量求解"对话框，将"目标单元格"设置为"B4"，将"目标值"设置为"4000"，将"可变单元格"设置为"$B$1"，单击"确定"按钮，如图9-7所示。弹出"单变量求解状态"对话框，进行求解运算后单击"确定"按钮，如图9-8所示。

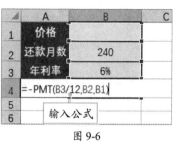

图 9-6

图 9-7

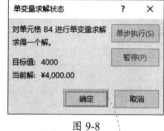

图 9-8

即可求出每月还款4000元，可以购买总价为558323.09元的住房，如图9-9所示。

知识点拨

在使用单变量求解后，公式仍然是活动的，还可以改变月数、年利率和价格的值进行新的计算。

	A	B	C
1	价格	558323.0867	
2	还款月数	240	
3	年利率	6%	
4	月支付	¥4,000.00	

图 9-9

 9.3　规划求解

"规划求解"也可以称为假设分析工具，使用"规划求解"可以求出工作表中某个单元格中公式的最佳值。在Excel中，一个规划求解问题由可变单元格、目标函数和约束条件3部分组成。

9.3.1　加载规划求解

在Excel中，"规划求解"功能并不是必选的组件，因此使用之前须将其加载出来。

打开"开发工具"选项卡，单击"加载项"选项组的"Excel加载项"按钮，如图

9-10所示。打开"加载项"对话框，在"可用加载宏"列表框中勾选"规划求解加载项"复选框，单击"确定"按钮，如图9-11所示，即可将"规划求解"功能加载出来，用户在"数据"选项卡的"分析"选项组中可找到"规划求解"功能，如图9-12所示。

图 9-10

图 9-11

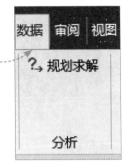

图 9-12

9.3.2 建立规划求解模型

线性规划是运筹学中的一个常用术语，是指使用线性模型对问题建立相关的数学模型。要解决一个线性规划问题，首先需要建立相应问题的规划求解模型，下面介绍如何根据实际问题建立规划求解模型。

例如，某企业生产两种产品，生产一个A产品可以赚90元，生产一个B产品可以赚70元。制造一个A产品需要4小时机时，并且耗费原料5公斤；制造一个B产品需要3小时机时，并且耗费原料6公斤。现在每个月能得到的原料为900公斤，每个月能分配的机时为700小时。现在面临的问题就是该公司每个月应如何分配两种产品的生产，才能赚取最大利润。

为上述问题建立规划求解模型的具体步骤如下。

Step 01 首先根据问题制作一个表格框架，如图9-13所示。

	A	B	C	D	E	F
1	产品名称	利润/件	机时/件	耗费原料/件	生产量	
2	A产品	¥90	4	5		
3	B产品	¥70	3	6		
4						
5	机时配额（时）	700				
6	原料配额（公斤）	900		制作表格框架		
7	实际使用机时					
8	实际使用原料					
9	总利润					

图 9-13

Step 02 在B7单元格中输入公式"=C2*E2+C3*E3"，按Enter键，计算出"实际使用机时"；在B8单元格中输入公式"=D2*E2+D3*E3"，按Enter键，计算出"实际使用原料"；在B9单元格中输入公式"=B2*E2+B3*E3"，按Enter键，计算出"总利润"，如图9-14所示。

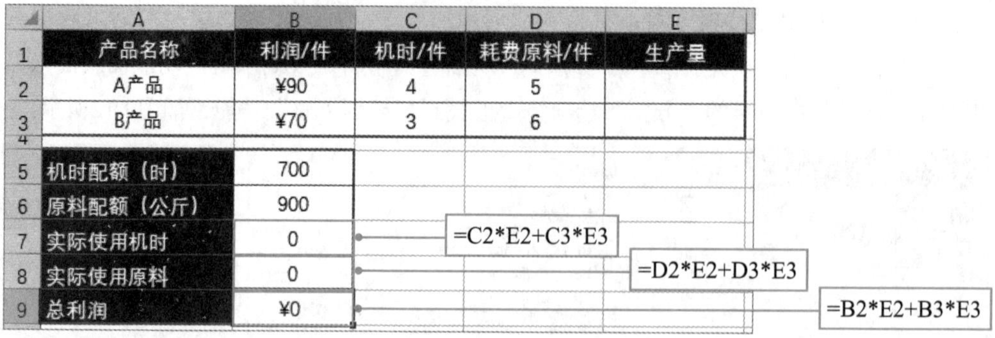

	A	B	C	D	E
1	产品名称	利润/件	机时/件	耗费原料/件	生产量
2	A产品	¥90	4	5	
3	B产品	¥70	3	6	
4					
5	机时配额（时）	700			
6	原料配额（公斤）	900			
7	实际使用机时	0		=C2*E2+C3*E3	
8	实际使用原料	0		=D2*E2+D3*E3	
9	总利润	¥0		=B2*E2+B3*E3	

图 9-14

知识点拨

由于"生产量"没有确定，所以计算出的"实际使用机时""实际使用原料"和"总利润"为0。

动手练 **使用规划求解**

前面已经建立了利润最大化的规划求解模型，下面就利用"规划求解"功能来解决该问题，并生成"运算结果报告"，如图9-15所示。

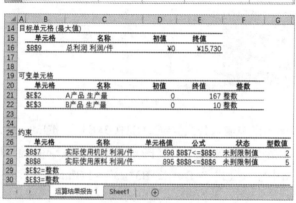

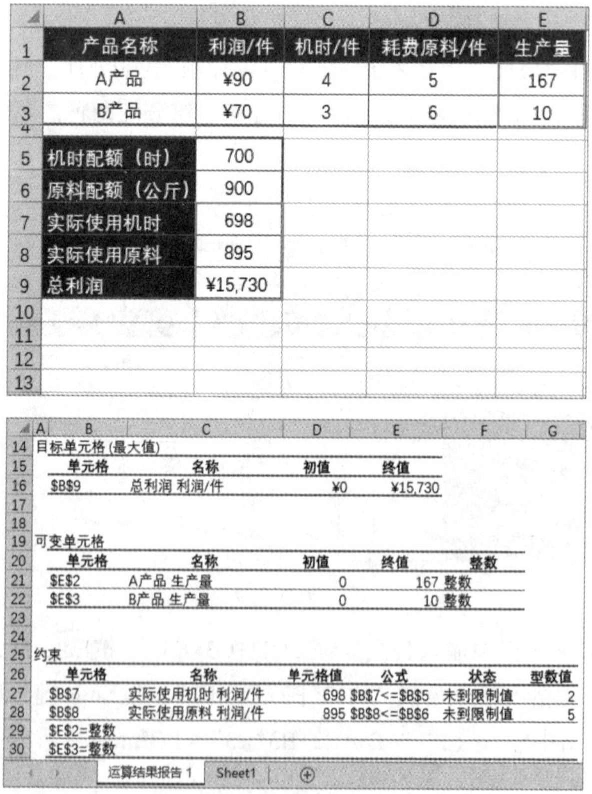

图 9-15

Excel办公应用标准教程——公式、函数、图表与数据分析（实战微课版）

196

Step 01 在"数据"选项卡中单击"分析"选项组的"规划求解"按钮,打开"规划求解参数"对话框,"设置目标"选项引用B9单元格,"通过更改可变单元格"选项引用E2:E3单元格区域,单击"添加"按钮,添加约束条件,分别将E2、E3设置为整数,B7<=B5,B8<=B6,约束条件设置完成后单击"求解"按钮,如图9-16所示。

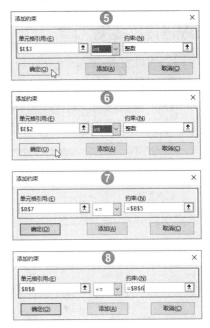

图 9-16

Step 02 打开"规划求解结果"对话框,选择"运算结果报告"选项,单击"确定"按钮,如图9-17所示,即可计算出最优解,并生成一张"运算结果报告 1"的工作表,在该报告中可以看到目标单元格的最优值、可变单元格的取值以及约束条件情况。

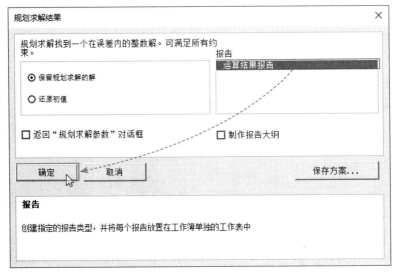

图 9-17

决策人在制订方案时，需要从不同角度来制订多种方案，因为不同的方案会得到不同的预测结果，在这种情况下就要用到Excel方案管理器功能。

9.4.1 创建方案

下面以案例的形式介绍如何创建方案。例如，某企业向银行贷款，现有3种选择。第1种：贷款200000元，年利率为5.5%，贷款年限为9年。第2种：贷款250000元，年利率为6%，贷款年限为12年。第3种：贷款300000元，年利率为7%，贷款年限为16年。如果以贷款金额、年利率和贷款年限为变量，试确定月还款额。

Step 01 根据上述数据，制作一个表格，然后选择B4单元格，输入公式"=-PMT(B2/12,B3,B1)"，按Enter键，计算出结果，如图9-18所示。

Step 02 选择B4单元格，在"数据"选项卡中单击"模拟分析"下拉按钮，从弹出的弹出的列表中选择"方案管理器"选项，打开"方案管理器"对话框，从中单击"添加"按钮，如图9-19所示。

图 9-18

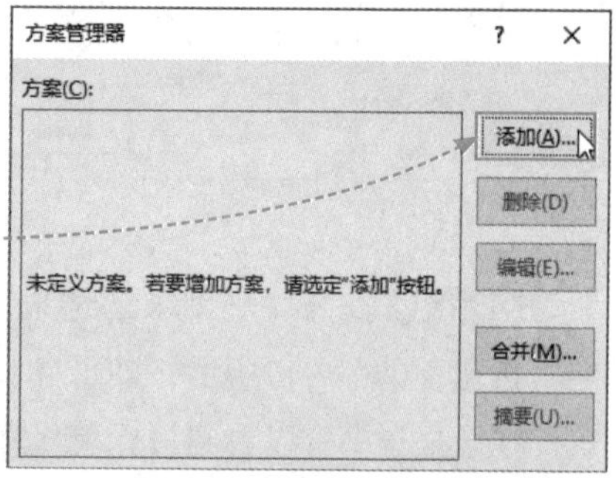

图 9-19

Step 03 打开"添加方案"对话框，在"方案名"文本框中输入"方案A"，在"可变单元格"数值框中输入"B1,B2,B3"，单击"确定"按钮，如图9-20所示。

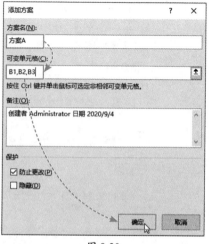

图 9-20

Excel办公应用标准教程——公式、函数、图表与数据分析（实战微课版）

Step 04 弹出"方案变量值"对话框,保持各选项为默认状态,单击"确定"按钮,返回"方案管理器"对话框,在"方案"列表框中显示创建的"方案A"。按照同样的方法,设置方案B和方案C的方案变量值,如图9-21所示。

图 9-21

Step 05 设置好方案变量值后,在"方案管理器"对话框中单击"关闭"按钮,如图9-22所示,即可完成方案的创建。

知识点拨

在"方案管理器"对话框的"方案"列表框中选择一个方案,单击"删除"按钮,可以将该方案删除;单击"编辑"按钮,可以对该方案进行编辑操作;单击"显示"按钮,可以在表格中显示相关方案数据。

图 9-22

9.4.2 创建方案摘要

方案创建完成后,用户可根据需要建立摘要报告,该报告中列出方案以及各自的输入值和结果单元格。

打开"方案管理器"对话框,单击"摘要"按钮,弹出"方案摘要"对话框,保持各选项为默认状态,单击"确定"按钮,即可创建一张"方案摘要"工作表,如图9-23所示,在工作表中显示各个方案的数据,以便对各方案进行比较。

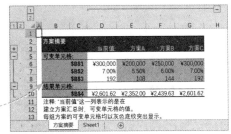

图 9-23

为了防止他人随意编辑修改方案，用户可对其进行保护。打开"方案管理器"对话框，在"方案"列表框中选择需要保护的方案，单击"编辑"按钮，打开"编辑方案"对话框，在"保护"选项中勾选"防止更改"复选框，单击"确定"按钮，如图9-24所示，弹出"方案变量值"对话框，直接单击"确定"按钮，返回"方案管理器"对话框，单击"关闭"按钮。

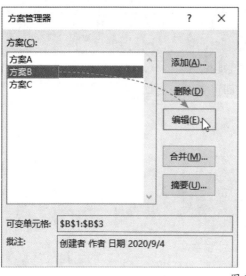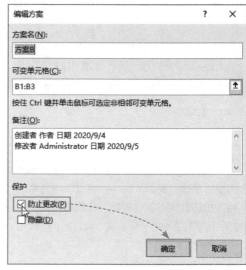

图 9-24

打开"审阅"选项卡，单击"保护工作表"按钮，打开"保护工作表"对话框，在"允许此工作表的所有用户进行"列表框中取消勾选"编辑方案"复选框，单击"确定"按钮，如图9-25所示。再次打开"方案管理器"对话框，选择方案后，可以看到"删除"和"编辑"命令呈灰色不可用状态，如图9-26所示。

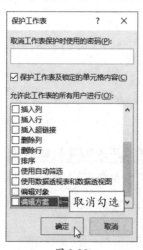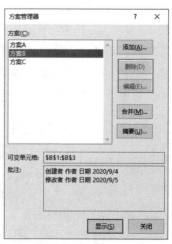

图 9-25　　　　　　　　　　图 9-26

9.5 审核与跟踪

在Excel中，审核与跟踪功能可以帮助用户轻松查找公式中引用与被引用的单元格，以便检查更正公式中的错误。

9.5.1 追踪引用单元格

追踪引用单元格用箭头指示哪些单元格会影响当前所选单元格的值。例如选择"总分"所在的F2单元格，在"公式"选项卡中单击"追踪引用单元格"按钮，系统用蓝色箭头指示出哪些单元格影响总分，如图9-27所示。

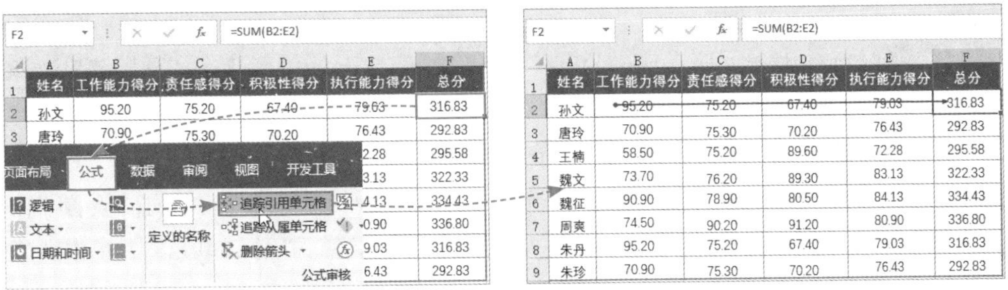

图 9-27

9.5.2 追踪从属单元格

追踪从属单元格用箭头指示哪些单元格受当前所选单元格值的影响。例如选择"提成率"所在的E2单元格，在"公式"选项卡中单击"追踪从属单元格"按钮，系统用箭头指示出受当前所选单元格值影响的单元格，如图9-28所示。

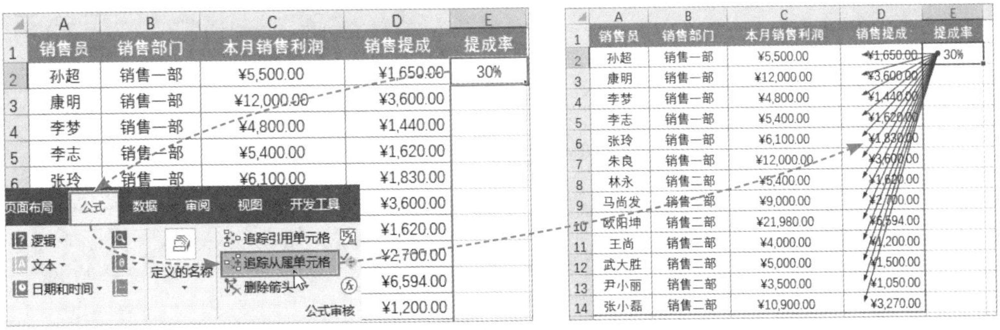

图 9-28

知识点拨

利用公式求值窗口，可以分解步骤，逐步查看计算结果，发现出错的具体位置，从而更加明确错误的来源。

案例实战：制作九九乘法表

用双变量模拟运算表可制作九九乘法表，如图9-29所示，下面详细介绍制作过程。

Step 01 首先输入1-9个数字，制作表格框架，如图9-30所示。

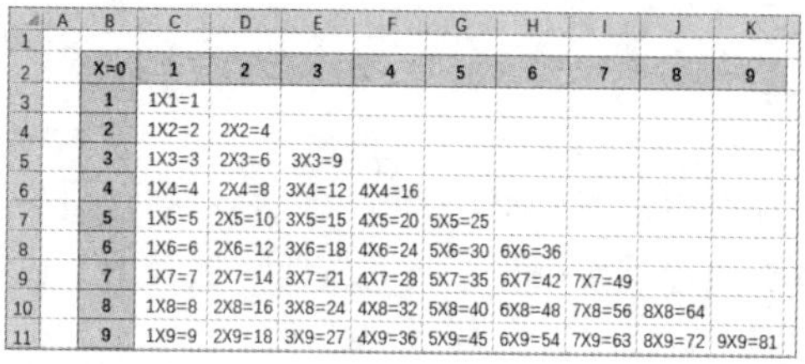

图 9-29

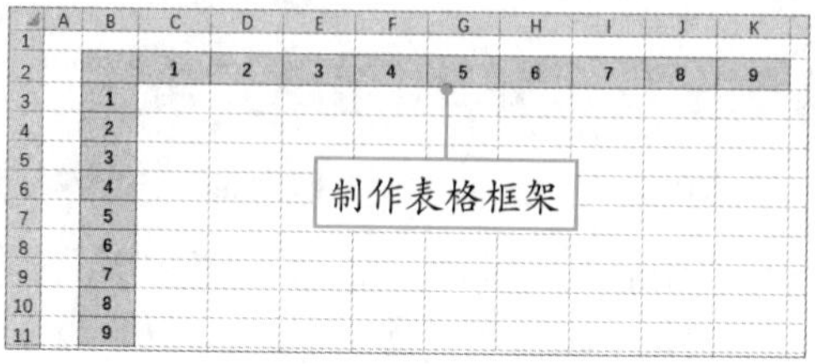

图 9-30

Step 02 选择B2单元格，输入公式"=A1*A2"，按Enter键确认，计算出结果，如图9-31所示。

Step 03 选择B2:K11单元格区域，在"数据"选项卡中单击"模拟分析"下拉按钮，从弹出的列表中选择"模拟运算表"选项，打开"模拟运算表"对话框，设置"输入引用行的单元格"引用A1单元格，"输入引用列的单元格"引用A2单元格，单击"确定"按钮，如图9-32所示。

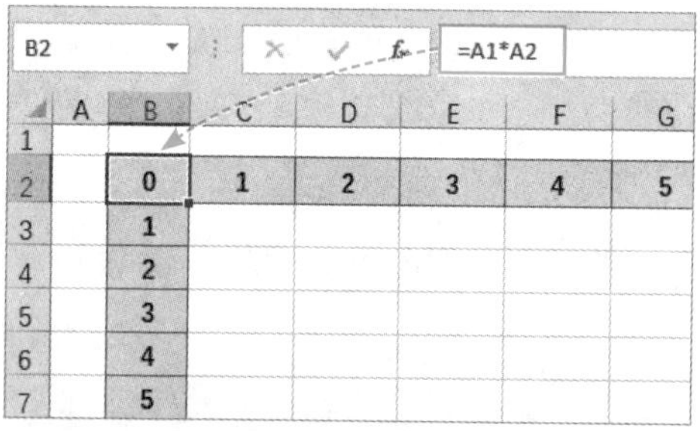

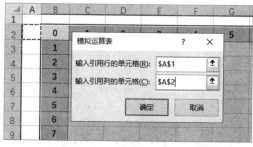

图 9-31

图 9-32

Step 04 选择B2单元格，将公式更改为"=IF(A1>A2,"",A1*A2)"，按Enter键确认，可以看到表格中的数据发生变化，如图9-33所示。

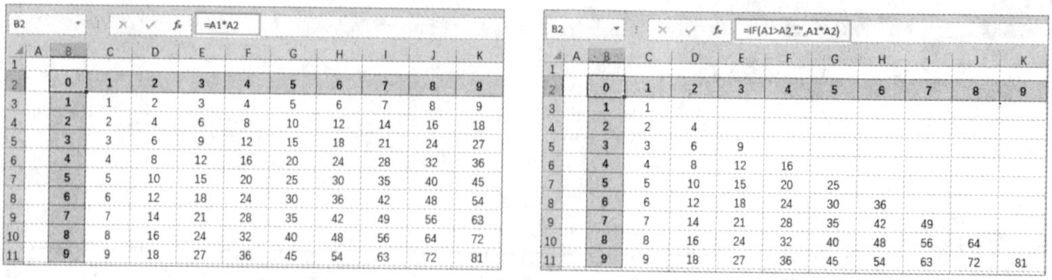

图 9-33

Step 05 如果用户将B2单元格中的公式更改为"=IF(A1>A2,"",A1&"X"&A2&"="&A1*A2)"，可以对表格中的数据进行优化。

手机办公：为数据设置数字格式

在Excel表格中输入数据后，用户可通过手机Microsoft Office软件为数据设置数字格式，具体操作方法如下。

Step 01 选择“单价”列中的数据，在下方的工具栏上单击右侧的“▲”图标，弹出一个面板，在“开始”选项卡中选择“数字格式”选项，在“数字格式”面板中选择“货币”选项，即可为“单价”列中的数据添加货币符号，如图9-34所示。

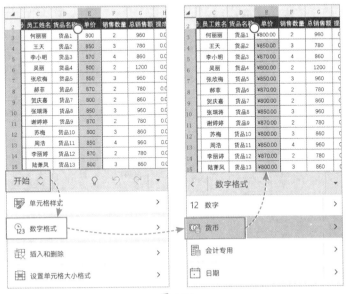

图 9-34

Step 02 选择“提成率”列中的数据，在“数字格式”面板中选择“百分比”选项，即可为其添加百分比符号，如图9-35所示。

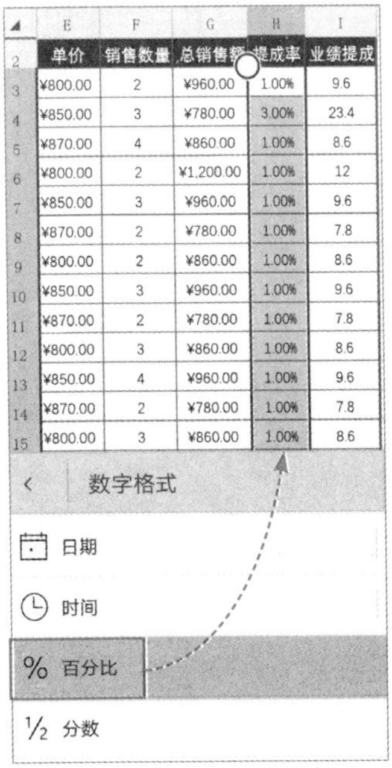

图 9-35

新手答疑

1. Q: 如何调出"开发工具"选项卡？

A: 单击"文件"按钮，选择"选项"选项，打开"Excel选项"对话框，选择"自定义功能区"选项，在右侧"主选项卡"列表框中勾选"开发工具"复选框，如图9-36所示，单击"确定"按钮即可。

2. Q: 如何清除追踪单元格的箭头？

A: 打开"公式"选项卡，单击"删除箭头"下拉按钮，从弹出的列表中根据需要选择相应的选项即可，如图9-37所示。

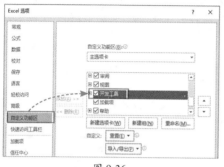

图 9-36

图 9-37

3. Q: 如何修改规划求解选项？

A: 在"规划求解参数"对话框中单击"选项"按钮，打开"选项"对话框，从中可以对"约束精确度""求解极限值"等选项进行修改，如图9-38所示。

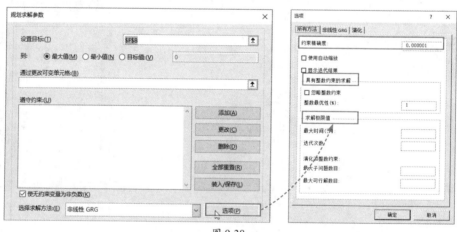

图 9-38

Excel办公应用标准教程——公式、函数、图表与数据分析（实战微课版）

204

第10章
宏与VBA快速入门

在Excel中使用宏与VBA，可以让枯燥烦琐的工作变得更轻松更高效，并且完全自动化，还可以让用户建立属于自己的一套办公自动化数据管理系统。本章内容将对宏与VBA的基础应用进行介绍。

10.1 录制并执行宏

Excel办公软件自动集成VBA高级程序语言,用此语言编制出的程序就叫"宏"。"宏"其实是一种批量处理的称谓,将一系列的指令组合在一起,形成一个命令,以实现任务执行的自动化。

10.1.1 添加"开发工具"选项卡

宏命令保存在Excel"开发工具"选项卡中,有的用户也许会发现自己的Excel中并没有"开发工具"选项卡,这时就需要手动向功能区中添加该选项卡。

在功能区中单击"文件"按钮,打开"文件"菜单,单击"选项"选项,打开"Excel选项"对话框,切换到"自定义功能区"界面。在"自定义功能区"列表中勾选"开发工具"复选框,单击"确定"按钮,如图10-1所示,即可向功能区中添加"开发工具"选项卡,如图10-2所示。

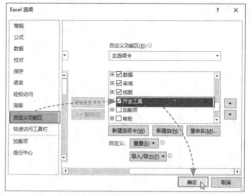

图 10-1

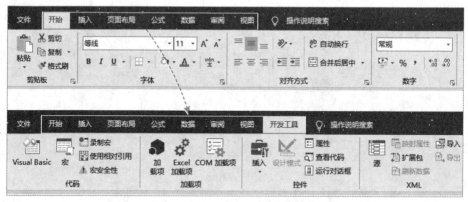

图 10-2

10.1.2 录制并执行

用户可以通过录制的方法把在Excel中的操作过程以代码的方式记录并保存下来,下面以自动为数据添加数据条为例,介绍宏的录制以及执行方法。

1. 录制宏

打开"开发工具"选项卡,在"代码"组中单击"录制宏"按钮,弹出"录制宏"

对话框，输入宏名称，并设置好宏的快捷键，此处将快捷键设置为Ctrl+U，设置完成后单击"确定"按钮，如图10-3所示。

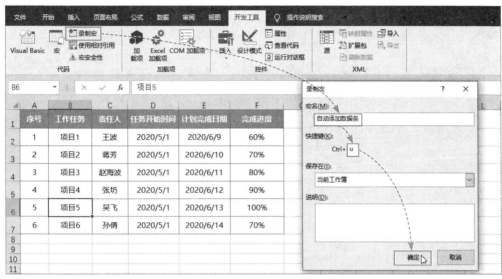

图 10-3

选中F2单元格，使用Ctrl+Shift+↓组合键选中F2:F7单元格区域（记住，此次必须用快捷键选择），随后切换到"开始"选项卡，单击"条件格式"下拉按钮，从弹出的列表中选择一款满意的数据条样式，如图10-4所示。

将所选区域中的数据设置成白色字体，左对齐。设置完成后切换回"开发工具"选项卡，在"代码"组中单击"停止录制"按钮，完成宏的录制，如图10-5所示。

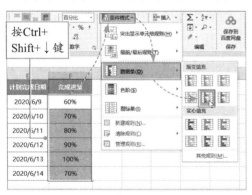

图 10-4

图 10-5

2. 执行宏

宏录制完成便可执行宏。切换至该工作簿中的其他工作表，打开"开发工具"选项卡，在"代码"组中单击"宏"按钮，打开"宏"对话框，选择需要执行的宏，单击"执行"按钮，如图10-6所示。

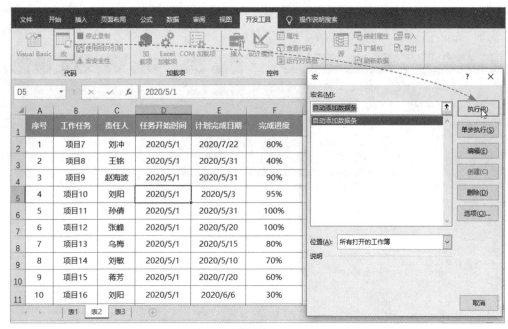

图 10-6

知识点拨

　　用户也可使用前面设置的快捷键执行宏，若按快捷键无法执行宏，有可能是计算机中其他应用的快捷键与其冲突，此时需要先关闭有冲突的应用。

　　该数据表内F列中的数据随即被添加数据条，并重新设置字体颜色及对齐方式，如图10-7所示。再次切换到另外一张工作表，再次执行宏，该数据表的F列同样被自动添加数据条，如图10-8所示。

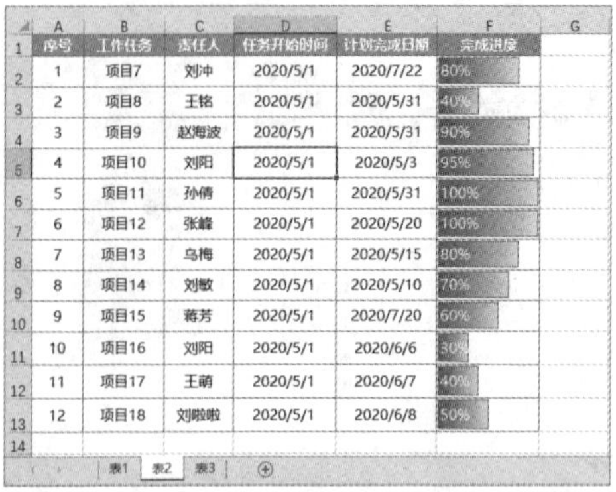

图 10-7 　　　　　　　　　　　　　　　图 10-8

注意事项 由于本次案例中每个表格中的数据量并不相同，宏的录制过程中选择单元格区域的方式非常重要，若是手动选择单元格区域，在执行宏时，每个表格中将只有固定的区域被添加数据条。

10.1.3　查看和编辑宏

录制好的宏保存在什么位置，又该如何进行重新编辑呢？下面介绍具体操作方法。

在"开发工具"选项卡中单击"宏"按钮，打开"宏"对话框，选中需要查看的宏，单击"选项"按钮，可打开"宏选项"对话框，在该对话框中可对快捷键进行修改，如图10-9所示。单击"编辑"按钮，可打开VBA代码窗口，在该窗口中可查看或编辑当前宏的代码，如图10-10所示。

若在"宏"对话框中单击"删除"按钮，则可删除所选的宏。

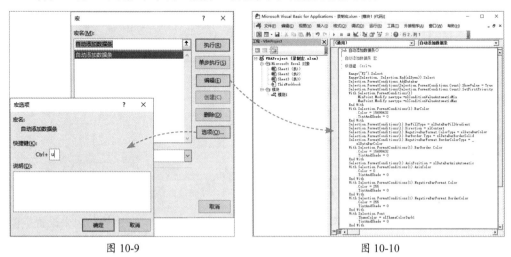

图 10-9　　　　　　　　　　　　　　　　　　图 10-10

若在"宏"对话框中单击"选项"按钮，可打开"宏选项"对话框，在该对话框中可修改快捷键。

10.1.4　保存宏工作簿

在工作簿中录制宏以后，当执行"保存"命令时会弹出一个警告对话框，这是由于当前工作簿没有启用宏功能，若要保存包含宏的工作簿，需要在对话框中单击"否"按钮，如图10-11所示。

此时会弹出"另存为"对话框，在该对话框中修改保存类型为"Excel启用宏的工作簿（*.xlsm）"，如图10-12所示，最后单击"保存"按钮，即可另存为一份包含宏的工作簿。

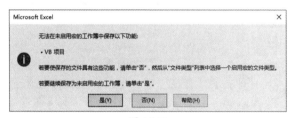

图 10-11

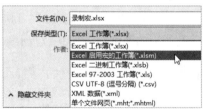

图 10-12

动手练 录制宏快速隔行填充底纹

通过录制宏可以实现很多自动操作，例如为表格隔行填充底纹，下面以此为例动手练习。

Step 01 选中A3单元格，打开"开发工具"选项卡，在"代码"组中，先单击"使用相对引用"按钮，随后单击"录制宏"按钮，如图10-13所示。

Step 02 弹出"录制宏"对话框，设置宏名称为"隔行填充底纹"，设置快捷键为Ctrl+P，单击"确定"按钮，开始录制宏，如图10-14所示。

图 10-13

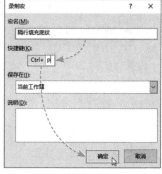

图 10-14

Step 03 选中A3:I3单元格区域，切换到"开始"选项卡，在"字体"组中设置字体颜色为浅灰色，如图10-15所示。

Step 04 选中A5单元格，切换回"开发工具"选项卡，单击"停止录制"按钮，完成宏的录制，如图10-16所示。

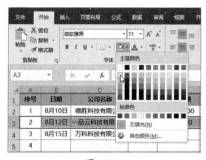

图 10-15

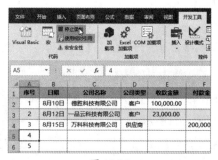

图 10-16

Step 05 宏录制完成后，选中A4单元格，连续使用Ctrl+P组合键即可快速实现隔行填充的操作，如图10-17所示。

注意事项 本次录制宏之前一定要先开启"使用相对引用"功能，使用相对引用是为了使宏记录的操作只相对于初始选定单元格。

图 10-17

10.2 VBA的编辑环境和基本编程步骤

VBA（Visual Basic For Application）是VB用来开发应用程序的一种语言，本章中所介绍的VBA偏重于Excel对象，例如工作簿、工作表以及单元格等。换句话说，Excel VBA是通过用代码编写的命令和过程来操作工作表或单元格等对象，以实现在Excel中完成自动化操作的任务。接下来对Excel中VBA的编辑环境和编辑步骤进行详细介绍。

10.2.1 了解VBE

VBE（Visual Basic Edito）是进行VBA开发的主要工作环境，其窗口和VB编辑器相似，但是VBE不能单独打开，需要依靠其他软件所支持的应用程序。例如Word、Excel等，本章介绍的是Excel VBA的应用，要打开VBE必须要先打开Excel工作簿。

打开VBE编辑器的方法有很多，用户可以通过"开发工具"选项卡中的"Visual Basic"按钮打开，也可使用快捷键Alt+F11打开，如图10-18所示。

图 10-18

10.2.2 认识VBE界面

熟悉VBA的开发环境，认识VBE编辑器的组成结构，对学习VBA编程有很大的帮助，可以为深入学习打下良好的基础。

打开Excel工作簿，使用Alt+F11组合键打开VBE编辑器，如图10-19所示。

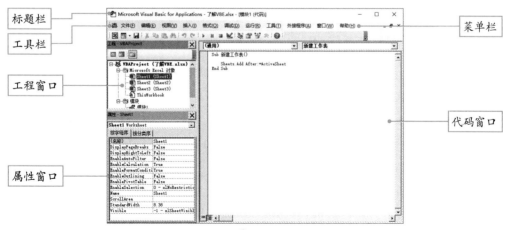

图 10-19

在默认情况下，VBE界面由标题栏、菜单栏、工具栏、工程窗口、属性窗口、代码窗口等几个部分构成，在此首先对各部分的功能作出简单介绍。

（1）"标题栏"中显示出了当前的编辑环境以及工作簿的名称。

（2）"菜单栏"中列出了11个菜单项，各个菜单都包含一组命令，使用这些命令几乎可以实现所有的功能操作。

（3）"工具栏"中列出了常用编辑工具的快捷方式，例如保存、复制、粘贴、撤销、运行、中断、查找等。

（4）"工程窗口"也称为"工程资源管理器"，其中显示了工程的一个分层结构列表、所有包含的工程以及被每一个工程引用的全部工程。

（5）"属性窗口"中列出了选取对象的属性，用户可以在设计时改变这些属性。当选取了多个控件时，属性窗口会列出所有控件都具有的属性。

（6）"代码窗口"主要用于编写、显示以及编辑 Visual Basic 代码。打开各模块的代码窗口后，可以查看不同窗体或模块中的代码，并且可以在它们之间做复制、粘贴操作。

知识点拨

　　除了上述介绍的几个部分外，VBE编辑器中还包括立即窗口、本地窗口、监视窗口、对象浏览器等。这些功能的应用在很大程度上提高了VBA开发人员的工作效率。在菜单栏中单击"视图"按钮，在其下拉列表中可向当前编辑器中添加需要的窗口，如图10-20所示。

图 10-20

10.2.3　编写VBA代码

熟悉了VBA的开发环境后，便可尝试编写一些简单的VBA程序，接下来编写一段自动输入1月~12月的代码。

打开Excel工作簿，使用Alt+F11组合键打开VBE编辑器，在工程窗口中右击任意项目，在弹出的快捷菜单中选择"插入>模块"选项，向当前窗口中添加一个模块，如图10-21所示。

为了提高效率，可自动添加过程。在菜单栏中单击"插入"按钮，选择"过程"选项，此时会弹出"添加过程"对话框，输入名称，其他选项保持默认，单击"确定"按钮，如图10-22所示。

图 10-21　　　　　　　　　　　　　　　　　　　图 10-22

　　模块运算中随即自动添加开始和结束代码，如图10-23所示。在开始和结束代码之间输入详细代码，完整代码如下所示。

```
Public Sub 输入1月至12月()
  Dim x As Integer
  For x = 1 To 12
      Cells(x, 1) = x & "月"
  Next x
End Sub
```

　　代码编写完成后，在工具栏中单击"运行"按钮，如图10-24所示。

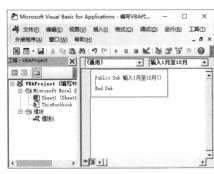

图 10-23　　　　　　　　　　　　　　　　　　　图 10-24

　　当第一次运行该代码时，系统会弹出"宏"对话框，单击"运行"按钮，如图10-25所示，工作表中即可从第一行第一列作为首个单元格，在列方向上输入1月~12月的数据，如图10-26所示。

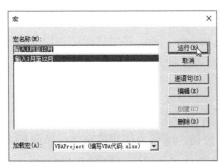
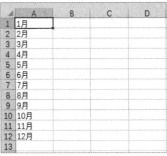

图 10-25　　　　　　　　　　　　　　　　　　　图 10-26

10.3 窗体的设置

用户窗体是一个独立的对象，也是控件的载体，接下来介绍窗体的插入、移除、修改名称、修改背景等操作。

10.3.1 插入窗体

首先学习如何插入窗体。操作方法很简单，打开Excel工作簿后，使用Alt+F11组合键打开VBE编辑器，在菜单栏中单击"插入"按钮，选择"用户窗体"选项，如图10-27所示。

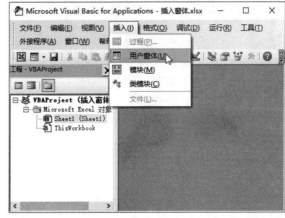

图 10-27

窗口中随即被插入一个名为UserForm1的窗体，窗体左侧会显示一个控件工具箱，其作用是向窗体中添加控件，如图10-28所示。

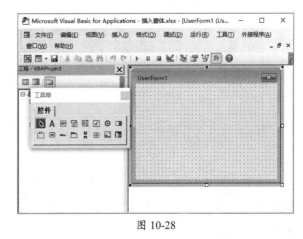

图 10-28

10.3.2 窗体的控制

插入窗体后，用户还需要掌握基本的窗体控制方法，例如关闭窗体、显示窗体、移除窗体等。

1.关闭和重新显示窗体

单击窗体窗口右上角的"关闭窗口"按钮，即可关闭当前窗体，如图10-29所示。若要重新显示窗体，只需在工程窗口中双击窗体名称即可，如图10-30所示。

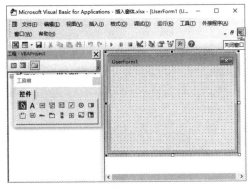

图 10-29

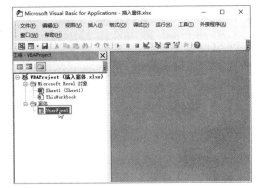

图 10-30

2. 显示窗体

插入窗体后，窗体处于设计模式，若想让窗体完成一些任务，就需要让其脱离设计模式，在工作表中显示出来。在菜单栏中单击"运行"按钮，即可让窗体在工作表中显示出来，如图10-31所示。

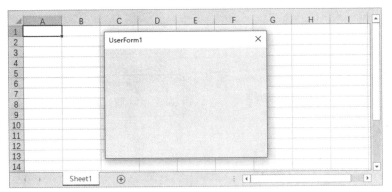

图 10-31

3. 移除窗体

在工程窗口中选择需要删除的窗体名称，然后右击该名称，在弹出的快捷菜单中选择"移除"选项，如图10-32所示。接下来系统会弹出一个对话框，询问是否在移除之前导出窗体，用户根据需要在对话框中单击相应的按钮即可。

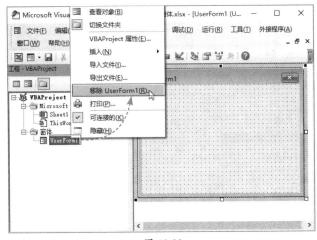

图 10-32

10.3.3 修改窗体名称

窗体被创建后，默认的名称为User-Form1，UserForm2，UserForm3……为了便于查找，可以修改窗体名称，下面介绍具体操作方法。

在菜单栏中单击"视图"按钮，在下拉列表中选择"属性窗口"选项，如图10-33所示，向编辑器中添加属性窗口。

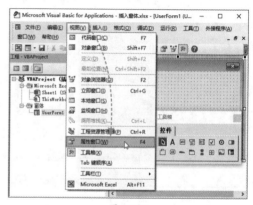

图 10-33

在工程窗口中选中需要修改名称的窗体名称，在属性窗口中修改名称为"查询"，工程窗口中所选窗体名称随即做出相应更改，如图10-34所示。

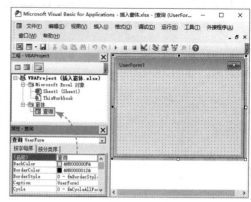

图 10-34

10.3.4 设置窗体标题

窗体标题栏中的文字起到说明的作用，让人能够瞬间了解窗体的作用，所以，窗体标题的设置非常关键，窗体标题同样是在属性窗口中设置。

在工程窗口中选中需要设置标题的窗体，在属性窗口中找到Caption属性，修改名称为"警告"，如图10-35所示，窗体标题随即发生相应更改，如图10-36所示。

图 10-35

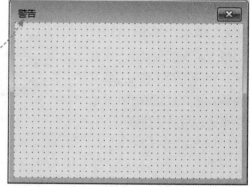

图 10-36

10.4 编辑窗体控件

窗体是一个载体，在窗体中可以添加各种类型的控件，例如标签、文本框、复选框、滚动条、命令按钮等，下面介绍如何在窗体中插入以及编辑控件。

10.4.1 插入控件

在窗体中插入控件需要通过"工具箱"来实现。在"工具箱"中单击需要添加的控件类型，将光标移动到窗体上方，按住左键不放并拖动鼠标绘制控件，如图10-37所示。松开鼠标后窗体中即被插入相应控件，如图10-38所示。

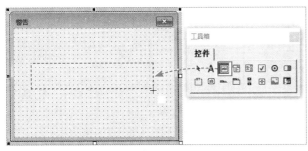

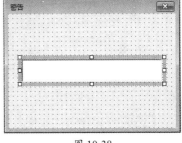

图 10-37

图 10-38

10.4.2 编辑控件

添加控件后可对控件的大小、位置属性等进行编辑，下面介绍具体操作方法。

单击窗体中的控件，将光标放置在控件的边界线上，当光标变成四向箭头时按住鼠标左键，拖动光标可移动控件位置，如图10-39所示。将光标移动到控件边界线四周的小方块上，光标变成双向箭头时按住鼠标左键并拖动光标，可调整控件的大小，如图10-40所示。打开属性对话框，修改Caption属性可设置控件标题，如图10-41所示。

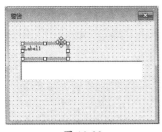

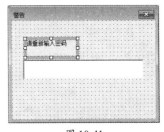

图 10-39

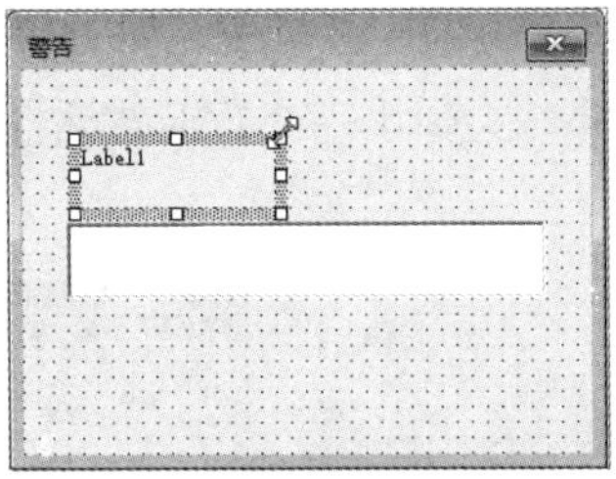

图 10-40

图 10-41

知识点拨

选中控件后，按Delete键可删除控件。

案例实战：制作欢迎使用窗口

在Excel中编写一段简单的代码就能够在启动工作簿后，自动弹出一个欢迎使用窗口，听起来是不是很神奇？下面介绍具体操步骤。

Step 01 打开Excel工作簿，使用Alt+F11组合键打开VBE编辑器，在"工程"窗口中双击ThisWorkbook模块，如图10-42所示。

Step 02 在打开的代码窗口中选择Workbook对象，如图10-43所示。

图 10-42

图 10-43

Step 03 选择Open事件名称，代码窗口中会自动生成程序，如图10-44所示。

Step 04 在生成的程序中间输入代码"MsgBox "努力去做秀的自己，做职场上的常胜将军！欢迎使用Excel! ""，如图10-45所示。

图 10-44

图 10-45

Step 05 单击"保持"按钮，在弹出的对话框中单击"否"按钮，将工作簿以"Excel启用宏的工作簿"格式另存为到计算机中，如图10-46所示。

Step 06 再次打开该工作簿时会弹出一个欢迎对话框，单击"确定"按钮可关闭该对话框，如图10-47所示。

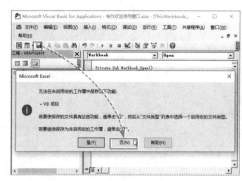

图 10-46

图 10-47

手机办公：在手机上对文件内容做批注

在手机上查看报表时还可以对表格中的内容进行批注，操作方法如下。

Step 01 在手机Microsoft Office中打开Excel文件，选中需要添加批注的单元格，单击屏幕右下角的"▲"图标，在弹出的列表中单击"开始"图标，如图10-48所示。

Step 02 在弹出的列表中单击"插入"图标，如图10-49所示。

Step 03 然后找到"批注"选项并单击，如图10-50所示。

图 10-48

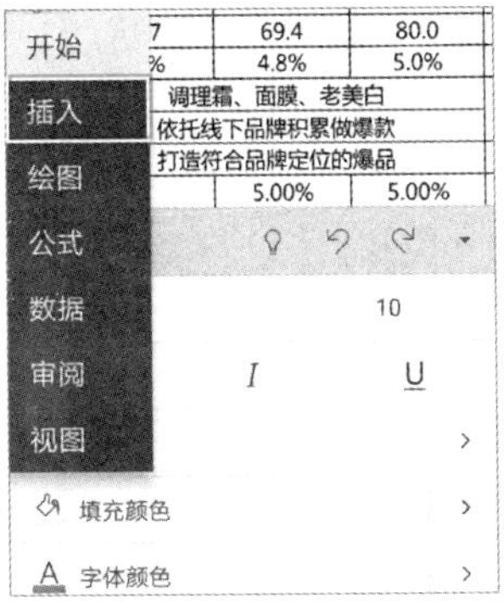

图 10-49

图 10-50

Step 04 屏幕中展开一个"开始对话"文本框，在文本框中输入批注内容，输入完成后单击"▷"图标，如图10-51所示。

Step 05 批注添加成功后，所选单元格的左上角会出现一个紫色的对话框图标。单击该图标可显示批注内容，在屏幕最下方还可对该批注进行回复，如图10-52所示。

图 10-51

图 10-52

219

1. **Q: 打开包含宏的工作簿后，功能区下方显示"安全警告 宏已被禁用"的文字是怎么回事？**

   A: 这是由于工作簿禁用了宏所导致的，用户可以在"信任中心"中启用所有宏。在"开发工具"选项卡中的"代码"组内单击"宏安全性"按钮，打开"信任中心"对话框，在"宏设置"界面中选中"启用所有宏"单选按钮，单击"确定"按钮即可启用所有宏，如图10-53所示。

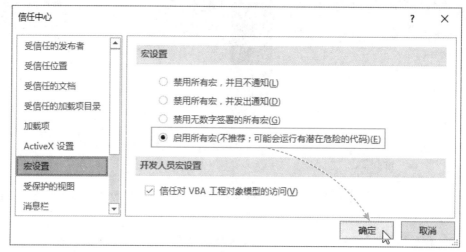

图 10-53

2. **Q: 在VBE编辑界面中，设置用户窗体时不小心关闭了工具箱，应如何将工具箱重新打开？**

   A: 通常有以下两种方法可以重新显示工具箱。方法一：在菜单栏中单击"视图"按钮，在弹出的列表中选择"工具箱"选项。方法二：直接在工具栏中单击"工具箱"按钮，如图10-54所示。

图 10-54

3. **Q: 在 VBE 编辑器中如何设置窗体的背景？**

   A: 在属性窗口中找到Back Color属性，通过设置该属性值可为窗体添加指定的颜色。另外，用户还可为窗体设置图片背景，在属性窗口中找到Picture属性，单击该属性右侧的按钮，从计算机中选择一张图片即可将该图片设置成窗体背景。

Excel办公应用标准教程——公式、函数、图表与数据分析（实战微课版）

第**11**章
工作表的打印与协同办公

打印表格是上班族必备的一项技能，看似简单，其实需要在打印前进行各种设置，才能打印出满意的效果。本章将对工作表的打印设置以及与其他办公软件的协同办公进行详细介绍。

在打印工作表之前，用户需要对打印的纸张方向、大小、页边距、页眉、页脚等进行设置。

11.1.1 设置纸张方向和大小

用户在"页面布局"选项卡中就可以对打印的纸张方向和大小进行设置。单击"纸张方向"下拉按钮，从弹出的列表中可以选择"纵向"或"横向"选项，当需要打印的表格过宽时，则选择"横向"打印；当表格过高时，则选择"纵向"打印，如图11-1所示。

单击"纸张大小"下拉按钮，从弹出的列表中可以选择合适的纸张尺寸，如图11-2所示。

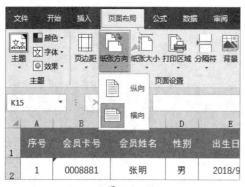

图 11-1

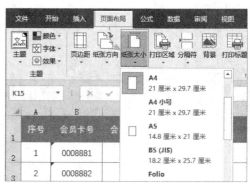

图 11-2

知识点拨

在"页面布局"选项卡中单击"页面设置"选项组的对话框启动器按钮，打开"页面设置"对话框，在"页面"选项卡中也可以设置纸张的方向和大小，如图11-3所示。

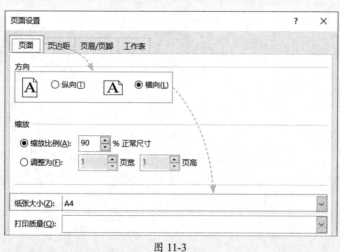

图 11-3

11.1.2　设置页边距

如果需要对打印纸张的上、下、左、右页边距进行设置，则在"页面布局"选项卡中单击"页边距"下拉按钮，从弹出的列表中可以选择内置的"常规""宽"和"窄"3种页边距，如图11-4所示。

此外，用户要想自定义边距格式，则在"页边距"列表中选择"自定义页边距"选项，打开"页面设置"对话框，在"页边距"选项卡中设置上、下、左、右的页边距即可，如图11-5所示。

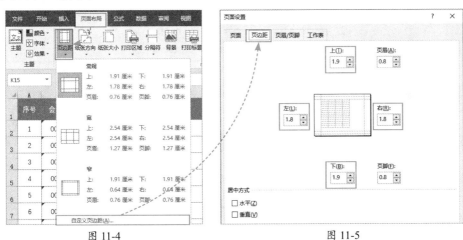

图 11-4　　　　　　　　　　　　　　　图 11-5

11.1.3　设置页眉与页脚

页眉和页脚指的是打印在每张纸张页面顶部和底部的固定文字或图片，通常情况下，用户会在这些区域设置一些表格标题、页码、时间、公司Logo等内容。

如果需要为当前工作表添加页眉，则在"页面布局"选项卡中单击"页面设置"选项组的对话框启动器按钮，打开"页面设置"对话框，在"页眉/页脚"选项卡中单击"页眉"下拉按钮，从弹出的列表中选择Excel内置的页眉样式即可，如图11-6所示。

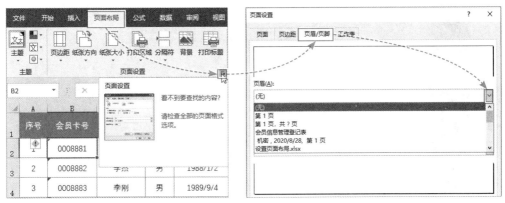

图 11-6

此外，在"页眉"列表中如果没有用户满意的页眉样式，则可以自定义页眉的样式。在"页眉/页脚"选项卡中单击"自定义页眉"按钮，打开"页眉"对话框，用户可以在"左""中""右"3个文本框中设置页眉的样式，如图11-7所示。在文本框上方单击各按钮，会在页眉中插入页码、页数、日期、时间、文件路径及文件名、数据表名称、图片等。相应的内容会显示在纸张页面顶部的左端、中间和右端。设置页脚的方式与此类似，这里不再赘述。

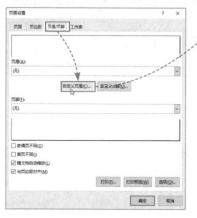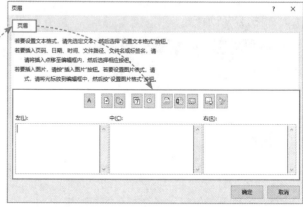

图 11-7

当需要删除添加的页眉或页脚时，在"页眉/页脚"选项卡中，在"页眉"或"页脚"列表中选择"无"选项即可。

11.1.4 打印预览

在进行最终打印前，用户可以先进行打印预览，观察当前的打印设置是否符合要求。单击"文件"按钮，在弹出的列表中选择"打印"选项，在"打印"界面右侧即可对打印的表格进行预览，如图11-8所示。

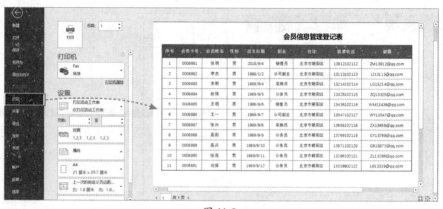

图 11-8

动手练 设置疫情防护登记表页面

用户需要将疫情防护登记表打印出来，如图11-9所示，在打印之前需要对打印纸张的页面进行设置。

序号	日期	姓名	性别	身份证号	联系方式	住址	体温	有无异常	今日接触人	负责人	备注
1	2020/1/7	赵军	男	320321******7825	187****4521	康泰园12号楼101	36.9	无	无	张三	
2	2020/1/8	李丹	女	320321******7826	187****4522	仕府大院9号楼1503	37.1	无	无	张三	
3	2020/1/9	张红	女	320321******7827	187****4523	现代城47号楼2802	37.2	无	无	张三	
4	2020/1/10	何苗	女	320321******7828	187****4524	江北大道A栋1号楼	36.7	无	无	张三	
5	2020/1/11	刘嘉	男	320321******7829	187****4525	居上社区10号楼1705	38.1	有	2	张三	需要隔离
6	2020/1/12	邓超	男	320321******7830	187****4526	康泰园33号楼202	36.5	无	无	张三	
7	2020/1/13	唐瑞	男	320321******7831	187****4527	仕府大院32号楼505	37.1	无	无	张三	
8	2020/1/14	王晓	女	320321******7832	187****4528	现代城77号楼2607	36.9	无	无	张三	
9	2020/1/15	金鑫	男	320321******7833	187****4529	江北大道23号	37.4	无	无	张三	
10	2020/1/16	徐华	男	320321******7834	187****4530	现代城23号楼2107	38.6	有	1	张三	需要隔离
11	2020/1/17	周城	男	320321******7835	187****4531	天成花园12号楼502	36.5	无	无	张三	
12	2020/1/18	吴乐	男	320321******7836	187****4532	嘉富17号楼2801	36.8	无	无	张三	
13	2020/1/19	曹兴	男	320321******7837	187****4533	风华园7号楼1107	36.7	无	无	张三	
14	2020/1/20	张毅	男	320321******7838	187****4534	民富园10号楼720	37.1	无	无	张三	
15	2020/1/21	孙梅	女	320321******7839	187****4535	科院小区4号楼1120	37.2	无	无	张三	

图 11-9

打开"页面布局"选项卡，单击"页面设置"选项组的对话框启动器按钮，打开"页面设置"对话框，在"页面"选项卡中将"方向"设置为"横向"，如图11-10所示。

图 11-10

打开"页边距"选项卡，将上、下、左、右的页边距设置为"0.1"，如图11-11所示，单击"确定"按钮即可。

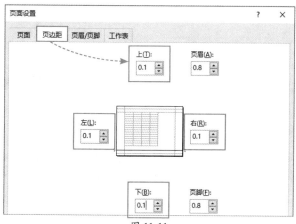

图 11-11

打印工作表时，往往会遇到各种情况，例如需要将表格打印在一页纸上、重复打印标题行、居中打印、不打印图表等。用户只需要掌握一些打印技巧，就可以轻松解决这些问题。

11.2.1 设置分页打印

当表格过宽或过高时，会被打印在几页纸上。用户在"分页预览"视图模式中可以查看工作表的打印区域，以及进行分页设置。

在"视图"选项卡中单击"分页预览"按钮，即可进入分页预览模式，如图11-12所示。在分页预览视图中，被蓝色的粗实线框所围起来的白色表格区域是打印区域，而线框外的灰色区域是非打印区域。

在表格中，蓝色的粗虚线为"自动分页符"，是Excel根据打印区域和页面范围自动设置的分页标志。在虚线左侧的表格区域中，背景上的灰色水印显示为"第1页"，表示这块区域内容将被打印在第1页纸上，而虚线右侧的表格区域显示为"第2页"，表示这块区域内容将被打印在第2页纸上。

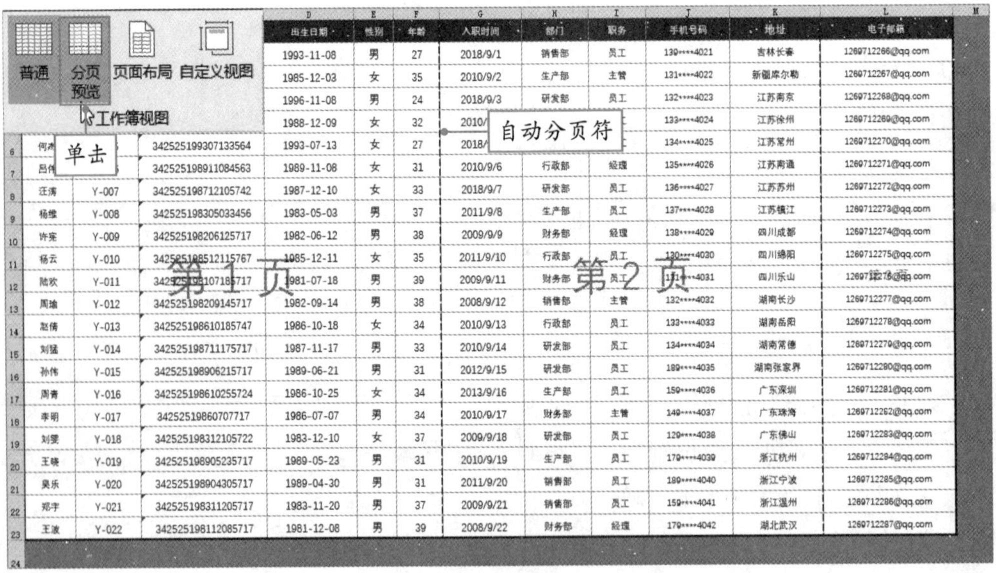

图 11-12

用户可以对分页符的位置进行调整，将光标移至粗虚线的上方，当光标变为黑色双向箭头时，按住左键不放并拖动光标，可以移动分页符的位置。移动后的分页符由粗虚线变为粗实线，此粗实线为"人工分页符"，如图11-13所示。

此外，将分页符拖至最右侧的蓝色粗实线上，表格的所有列将显示打印在"第1页"纸上。

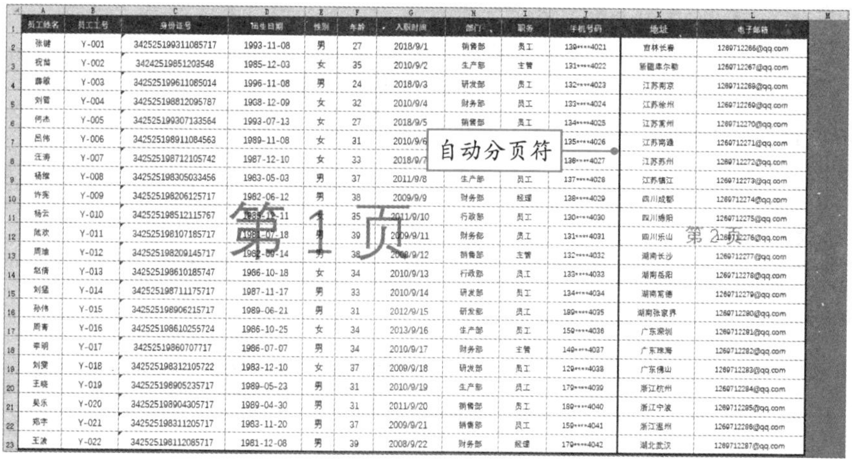

图 11-13

知识点拨

在“视图”选项卡中单击“普通”按钮，即可将分页预览视图模式切换为普通视图模式。

11.2.2 设置打印区域

在默认打印设置下，Excel将工作表中的所有内容打印出来。如果用户只需要将工作表中的某个数据区域打印出来，则可以设置打印区域。

选择需要打印的数据区域，在“页面布局”选项卡中单击“打印区域”下拉按钮，从弹出的列表中选择“设置打印区域”选项，如图11-14所示。进入“打印”界面后，可以看到只有选中的数据区域被打印出来，如图11-15所示。

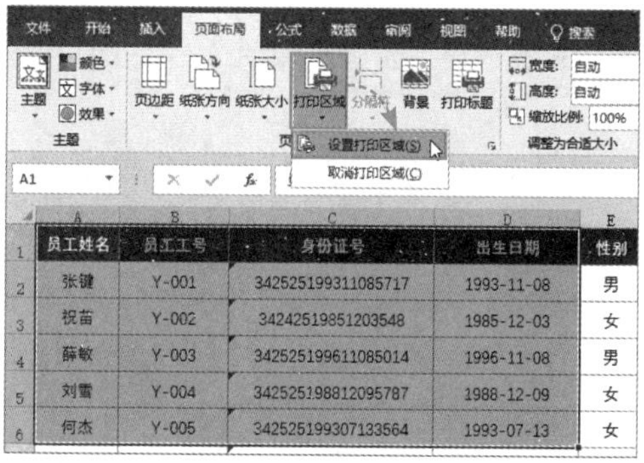

图 11-14

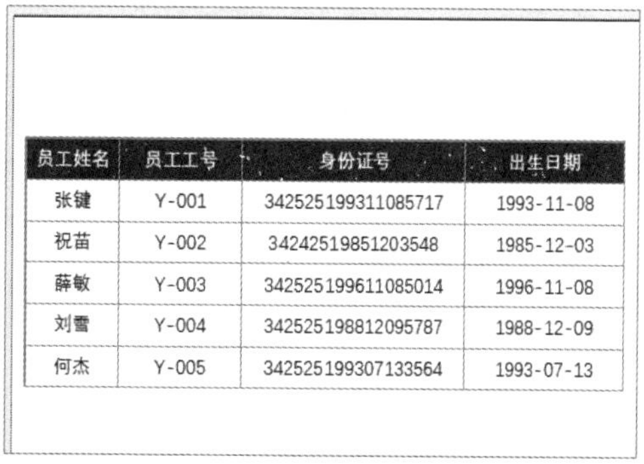

员工姓名	员工工号	身份证号	出生日期
张键	Y-001	342525199311085717	1993-11-08
祝苗	Y-002	34242519851203548	1985-12-03
薛敏	Y-003	342525199611085014	1996-11-08
刘雪	Y-004	342525198812095787	1988-12-09
何杰	Y-005	342525199307133564	1993-07-13

图 11-15

注意事项 为选择的数据区域设置打印区域后，在“名称框”中会出现“Print_Area”字样，如图11-16所示。

如果用户想要取消打印区域，则在“打印区域”列表中选择“取消打印区域”选项即可。

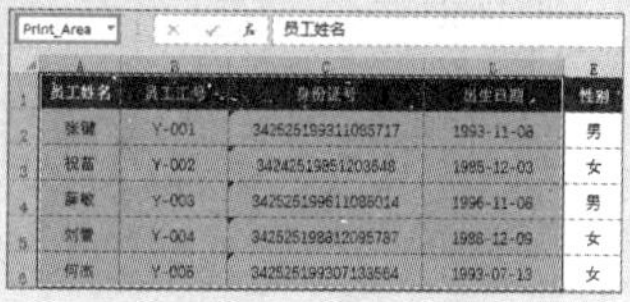

图 11-16

11.2.3　重复打印标题行

大多数数据表都包含标题行或标题列，当表格内容较多、需要打印成多页时，用户可以设置将标题行重复打印在每个页面上。

在"页面布局"选项卡中单击"打印标题"按钮，打开"页面设置"对话框，在"工作表"选项卡中单击"顶端标题行"右侧的折叠按钮，如图11-17所示。在工作表中单击，选择标题行，如图11-18所示。返回对话框后，单击"打印预览"按钮，进入打印预览界面，可以看到每一页顶部都加上了标题。

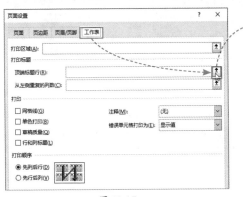

图 11-17

图 11-18

11.2.4　居中打印

打印表格时，打印页面上的表格有时会出现靠左或靠右显示的情况，如图11-19所示，为了使打印出来的表格看起来协调、美观，用户可以设置居中打印。

在"页面布局"选项卡中单击"页面设置"选项组的对话框启动器按钮，打开"页面设置"对话框，在"页边距"选项卡中勾选"水平"和"垂直"复选框，如图11-20所示，表格即可居中显示在打印页面上。

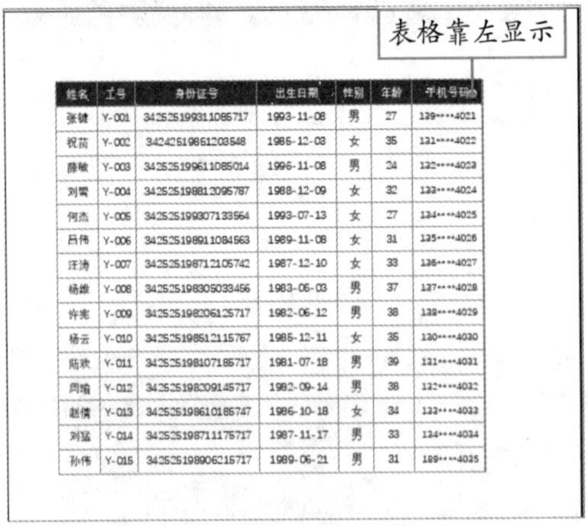

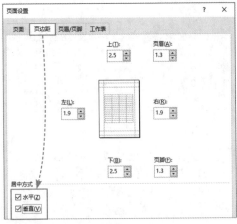

图 11-19

图 11-20

▌11.2.5 不打印图表

打印带有图表的工作表时，默认将工作表中的数据和图表全部打印出来，如图 11-21所示。如果用户只需要打印数据，不打印图表，则可以选择图表，右击，从弹出的快捷菜单中选择"设置图表区域格式"命令，打开"设置图表区格式"窗格，选择"大小与属性"选项卡，在"属性"选项组中取消"打印对象"复选框的勾选即可，如图11-22所示。

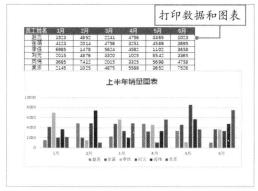

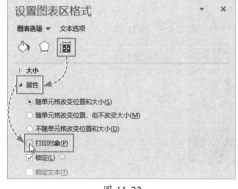

图 11-21　　　　　　　　　　　　　　　　　　　　　图 11-22

▌11.2.6 缩放打印

缩放打印是按指定缩放比例打印内容，当需要打印的内容过多时，用户可以缩减打印输出，使其显示在一个页面上或使其只有一个页面宽和页面高。单击"文件"按钮，在弹出的列表中选择"打印"选项，在"打印"界面的"设置"选项卡中单击"无缩放"下拉按钮，从弹出的列表中可以选择设置"将工作表调整为一页""将所有列调整为一页""将所有行调整为一页"以及"自定义缩放选项"选项，如图11-23所示。

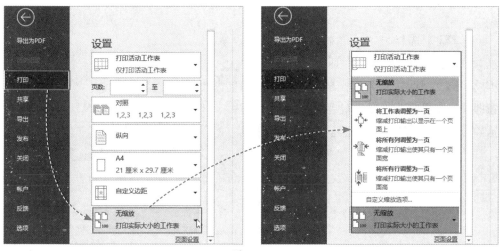

图 11-23

动手练 打印疫情防护登记表

用户设置好打印纸张的方向和页边距后，要求居中打印疫情防护登记表，并将数据表的名称打印出来，如图11-24所示。

图 11-24

Step 01 打开"页面设置"对话框，在"页边距"选项卡中勾选"居中方式"选项中的"水平"和"垂直"复选框，接着打开"页眉/页脚"选项卡，单击"自定义页眉"按钮，打开"页眉"对话框，将光标插入到"中"文本框中，然后在上方单击"插入数据表名称"按钮，插入域名称，如图11-25所示。

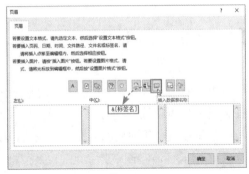

图 11-25

Step 02 选择域名，单击"格式文本"按钮，打开"字体"对话框，设置文本的字体、字形和大小，单击"确定"按钮即可，如图11-26所示。最后进入打印预览界面，单击"打印"按钮进行打印。

图 11-26

11.3 与其他办公软件协同办公

Excel除了自身具有强大的数据处理功能外，还可以和其他办公软件协同办公，例如与Word、PPT等之间的协作。

11.3.1 Excel与Word间的协作

用户可以在Excel表格中插入Word文档，或者将Excel表格输入至Word文档中。

1. 在Excel中插入Word文档

选择工作表中任意单元格，在"插入"选项卡中单击"对象"按钮，打开"对象"对话框，选择"由文件创建"选项卡，单击"浏览"按钮，打开"浏览"对话框，从中选择Word文件，单击"插入"按钮，返回"对象"对话框，勾选"显示为图标"复选框，并在下方单击"更改图标"按钮，打开"更改图标"对话框，在"图标标题"文本框中输入文件名称，单击"确定"按钮，如图11-27所示，即可将Word文档插入到Excel中，并以图标显示。双击该图标，如图11-28所示，就可以打开Word文档。

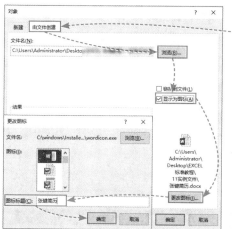

图 11-27

图 11-28

知识点拨

用户在"对象"对话框中选择"新建"选项卡，在"对象类型"列表框中选择"Microsoft Word Document"选项，如图11-29所示，即在Excel中插入一个空白文档。

图 11-29

2. 将 Excel 表格输入至 Word

选择工作表中的数据表，使用Ctrl+C组合键进行复制，打开Word文档，在"开始"选项卡中单击"粘贴"下拉按钮，从弹出的列表中选择"保留源格式"选项，即可将Excel表格输入到Word文档中，如图11-30所示。

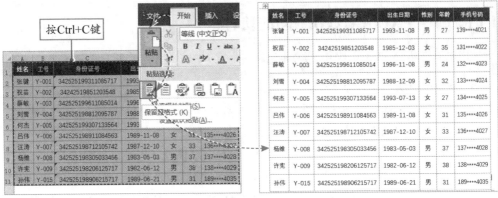

图 11-30

11.3.2　Excel与Power Point间的协作

用户还可以将Excel表格中的数据直接导入PPT中。选择Excel工作表中的数据表，使用Ctrl+C组合键进行复制，打开PPT，在"开始"选项卡中单击"粘贴"下拉按钮，从弹出的列表中选择"选择性粘贴"选项，打开"选择性粘贴"对话框，选中"粘贴链接"单选按钮，并在右侧选择"Microsoft Excel工作表 对象"选项，单击"确定"按钮，即可将Excel中的数据表导入至PPT中，如图11-31所示。此时，更改Excel数据表中的数据后，PPT中的数据表也会相应更改。

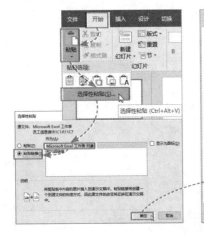

姓名	工号	身份证号	出生日期	性别	年龄	手机号码
张键	Y-001	342525199311085717	1993-11-08	男	27	139****4021
祝苗	Y-002	34242519851203548	1985-12-03	女	35	131****4022
薛敏	Y-003	342525199611085014	1996-11-08	男	24	132****4023
刘雪	Y-004	342525198812095787	1988-12-09	女	32	133****4024
何杰	Y-005	342525199307133564	1993-07-13	女	27	134****4025
吕伟	Y-006	342525198911084563	1989-11-08	男	31	135****4026
汪涛	Y-007	342525198712105742	1987-12-10	女	33	136****4027
杨维	Y-008	342525198305033456	1983-05-03	男	37	137****4028
许宪	Y-009	342525198206125717	1982-06-12	男	38	138****4029
孙伟	Y-015	342525198906215717	1989-06-21	男	31	189****4035

图 11-31

工资条是员工所在单位定期给员工反映工资的纸条，财务部门制作好工资条后，需要将其打印出来，分发给每个员工，如图11-32所示，下面详细介绍如何打印工资条。

工资条

工号	姓名	部门	职务	入职时间	基本工资	工龄	工龄工资	岗位津贴	应付工资	社保扣款	应扣所得税	实发工资	员工签字
DS001	左代	财务部	经理	2008/8/1	￥8,000	12	￥4,800	￥700	￥13,500	￥1,868.5	￥377.3	￥11,254.2	

工资条

工号	姓名	部门	职务	入职时间	基本工资	工龄	工龄工资	岗位津贴	应付工资	社保扣款	应扣所得税	实发工资	员工签字
DS002	王进	研发部	员工	2014/10/12	￥4,000	5	￥2,000	￥800	￥6,800	￥1,258.0	￥92.2	￥5,449.8	

工资条

工号	姓名	部门	职务	入职时间	基本工资	工龄	工龄工资	岗位津贴	应付工资	社保扣款	应扣所得税	实发工资	员工签字
DS003	杨柳书	生产部	主管	2010/3/9	￥6,000	10	￥4,000	￥600	￥10,600	￥1,517.0	￥213.3	￥8,869.7	

工资条

工号	姓名	部门	职务	入职时间	基本工资	工龄	工龄工资	岗位津贴	应付工资	社保扣款	应扣所得税	实发工资	员工签字
DS004	任小义	行政部	经理	2009/9/1	￥7,000	10	￥4,000	￥700	￥11,700	￥1,794.5	￥280.6	￥9,625.0	

工资条

工号	姓名	部门	职务	入职时间	基本工资	工龄	工龄工资	岗位津贴	应付工资	社保扣款	应扣所得税	实发工资	员工签字
DS005	刘诗琦	人事部	经理	2008/11/10	￥6,000	11	￥4,400	￥600	￥11,000	￥1,850.0	￥340.0	￥8,810.0	

工资条

工号	姓名	部门	职务	入职时间	基本工资	工龄	工龄工资	岗位津贴	应付工资	社保扣款	应扣所得税	实发工资	员工签字
DS006	袁中星	设计部	经理	2008/10/1	￥7,500	11	￥4,400	￥900	￥12,800	￥1,998.0	￥465.4	￥10,336.6	

工资条

工号	姓名	部门	职务	入职时间	基本工资	工龄	工龄工资	岗位津贴	应付工资	社保扣款	应扣所得税	实发工资	员工签字
DS007	邢小勤	研发部	主管	2009/4/6	￥6,000	11	￥4,400	￥800	￥11,200	￥1,813.0	￥343.7	￥9,043.3	

第 1 页，共 5 页

图 11-32

Step 01 打开工资条，单击"文件"按钮，在弹出的界面中选择"打印"选项，在"打印"界面的"设置"选项中，将纸张方向设置为"横向"，将页边距设置为"窄页边距"，将缩放打印设置为"将所有列调整为一页"，如图11-33所示。

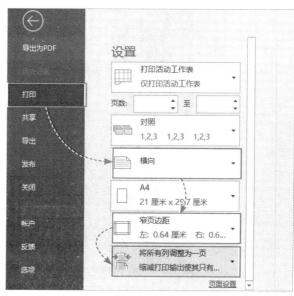

图 11-33

Step 02 单击"设置"选项下方的"页面设置"选项，打开"页面设置"对话框，在"页眉/页脚"选项卡中单击"页脚"下拉按钮，从弹出的列表中选择"第1页，共?页"选项，单击"确定"按钮，如图11-34所示。

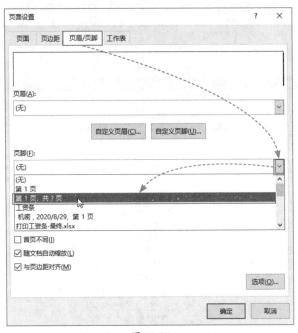

图 11-34

Step 03 最后在"打印"界面中设置打印"份数"，并选择合适的打印机类型，单击"打印"按钮，进行打印即可，如图11-35所示。

图 11-35

在手机Microsoft Office软件中制作好一个Excel表格后，用户可以将其打印输出，具体操作方法如下。

Step 01 在工作表上方单击 ⋮ 图标，在弹出的列表中选择"打印"选项，如图11-36所示。

Step 02 弹出一个"打印选项"界面，在该界面中设置"打印内容""缩放""纸张大小"和"方向"，设置好后点击"打印"按钮，如图11-37所示。

Step 03 在弹出的界面上方点击"保存为PDF"右侧的下拉按钮，从弹出的列表中选择"所有打印机"选项，如图11-38所示。

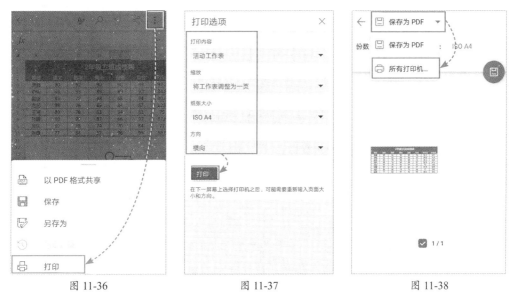

| 图 11-36 | 图 11-37 | 图 11-38 |

Step 04 用户选择手动添加打印机的主机名或IP地址后，对表格进行打印操作即可，如图11-39所示。

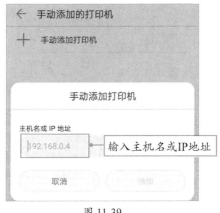

图 11-39

1. Q: 如何打印公司 Logo ？

A： 在"页面布局"选项卡中单击"页面设置"选项组的对话框启动器按钮，打开"页面设置"对话框，在"页眉/页脚"选项卡中单击"自定义页眉"按钮，打开"页眉"对话框，将光标插入到"左"文本框中，单击"插入图片"按钮，在打开的对话框中选择Logo图片，然后设置图片的高度和宽度，确认后在打印预览界面可以看到添加的Logo图片，如图11-40所示。

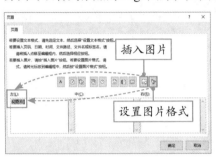

图 11-40

2. Q: 如何将错误单元格打印为空白？

A： 打开"页面设置"对话框，在"工作表"选项卡中单击"错误单元格打印为"右侧下拉按钮，从弹出的列表中选择"<空白>"选项即可，如图11-41所示。

3. Q: 如何为表格设置背景图片？

A： 在"页面布局"选项卡中单击"背景"按钮，打开"插入图片"窗格，单击"从文件"右侧的"浏览"按钮，打开"工作表背景"对话框，从中选择合适的图片，单击"插入"按钮，如图11-42所示，即可将所选图片设置成工作表的背景。

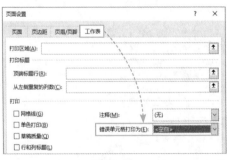

图 11-41

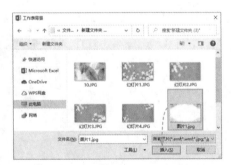

图 11-42

第 12 章

Excel
在实际公式中的应用

Excel的应用领域非常广泛，使用Excel可以制作各种类型的报表以及计算分析数据。本章将对Excel在财务工作中的应用、人力资源管理中的应用进行详细介绍。

12.1 Excel在财务工作中的应用

扫码看视频

在财务工作中经常会用到会计科目表、固定资产折旧表、应收账款账龄分析表、财务收支查询表等，下面详细介绍制作过程。

12.1.1 制作会计科目表

会计科目表，是指按经济业务的内容和经济管理的要求，对会计要素的具体内容进行分类核算的会计科目所构成的集合，如图12-1所示，下面介绍如何制作会计科目表。

序号	编号	会计科目名称	序号	编号	会计科目名称	序号	编号	会计科目名称
		一、资产类			一、资产类（续）			三、共同类（续）
1	1001	库存现金	55	1606	固定资产清理	107	3101	衍生工具
2	1002	银行存款	56	1611	未担保余值	108	3201	套期工具
3	1003	存放中央银行款项	57	1621	生产性生物资产	109	3202	被套期项目
4	1011	存放同业	58	1622	生产性生物资产累计折旧			四、所有者权益类
5	1012	其他货币资金	59	1623	公益性生物资产	110	4001	实收资本
6	1021	结算备付金	60	1631	油气资产	111	4002	资本公积
7	1031	存出保证金	61	1632	累计折耗	112	4101	盈余公积
8	1101	交易性金融资产	62	1701	无形资产	113	4102	一般风险准备
9	1111	买入返售金融资产	63	1702	累计摊销	114	4103	本年利润
10	1121	应收票据	64	1703	无形资产减值准备	115	4104	利润分配
11	1122	应收账款	65	1711	商誉	116	4201	库存股
12	1123	预付账款	66	1801	长期待摊费用			五、成本类
13	1131	应收股利	67	1811	递延所得税资产	117	5001	生产成本

图 12-1

Step 01 打开工作表，选择A1单元格，输入标题"会计科目表"，接着在A2单元格中输入列标题"序号"，按照同样的方法输入其他列标题，并适当调整工作表的列宽，如图12-2所示。

图 12-2

Step 02 选择A3单元格，输入内容"一、资产类"，在A4单元格中输入"1"，选择A4单元格，将光标移至单元格右下角，按住左键不放并向下拖动光标至A57单元格，单击弹出的"自动填充选项"按钮，从列表中选中"填充序列"单选按钮，如图12-3所示，输入"序号"。

238

Step 03 在B4单元格中输入"编号"内容，在C4单元格中输入"会计科目名称"内容，接着输入剩余的内容，如图12-4所示。

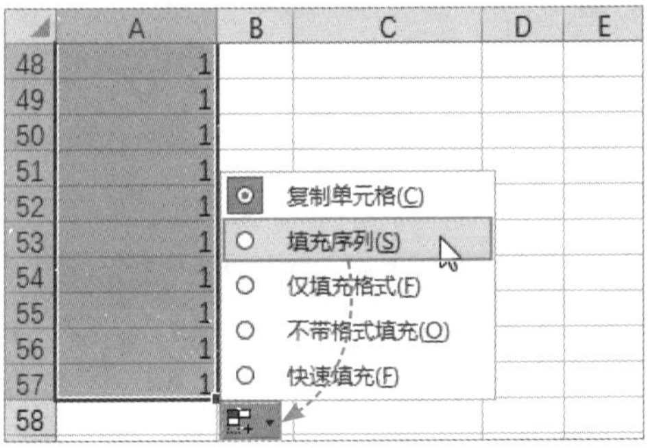

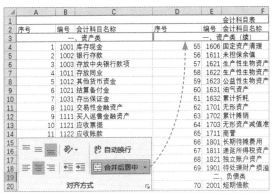

图 12-3 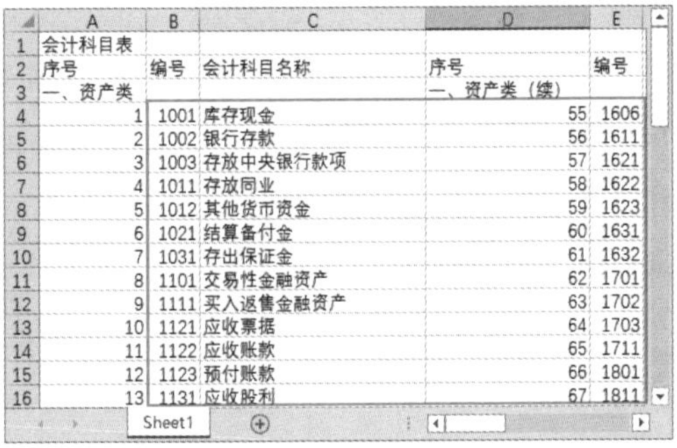   图 12-4

Step 04 选择A1:I1单元格区域，在"开始"选项卡中单击"合并后居中"按钮，将选择的单元格合并为一个单元格，然后合并居中其他单元格，如图12-5所示。

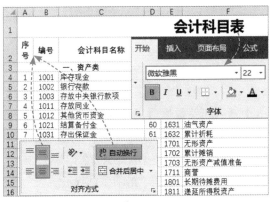

图 12-5

Step 05 选择A1:I1单元格，在"开始"选项卡中将"字体"设为"微软雅黑"，将"字号"设为"22"，加粗显示，接着设置列标题的字体格式，并设置对齐方式，最后调整行高和列宽，如图12-6所示。

图 12-6

Step 06 选择A2:I57单元格区域，使用Ctrl+1组合键，打开"设置单元格格式"对话框，在"边框"选项卡中设置边框的"样式"和"颜色"，并将其应用至内边框和外边框上，如图12-7所示。

Step 07 选择A1:I1单元格，在"开始"选项卡中单击"填充颜色"下拉按钮，从弹出的列表中选择合适的颜色，为单元格设置填充颜色。按照同样的方法，为列标题设置填充颜色，最后更改标题的字体颜色即可，如图12-8所示。

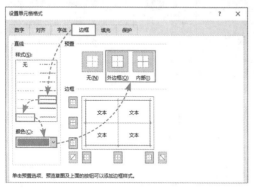

图 12-7

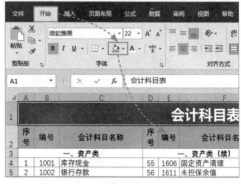

图 12-8

注意事项 由于表格的类型不同，其结构和格式也不同，如果用户需要对表格中的数据进行分析处理，则不需要为表格添加表头，否则会影响后续的数据分析操作。

12.1.2 制作固定资产折旧表

固定资产折旧表是用来计算各月提取固定资产折旧额的一种表格，如图12-9所示。下面介绍如何使用平均年限法制作固定资产折旧表。

资产编号	资产名称	开始使用日期	单位	数量	单价	资产原值	可使用年限	已使用年限	残值率	净残值	已计提月数	至上月止累计折旧	本月计提折旧额	本月末账面净值
日期：	2020/8/31							折旧方法：	平均年限法				单位：元	
001	冰箱	2019/7/8	台	2	2500	5000	10	1.15	5%	250	13	514.58	39.58	4445.83
002	微波炉	2019/6/8	台	2	960	1920	6	1.23	5%	96	14	354.67	25.33	1540.00
003	电脑	2019/4/7	台	6	3620	21720	6	1.40	5%	1086	16	4585.33	286.58	16848.08
004	传真机	2019/5/9	台	1	2412	2412	5	1.31	5%	120.6	15	477.38	31.83	1902.80
005	复印机	2019/7/3	台	1	1285	1285	5	1.16	5%	64.25	12	264.50	20.35	1000.16
006	扫描仪	2019/7/11	台	1	3365	3365	5	1.14	5%	168.25	13	692.63	53.28	2619.09
007	空调	2019/10/11	台	1	2684	2684	5	0.89	5%	134.2	10	424.97	42.50	2216.54
008	饮水机	2019/11/2	台	1	865	1730	4	0.83	5%	86.5	9	308.16	34.24	1387.60
009	投影仪	2019/11/3	台	1	1874	1874	7	0.83	5%	93.7	9	190.75	21.19	1662.06

图 12-9

Step 01 在工作表中输入相关数据后，选择G3单元格，输入公式"=E3*F3"，按Enter键确认，计算出"资产原值"，然后将公式向下填充，如图12-10所示。

Step 02 选择I3单元格，输入公式"=DAYS360(C3,$B$1)/360"，按Enter键确认，计算出"已使用年限"，并将公式向下填充，如图12-11所示。

图 12-10

图 12-11

Step 03 选择K3单元格，输入公式"=G3*J3"，按Enter键确认，计算出"净残值"，并将公式向下填充，如图12-12所示。

图 12-12

Step 04 选择L3单元格，输入公式"=INT(DAYS360(C3,$B$1)/30)"，按Enter键确认，计算出"已计提月数"，并将公式向下填充，如图12-13所示。

图 12-13

Step 05 选择M3单元格，输入公式"=SLN(G3,K3,H3)/12*L3"，按Enter键确认，计算出"至上月止累计折旧"，然后向下填充公式，如图12-14所示。

Step 06 选择N3单元格，输入公式"=SLN(G3,K3,H3*12)"，按Enter键确认，计算出"本月计提折旧额"，并向下填充公式，如图12-15所示。

第12章 Excel在实际公式中的应用

図 12-14

图 12-15

> **知识点拨**
>
> SLN函数的作用是返回某项资产在一个期间的线性折旧值，其语法格式为：SLN(原值,残值,折旧期限)。

Step 07 选择O3单元格，输入公式"=G3-M3-N3"，按Enter键确认，计算出"本月末账面净值"，并将公式向下填充，如图12-16所示。

图 12-16

12.1.3 制作应收账款账龄分析表

在估计坏账损失之前，可将应收账款按其账龄编制一张"应收账款账龄分析表"，借以了解应收账款在各个顾客之间的金额分布情况，及其拖欠时间的长短，如图12-17所示。下面介绍如何制作应收账款账龄分析表。

图 12-17

Excel办公应用标准教程——公式、函数、图表与数据分析（实战微课版）

Step 01 制作好应收账款账龄分析表的框架后，选择G3单元格，输入公式“=B3+F3”，按Enter键确认，并将公式向下填充，计算出“应收账款期限”，如图12-18所示。

G3 =B3+F3

	B	C	D	E	F	G
1-2	日期	客户代码	客户名称	应收金额	账期	应收账款期限
3	2020/5/1	D0002	迈风实业	66,900	60	2020/6/30
4	2020/7/11	A0002	美环科技	75,000	30	2020/8/10
5	2020/5/1	B0004	联同实业	600,000	90	2020/7/30
6	2020/6/11	A0003	全亚集团	610,000	90	2020/9/9
7	2020/2/1	B0004	联同实业	37,600	60	2020/4/1
8	2020/6/11	C0002	科达集团	320,000	90	2020/9/9
9	2020/2/1	A0003	全亚集团	30,000	90	2020/5/1
10	2020/5/11	A0004	联华实业	40,000	30	2020/6/10
11	2020/3/1	D0004	朗讯公司	70,000	60	2020/4/30

应收账款账龄分析

图 12-18

Step 02 选择H3单元格，输入公式“=IF(G3<TODAY(),"是","否")”，按Enter键确认，并将公式向下填充，计算出“是否到期”，如图12-19所示。

H3 =IF(G3<TODAY(),"是","否")

	D	E	F	G	H	I
1-2	客户名称	应收金额	账期	应收账款期限	是否到期	到期天数
3	迈风实业	66,900	60	2020/6/30	是	
4	美环科技	75,000	30	2020/8/10	是	
5	联同实业	600,000	90	2020/7/30	是	
6	全亚集团	610,000	90	2020/9/9	否	
7	联同实业	37,600	60	2020/4/1	是	
8	科达集团	320,000	90	2020/9/9	否	
9	全亚集团	30,000	90	2020/5/1	是	
10	联华实业	40,000	30	2020/6/10	是	
11	朗讯公司	70,000	60	2020/4/30	是	

应收账款账龄分析

图 12-19

知识点拨

公式=IF(G3<TODAY(),"是","否")的含义是，如果应收账款期限小于当前日期，则返回“是”，否则返回“否”。

Step 03 选择I3单元格，输入公式“=IF(H3="是",TODAY()-G3,"未到期")”，按Enter键确认，然后向下填充公式，计算出“到期天数”，如图12-20所示。

I3 =IF(H3="是",TODAY()-G3,"未到期")

	E	F	G	H	I	
1-2	应收金额	账期	应收账款期限	是否到期	到期天数	0天
3	66,900	60	2020/6/30	是	63	
4	75,000	30	2020/8/10	是	22	
5	600,000	90	2020/7/30	是	33	
6	610,000	90	2020/9/9	否	未到期	
7	37,600	60	2020/4/1	是	153	
8	320,000	90	2020/9/9	否	未到期	
9	30,000	90	2020/5/1	是	123	
10	40,000	30	2020/6/10	是	83	
11	70,000	60	2020/4/30	是	124	

图 12-20

Step 04 选择J3单元格，输入公式"=IF(I3<=30,E3,0)"，按Enter键确认，然后向下填充公式，计算出逾期0~30天的未收款金额，如图12-21所示。

	F	G	H	I	J
1	账期	应收账款期限	是否到期	到期天数	0天~30天
2					
3	60	2020/6/30	是	63	0
4	30	2020/8/10	是	22	75,000
5	90	2020/7/30	是	33	0
6	90	2020/9/9	否	未到期	0
7	60	2020/4/1	是	153	0
8	90	2020/9/9	否	未到期	0
9	90	2020/5/1	是	123	0
10	30	2020/6/10	是	83	0
11	60	2020/4/30	是	124	0

图 12-21

Step 05 选择K3单元格，输入公式"=IF(AND(I3>30,I3<60),E3,0)"，按Enter键确认并向下填充公式，计算出逾期30~60天的未收款金额，如图12-22所示。

	H	I	J	K	L
1	是否到期	到期天数		逾期未收款金额	
2			0天~30天	30天~60天	60天~90天
3	是	63	0	0	
4	是	22	75,000	0	
5	是	33	0	600,000	
6	否	未到期	0	0	
7	是	153	0	0	
8	否	未到期	0	0	
9	是	123	0	0	
10	是	83	0	0	
11	是	124	0	0	

图 12-22

Step 06 选择L3单元格，输入公式"=IF(AND(I3>=60,I3<=90),E3,0)"，按Enter键确认，并向下填充公式，计算出逾期60~90天的未收款金额，如图12-23所示。

	I	J	K	L	M
1	到期天数		逾期未收款金额		
2		0天~30天	30天~60天	60天~90天	90天以上
3	63	0	0	66,900	
4	22	75,000	0	0	
5	33	0	600,000	0	
6	未到期	0	0	0	
7	153	0	0	0	
8	未到期	0	0	0	
9	123	0	0	0	
10	83	0	0	40,000	
11	124	0	0	0	

图 12-23

Step 07 选择M3单元格，输入公式"=IF(I3="未到期",0,IF(I3>90,E3,0))"，按Enter键确认，并向下填充公式，计算出逾期90天以上的未收款金额，如图12-24所示。

	H	I	J	K	L	M
1	是否到期	到期天数		逾期未收款金额		
2			0天~30天	30天~60天	60天~90天	90天以上
3	是	63	0	0	66,900	0
4	是	22	75,000	0	0	0
5	是	33	0	600,000	0	0
6	否	未到期	0	0	0	0
7	是	153	0	0	0	37,600
8	否	未到期	0	0	0	0
9	是	123	0	0	0	30,000

图 12-24

12.1.4 制作财务收支查询表

公司的收入和支出都需要进行详细地记录，以便后期核对和审查，为了方便查看公司的收支情况，需要制作财务收支查询表，如图12-25所示，下面介绍制作过程。

财务收支查询表							
查询日期：	2020/2/3	收入合计	¥75,924.00	支出合计	¥23,600.00	结余合计	¥52,324.00
		收入金额	¥5,343.00	支出金额	¥800.00	剩余金额	¥4,543.00
日期	凭证号	收入明细	收入	支出明细	支出	余额	备注
2020/2/1	AD-121	业务收入	¥5,000.00	办公费	¥1,200.00	¥3,800.00	
2020/2/2	AD-122	业务收入	¥8,432.00	招待费	¥1,000.00	¥7,432.00	
2020/2/3	AD-123	业务收入	¥5,343.00	差旅费	¥800.00	¥4,543.00	
2020/2/4	AD-124	业务收入	¥6,520.00	福利费	¥1,200.00	¥5,320.00	
2020/2/5	AD-125	业务收入	¥5,785.00	业务费	¥850.00	¥4,935.00	
2020/2/6	AD-126	业务收入	¥6,654.00	水电费	¥1,800.00	¥4,854.00	
2020/2/7	AD-127	业务收入	¥7,851.00	通信费	¥250.00	¥7,601.00	
2020/2/8	AD-128	业务收入	¥9,654.00	车辆费	¥1,500.00	¥8,154.00	
2020/2/9	AD-129	业务收入	¥4,210.00	房租费	¥3,200.00	¥1,010.00	
2020/2/10	AD-130	业务收入	¥5,365.00	伙食费	¥2,100.00	¥3,265.00	
2020/2/11	AD-131	业务收入	¥4,523.00	修理费	¥4,500.00	¥23.00	
2020/2/12	AD-132	业务收入	¥6,587.00	保险费	¥5,200.00	¥1,387.00	

图 12-25

Step 01 首先制作财务收支查询表的框架，然后选择G7单元格，输入公式“=D7-F7”，按Enter键确认，计算出“余额”，如图12-26所示。

G7 =D7-F7

收入	支出明细	支出	余额	备注
¥5,000.00	办公费	¥1,200.00	¥3,800.00	
¥8,432.00	招待费	¥1,000.00	¥7,432.00	
¥5,343.00	差旅费	¥800.00	¥4,543.00	
¥6,520.00	福利费	¥1,200.00	¥5,320.00	
¥5,785.00	业务费	¥850.00	¥4,935.00	
¥6,654.00	水电费	¥1,800.00	¥4,854.00	
¥7,851.00	通信费	¥250.00	¥7,601.00	
¥9,654.00	车辆费	¥1,500.00	¥8,154.00	
¥4,210.00	房租费	¥3,200.00	¥1,010.00	
¥5,365.00	伙食费	¥2,100.00	¥3,265.00	
¥4,523.00	修理费	¥4,500.00	¥23.00	
¥6,587.00	保险费	¥5,200.00	¥1,387.00	

图 12-26

Step 02 选择B3单元格，在“数据”选项卡中单击“数据验证”按钮，如图12-27所示。

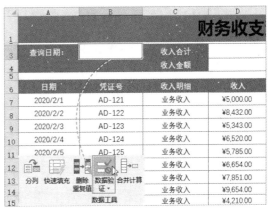

图 12-27

Step 03 打开"数据验证"对话框，在"设置"选项卡中将"允许"设置为"序列"，在"来源"数值框中引用$A$7:$A$18单元格区域，单击"确定"按钮，如图12-28所示。

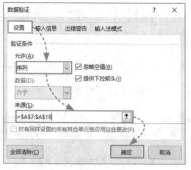

图 12-28

Step 04 选择B3单元格，单击其右侧下拉按钮，从弹出的列表中选择需要查询的日期，这里选择"2020/2/3"，如图12-29所示。

图 12-29

Step 05 选择D3单元格，输入公式"=SUM(D7:D18)"，按Enter键确认，计算出"收入合计"，如图12-30所示。

图 12-30

Step 06 选择D4单元格，输入公式"=SUMIF(A7:A18,B3,D7:D18)"，按Enter键确认，计算出日期为2020/2/3的"收入金额"，如图12-31所示。

图 12-31

Step 07 选择F3单元格，输入公式 "=SUM(F7:F18)"，按Enter键确认，计算出 "支出合计"，如图12-32所示。

图 12-32

Step 08 选择F4单元格，输入公式 "=SUMIF(A7:A18,B3,F7:F18)"，按Enter键 确认，计算出日期为2020/2/3的 "支出金 额"，如图12-33所示。

图 12-33

Step 09 选择H3单元格，输入公式 "=D3-F3"，按Enter键确认，计算出 "结余 合计"，如图12-34所示。

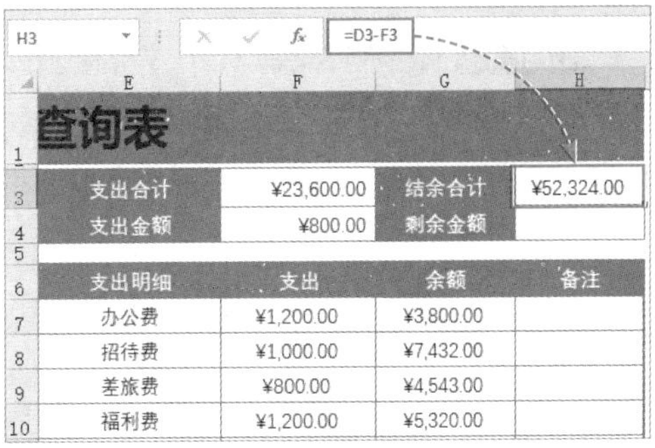

图 12-34

Step 10 选择H4单元格，输入公式 "=SUMIF(A7:A18,B3,G7:G18)"，按Enter 键确认，计算出日期为2020/2/3的 "剩余 金额"，如图12-35所示。

图 12-35

12.2 Excel在人力资源管理中的应用

在人力资源管理中常使用Excel来统计员工考勤、提取员工信息、计算员工工龄以及制作工资条等，下面详细介绍操作过程。

12.2.1 统计员工考勤

为了了解员工迟到、早退、旷工、病假、事假、休假等情况，需要制作考勤表来统计员工的缺勤次数，如图12-36所示，下面详细介绍操作过程。

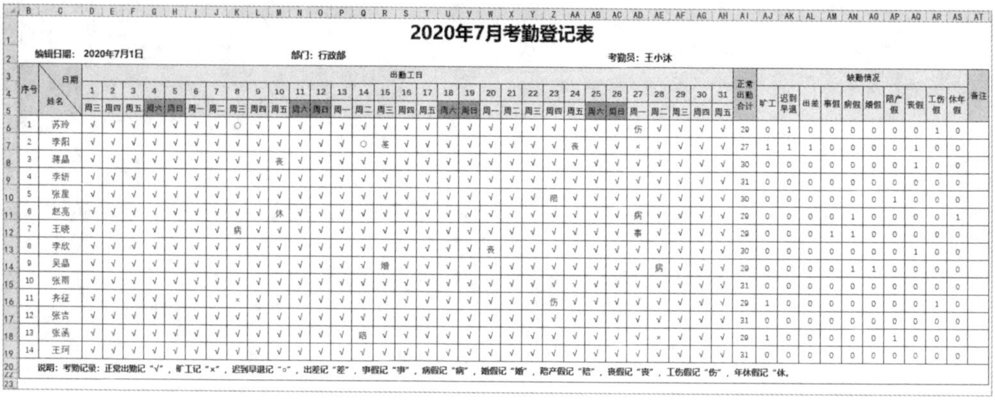

2020年7月考勤登记表

编辑日期：2020年7月1日　　部门：行政部　　考勤员：王小沐

序号	日期/姓名	出勤工日																															正常出勤合计	缺勤情况										备注
		1	2	3	4	5	6	7	8	9	10	11	12	13	14	15	16	17	18	19	20	21	22	23	24	25	26	27	28	29	30	31		旷工	迟到早退	出差	事假	病假	婚假	陪产假	丧假	工伤假	休年假	
		周三	周四	周五	周六	周日	周一	周二	周三	周四	周五	周六	周日	周一	周二	周三	周四	周五	周六	周日	周一	周二	周三	周四	周五	周六	周日	周一	周二	周三	周四	周五												
1	苏玲	√	√	√	√	√	√	√	○	√	√	√	√	√	√	√	√	√	√	√	√	√	√	√	√	√	√	伤	√	√	√	√	29	0	1	0	0	0	0	0	0	1	0	
2	李阳	√	√	√	√	√	√	√	√	√	√	√	√	√	○	差	√	√	√	√	√	√	√	√	丧	√	√	×	√	√	√	√	27	1	1	1	0	0	0	0	1	0	0	
3	蒋晶	√	√	√	√	√	√	√	√	√	丧	√	√	√	√	√	√	√	√	√	√	√	√	√	√	√	√	√	√	√	√	√	30	0	0	0	0	0	0	0	1	0	0	
4	李妍	√	√	√	√	√	√	√	√	√	√	√	√	√	√	√	√	√	√	√	√	√	√	√	√	√	√	√	√	√	√	√	31	0	0	0	0	0	0	0	0	0	0	
5	张星	√	√	√	√	√	√	√	√	√	√	√	√	√	√	√	√	√	√	√	√	√	√	陪	√	√	√	√	√	√	√	√	30	0	0	0	0	0	0	1	0	0	0	
6	赵亮	√	√	√	√	√	√	√	√	√	休	√	√	√	√	√	√	√	√	√	√	√	√	√	√	√	√	病	√	√	√	√	29	0	0	0	0	1	0	0	0	0	1	
7	王晓	√	√	√	√	√	√	√	病	√	√	√	√	√	√	√	√	√	√	√	√	√	√	√	√	√	√	事	√	√	√	√	29	0	0	0	1	1	0	0	0	0	0	
8	李欣	√	√	√	√	√	√	√	√	√	√	√	√	√	√	√	√	√	√	√	丧	√	√	√	√	√	√	√	√	√	√	√	30	0	0	0	0	0	0	0	1	0	0	
9	吴晶	√	√	√	√	√	√	√	√	√	√	√	√	√	√	婚	√	√	√	√	√	√	√	√	√	√	√	√	病	√	√	√	29	0	0	0	0	1	1	0	0	0	0	
10	张雨	√	√	√	√	√	√	√	√	√	√	√	√	√	√	√	√	√	√	√	√	√	√	√	√	√	√	√	√	√	√	√	31	0	0	0	0	0	0	0	0	0	0	
11	齐征	√	√	√	√	√	√	√	×	√	√	√	√	√	√	√	√	√	√	√	√	√	√	伤	√	√	√	√	√	√	√	√	29	1	0	0	0	0	0	0	0	1	0	
12	张吉	√	√	√	√	√	√	√	√	√	√	√	√	√	√	√	√	√	√	√	√	√	√	√	√	√	√	√	√	√	√	√	31	0	0	0	0	0	0	0	0	0	0	
13	张涵	√	√	√	√	√	√	√	√	√	√	√	√	√	陪	√	√	√	√	√	√	√	√	√	√	√	√	√	×	√	√	√	29	1	0	0	0	0	0	1	0	0	0	
14	王珂	√	√	√	√	√	√	√	√	√	√	√	√	√	√	√	√	√	√	√	√	√	√	√	√	√	√	√	√	√	√	√	31	0	0	0	0	0	0	0	0	0	0	

说明：考勤记录：正常出勤记“√”，旷工记“×”，迟到早退记“○”，出差记“差”，事假记“事”，病假记“病”，婚假记“婚”，陪产假记“陪”，丧假记“丧”，工伤假记“伤”，年休假记“休。

图 12-36

Step 01 首先制作考勤登记表的框架，这里正常出勤记作“√”；旷工记作“×”；迟到早退记作“○”；出差记作“差”；事假记作“事”；病假记作“病”；婚假记作“婚”；陪产假记作“陪”；丧假记作“丧”；工伤假记作“伤”；年休假记作“休”，如图12-37所示。

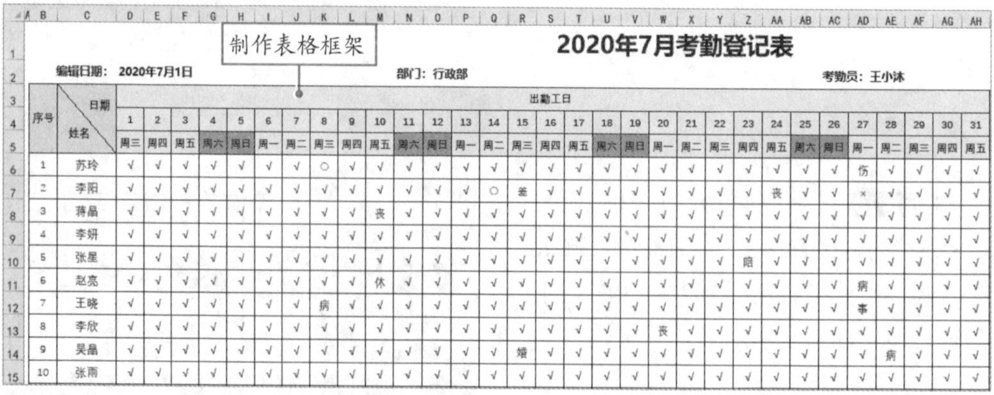

2020年7月考勤登记表

编辑日期：2020年7月1日　　部门：行政部　　考勤员：王小沐

序号	日期/姓名	出勤工日																														
		1	2	3	4	5	6	7	8	9	10	11	12	13	14	15	16	17	18	19	20	21	22	23	24	25	26	27	28	29	30	31
		周三	周四	周五	周六	周日	周一	周二	周三	周四	周五	周六	周日	周一	周二	周三	周四	周五	周六	周日	周一	周二	周三	周四	周五	周六	周日	周一	周二	周三	周四	周五
1	苏玲	√	√	√	√	√	√	√	○	√	√	√	√	√	√	√	√	√	√	√	√	√	√	√	√	√	√	伤	√	√	√	√
2	李阳	√	√	√	√	√	√	√	√	√	√	√	√	√	○	差	√	√	√	√	√	√	√	√	丧	√	√	×	√	√	√	√
3	蒋晶	√	√	√	√	√	√	√	√	√	丧	√	√	√	√	√	√	√	√	√	√	√	√	√	√	√	√	√	√	√	√	√
4	李妍	√	√	√	√	√	√	√	√	√	√	√	√	√	√	√	√	√	√	√	√	√	√	√	√	√	√	√	√	√	√	√
5	张星	√	√	√	√	√	√	√	√	√	√	√	√	√	√	√	√	√	√	√	√	√	√	陪	√	√	√	√	√	√	√	√
6	赵亮	√	√	√	√	√	√	√	√	√	休	√	√	√	√	√	√	√	√	√	√	√	√	√	√	√	√	病	√	√	√	√
7	王晓	√	√	√	√	√	√	√	病	√	√	√	√	√	√	√	√	√	√	√	√	√	√	√	√	√	√	事	√	√	√	√
8	李欣	√	√	√	√	√	√	√	√	√	√	√	√	√	√	√	√	√	√	√	丧	√	√	√	√	√	√	√	√	√	√	√
9	吴晶	√	√	√	√	√	√	√	√	√	√	√	√	√	√	婚	√	√	√	√	√	√	√	√	√	√	√	√	病	√	√	√
10	张雨	√	√	√	√	√	√	√	√	√	√	√	√	√	√	√	√	√	√	√	√	√	√	√	√	√	√	√	√	√	√	√

图 12-37

Step 02 选择AI6单元格，输入公式“=COUNTIF(D6:AH6,"√")”，如图12-38所示，按Enter键确认，统计出正常出勤合计次数。

Step 03 在AJ6单元格中输入公式“=COUNTIF(D6:AH6,"×")”；在AK6单元格中输入公式“=COUNTIF(D6:AH6,"○")”；在AL6单元格中输入公式“=COUNTIF(D6:AH6,"差")”；在AM6单元格中输入公式“=COUNTIF(D6:AH6,"事")”；在AN6单元格中输入公式“=COUNTIF(D6:AH6,"病")”；在AO6单元格中输入公式“=COUNTIF(D6:AH6,"婚")”；在AP6单元格中输入公式“=COUNTIF(D6:AH6,"陪")”；在AQ6单元格中输入公式“=COUNTIF(D6:AH6,"丧")”；在AR6单元格中输入公式“=COUNTIF(D6:AH6,"伤")”；在AS6单元格中输入公式“=COUNTIF(D6:AH6,"休")”，按Enter键统计出缺勤次数，如图12-39所示。

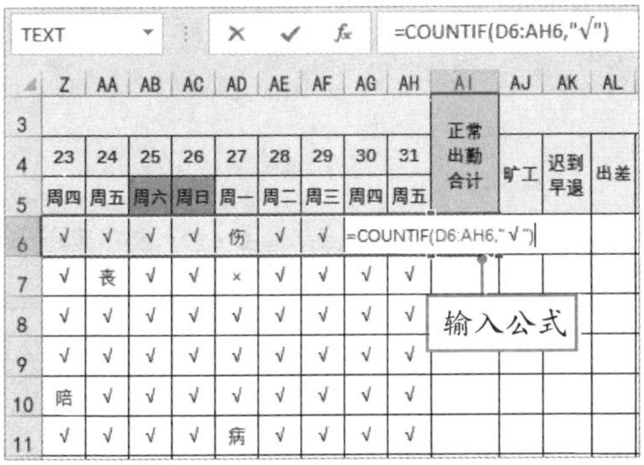

TEXT | =COUNTIF(D6:AH6,"√")

	Z	AA	AB	AC	AD	AE	AF	AG	AH	AI	AJ	AK	AL
3										正常出勤合计			
4	23	24	25	26	27	28	29	30	31		旷工	迟到早退	出差
5	周四	周五	周六	周日	周一	周二	周三	周四	周五				
6	√	√	√	√	伤	√	√	=COUNTIF(D6:AH6,"√")					
7	√	丧	√	√	×	√	√	√	√				
8	√	√	√	√	√	√	√	√	√				
9	√	√	√	√	√	√	√	√	√				
10	陪	√	√	√	√	√	√	√	√				
11	√	√	√	√	病	√	√	√	√				

图 12-38

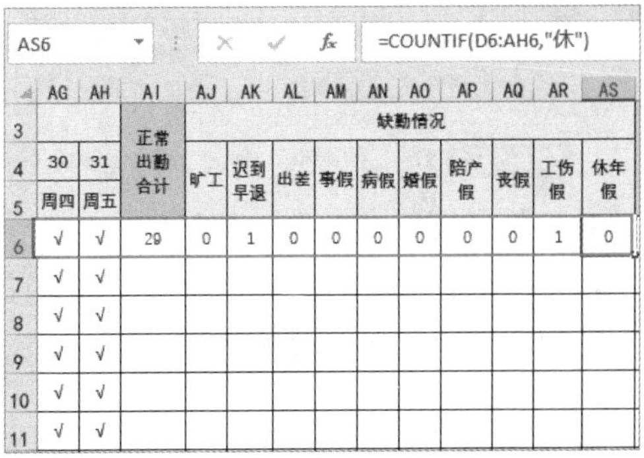

AS6 | =COUNTIF(D6:AH6,"休")

	AG	AH	AI	AJ	AK	AL	AM	AN	AO	AP	AQ	AR	AS
3			正常出勤合计	缺勤情况									
4	30	31		旷工	迟到早退	出差	事假	病假	婚假	陪产假	丧假	工伤假	休年假
5	周四	周五											
6	√	√	29	0	1	0	0	0	0	0	0	1	0
7	√	√											
8	√	√											
9	√	√											
10	√	√											
11	√	√											

图 12-39

Step 04 选择AI6:AS6单元格区域，将光标移至单元格的右下角，按住鼠标左键不放并向下拖动光标，填充公式即可，如图12-40所示。

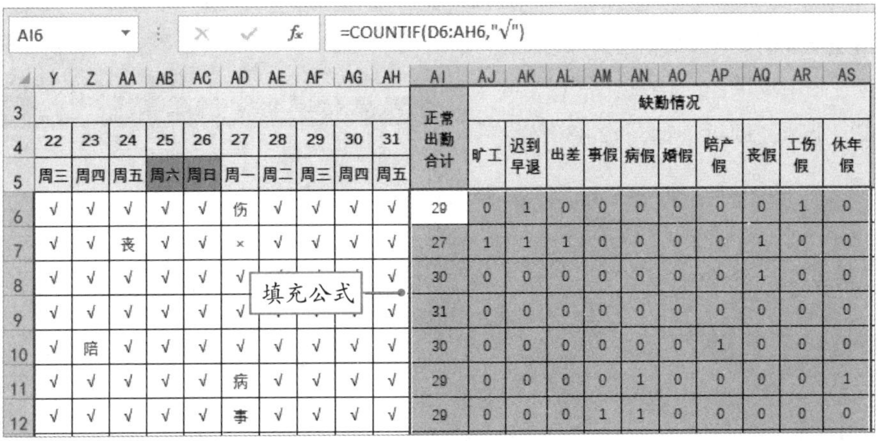

AI6 | =COUNTIF(D6:AH6,"√")

	Y	Z	AA	AB	AC	AD	AE	AF	AG	AH	AI	AJ	AK	AL	AM	AN	AO	AP	AQ	AR	AS
3											正常出勤合计	缺勤情况									
4	22	23	24	25	26	27	28	29	30	31		旷工	迟到早退	出差	事假	病假	婚假	陪产假	丧假	工伤假	休年假
5	周三	周四	周五	周六	周日	周一	周二	周三	周四	周五											
6	√	√	√	√	√	伤	√	√	√	√	29	0	1	0	0	0	0	0	0	1	0
7	√	√	丧	√	√	×	√	√	√	√	27	1	1	1	0	0	0	0	1	0	0
8	√	√	√	√	√	√				√	30	0	0	0	0	0	0	0	1	0	0
9	√	√	√	√	√	√				√	31	0	0	0	0	0	0	0	0	0	0
10	√	陪	√	√	√	√	√	√	√	√	30	0	0	0	0	0	0	1	0	0	0
11	√	√	√	√	√	病	√	√	√	√	29	0	0	0	0	1	0	0	0	0	1
12	√	√	√	√	√	事	√	√	√	√	29	0	0	0	1	1	0	0	0	0	0

图 12-40

12.2.2 根据身份证号码提取员工信息

扫码看视频

用户在制作员工信息表时，需要输入员工的一些基本信息。有些信息，例如“性别”“出生日期”“年龄”“户籍地”及“退休日期”，可以从身份证号码中提取出来，而无须手动输入，如图12-41所示，下面介绍具体操作过程。

	B	C	D	E	F	G	H	I	J	K	L
2	工号	姓名	所属部门	职务	性别	手机号码	出生日期	年龄	身份证号码	户籍地	退休日期
3	DM001	苏玲	财务部	经理	女	11912016871	1975-10-08	44	341313197510083121	安徽宿州	2025-10-08
4	DM002	李阳	销售部	员工	男	13851542169	1981-06-12	39	322414198106120435	江苏宿迁	2041-06-12
5	DM003	蒋晶	生产部	员工	女	14151111001	1992-04-30	28	311113199204304327	上海市	2042-04-30
6	DM004	李妍	办公室	员工	女	15251532011	1971-12-09	48	300131197112097649	黑龙江绥芬河	2021-12-09
7	DM005	张星	人事部	经理	女	16352323023	1978-09-10	41	330132197809104661	浙江杭州	2028-09-10
8	DM006	赵亮	设计部	员工	男	17459833035	1993-06-13	27	533126199306139871	云南德宏	2053-06-13
9	DM007	王晓	销售部	员工	女	18551568074	1996-10-11	23	441512199610111282	广东汕尾	2046-10-11
10	DM008	李欣	采购部	经理	女	19651541012	1978-08-04	42	132951197808041147	河北沧州	2028-08-04
11	DM009	吴晶	销售部	员工	男	10754223089	1991-11-09	28	220100199111095335	吉林长春	2051-11-09
12	DM010	张雨	生产部	经理	男	11851547025	1970-08-04	50	520513197008044353	贵州安顺	2030-08-04
13	DM011	齐征	人事部	主管	男	12951523038	1971-12-05	49	670600197112055314	新疆	2031-12-05
14	DM012	张吉	设计部	员工	男	14153312029	1989-05-21	31	130632198905211678	河北保定	2049-05-21
15	DM013	张函	销售部	员工	男	13251585048	1987-06-12	33	210114198706120415	辽宁沈阳	2047-06-12
16	DM014	王珂	设计部	主管	女	15357927047	1988-08-04	32	321313198808044327	江苏宿迁	2038-08-04

图 12-41

Step 01 在工作表中输入一些基本信息构建表格框架，然后选择F3单元格，输入公式"=IF(MOD(MID(J3,17,1),2)=1,"男","女")"，如图12-42所示。

图 12-42

Step 02 按Enter键确认，即可从身份证号码中提取出"性别"信息，并将公式向下填充即可，如图12-43所示。

图 12-43

> **知识点拨**
>
> 从身份证号码中提取性别的依据是判断身份证号码的第17位数是奇数还是偶数，奇数为男性，偶数为女性。上述公式使用MID函数查找出身份证号码的第17位数字，然后用MOD函数将查找到的数字与2相除得到余数，最后用IF函数进行判断并返回判断结果，当第17位数与2相除的余数等于1时，说明该数为奇数，返回"男"，否则返回"女"。

Step 03 选择H3单元格，输入公式 "=TEXT(MID(J3,7,8),"0000-00-00")"，按Enter键确认，即可从身份证号码中提取出 "出生日期"，然后将公式向下填充，提取出所有员工的出生日期，如图12-44所示。

	F	G	H	I	J
H3			fx	=TEXT(MID(J3,7,8),"0000-00-00")	
2	性别	手机号码	出生日期	年龄	身份证号码
3	女	11912016871	1975-10-08		341313197510083121
4	男	13851542169	1981-06-12		322414198106120435
5	女	14151111001	1992-04-30		311113199204304327
6	女	15251532011	1971-12-09		300131197112097649
7	女	16352323023	1978-09-10		330132197809104661
8	男	17459833035	1993-06-13		533126199306139871
9	女	18551568074	1996-10-11		441512199610111282
10	女	19651541012	1978-08-04		132951197808041147
11	男	10754223089	1991-11-09		220100199111095335
12	男	11851547025	1970-08-04		520513197008044353

图 12-44

知识点拨

身份证号码的第7～14位数字是出生日期。上述公式使用MID函数从身份证号码中提取出代表生日的数字，然后用TEXT函数将提取出的数字以指定的文本格式返回。

Step 04 选择I3单元格，输入公式 "=DATEDIF(TEXT(MID(J3,7,8),"0000-00-00"),TODAY(),"y")"，按Enter键确认，从身份证号码中提取出 "年龄" 信息，并将公式向下填充即可，如图12-45所示。

	G	H	I	J	K
I3			fx	=DATEDIF(TEXT(MID(J3,7,8),"0000-00-00"),TODAY(),"y")	
2	手机号码	出生日期	年龄	身份证号码	户籍
3	11912016871	1975-10-08	44	341313197510083121	
4	13851542169	1981-06-12	39	322414198106120435	
5	14151111001	1992-04-30	28	311113199204304327	
6	15251532011	1971-12-09	48	300131197112097649	
7	16352323023	1978-09-10	41	330132197809104661	
8	17459833035	1993-06-13	27	533126199306139871	
9	18551568074	1996-10-11	23	441512199610111282	
10	19651541012	1978-08-04	42	132951197808041147	
11	10754223089	1991-11-09	28	220100199111095335	

图 12-45

知识点拨

上述公式使用MID函数从身份证号码中提取出生日期，然后用TEXT函数将出生日期转换为文本格式，然后使用TODAY函数计算出当前日期，最后使用DATEDIF函数计算出生日期和当前日期的差，以年的形式返回，即年龄。

Step 05 身份证号码的前4位是省份和地区代码，不同的代码对应不同的省份和地区。如果需要提取户籍地，则用户必须制作一份准确的代码对照表，如图12-46所示。

Step 06 选择K3单元格，输入公式 "=VLOOKUP(VALUE(LEFT(J3,4)),籍贯对照表!$A$2:$B$536,2)"，按Enter键确认，提取出 "户籍地" 信息，然后将公式向下填充即可，如图12-47所示。

	A	B	C	D
1	编号	籍贯		
2	1100	北京市		
3	1101	北京市		
4	1102	北京市		
5	1200	天津市		
6	1201	天津市		
7	1202	天津市		
8	1300	河北省		
9	1301	河北石家		
10	1302	河北唐山		
11	1303	河北秦皇岛		

制作籍贯对照表

员工信息表　籍贯对照表

图 12-46

K3　=VLOOKUP(VALUE(LEFT(J3,4)),籍贯对照表!$A$2:$B$536,2)

	I	J	K	L
2	年龄	身份证号码	户籍地	退休日期
3	44	341313197510083121	安徽宿州	
4	39	322414198106120435	江苏宿迁	
5	28	311113199204304327	上海市	
6	48	300131197112097649	黑龙江绥芬河	
7	41	330132197809104661	浙江杭州	
8	27	533126199306139871	云南德宏	
9	23	441512199610111282	广东汕尾	
10	42	132951197808041147	河北沧州	

图 12-47

知识点拨

　　上述公式使用LEFT函数提取身份证号码前4位数后，然后使用VALUE函数将其转换成数值，最后使用VLOOKUP函数在"籍贯对照表"工作表中查找对应的户籍地信息。

　　Step 07 选择L3单元格，输入公式"=EDATE(TEXT(MID(J3,7,8),"0!/00!/00"),MOD(MID(J3,15,3),2)*120+600)"，按Enter键确认，提取出"退休日期"，并将公式向下填充即可，如图12-48所示。

L3　=EDATE(TEXT(MID(J3,7,8),"0!/00!/00"),MOD(MID(J3,15,3),2)*120+600)

	G	H	I	J	K	L
2	手机号码	出生日期	年龄	身份证号码	户籍地	退休日期
3	11912016871	1975-10-08	44	341313197510083121	安徽宿州	2025-10-08
4	13851542169	1981-06-12	39	322414198106120435	江苏宿迁	2041-06-12
5	14151111001	1992-04-30	28	311113199204304327	上海市	2042-04-30
6	15251532011	1971-12-09	48	300131197112097649	黑龙江绥芬河	2021-12-09
7	16352323023	1978-09-10	41	330132197809104661	浙江杭州	2028-09-10
8	17459833035	1993-06-13	27	533126199306139871	云南德宏	2053-06-13
9	18551568074	1996-10-11	23	441512199610111282	广东汕尾	2046-10-11
10	19651541012	1978-08-04	42	132951197808041147	河北沧州	2028-08-04
11	10754223089	1991-11-09	28	220100199111095335	吉林长春	2051-11-09

图 12-48

注意事项 提取退休日期时，考虑到不同地区的退休年龄不同，或可能发生的延迟退休，需要对公式做一下说明，本公式以男性60岁，女性50岁退休作为计算标准。

12.2.3　计算员工工龄

扫码看视频

　　有的员工信息表中需要显示"工龄"信息，用户可以使用函数公式根据"入职时间"来计算员工的工龄，如图12-49所示，下面介绍具体操作方法。

	B	C	D	E	F	G	H	I	J
2	工号	姓名	身份证号码	出生日期	性别	年龄	手机号码	入职时间	工龄
3	DM001	苏玲	341313197510083121	1975-10-08	女	44	11912016871	2001/8/1	19
4	DM002	李阳	322414198106120435	1981-06-12	男	39	13851542169	2005/7/1	15
5	DM003	蒋晶	311113199204304327	1992-04-30	女	28	14151111001	2015/6/1	5
6	DM004	李妍	300131197112097649	1971-12-09	女	48	15251532011	2007/8/4	13
7	DM005	张星	330132197809104661	1978-09-10	男	41	16352323023	2009/6/1	11
8	DM006	赵亮	533126199306139871	1993-06-13	男	27	17459833035	2016/7/1	4
9	DM007	王晓	441512199610111282	1996-10-11	女	23	18551568074	2018/4/2	2
10	DM008	李欣	132951197808041147	1978-08-04	女	42	19651541012	2010/4/5	10
11	DM009	吴晶	220100199111095335	1991-11-09	男	28	10754223089	2016/4/8	4
12	DM010	张雨	520513197008044353	1970-08-04	男	50	11851547025	2004/8/4	16
13	DM011	齐征	670600197112055314	1971-12-05	男	48	12951523038	2011/8/7	9
14	DM012	张吉	130632198905211678	1989-05-21	男	31	14153312029	2014/9/1	6

图 12-49

Excel办公应用标准教程——公式、函数、图表与数据分析（实战微课版）

Step 01 选择J3单元格，输入公式"=DATEDIF(I3,TODAY(),"Y")"，如图12-50所示，按Enter键确认，计算出"工龄"。

	E	F	G	H	I	J
	TEXT		✕ ✓ fx	=DATEDIF(I3,TODAY(),"Y")		
2	出生日期	性别	年龄	手机号码	入职时间	工龄
3	1975-10-08	女	44	11912016871		2=DATEDIF(I3,TODAY(),"Y
4	1981-06-12	男	39	13851542169	2005/7/1	
5	1992-04-30	女	28	14151111001	2015/6/1	输入公式
6	1971-12-09	女	48	15251532011	2007/8/4	
7	1978-09-10	女	41	16352323023	2009/6/1	
8	1993-06-13	男	27	17459833035	2016/7/1	
9	1996-10-11	女	23	18551568074	2018/4/2	
10	1978-08-04	女	42	19651541012	2010/4/5	
11	1991-11-09	男	28	10754223089	2016/4/8	
12	1970-08-04	男	50	11851547025	2004/8/4	

图 12-50

Step 02 选择J3:J14单元格区域，使用Ctrl+D组合键，向下填充公式，计算出其他员工的工龄，如图12-51所示。

	E	F	G	H	I	J
2	出生日期	性别	年龄	手机号码	入职时间	工龄
3	1975-10-08	女	44	11912016871	2001/8/1	19
4	1981-06-12	男	39	13851542169	2005/7/1	15
5	1992-04-30	女	28	14151111001	2015/6/1	5
6	1971-12-09	女	48	15251532011	2007/8/4	13
7	1978-09-10	女	41	16352323023	2009/6/1	11
8	1993-06-13	男	27	17...	按Ctrl+D键	/7/1	4
9	1996-10-11	女	23	18...		2
10	1978-08-04	女	42	19651541012	2010/4/5	10
11	1991-11-09	男	28	10754223089	2016/4/8	4
12	1970-08-04	男	50	11851547025	2004/8/4	16
13	1971-12-05	男	48	12951523038	2011/8/7	9
14	1989-05-21	男	31	14153312029	2014/9/1	6

图 12-51

知识点拨

　　DATEDIF函数是计算两个日期之间的天数、月数或年数，其语法格式为，DATEDIF（开始日期，终止日期，比较单位），公式中I3是开始日期，TODAY()是终止日期，Y是比较单位，所需信息的返回类型是年。

12.2.4　制作工资条

扫码看视频

　　工资条需根据工资明细表来制作，并应该包括工资明细表中的各个组成部分，例如基本工资、津贴、满勤奖、保险扣款等，如图12-52所示，下面介绍如何制作工资条。

	A	B	C	D	E	F	G	H	I	J	K	L	M
1	单位名称：德胜科技有限公司					工资条							
2	工号	姓名	所属部门	职务	基本工资	津贴	满勤奖	缺勤扣款	应发工资	保险扣款	代扣个人所得税	实发工资	
3	ST001	张强	财务部	经理	7000	1400	0	150	8250	1554	130	6566	
4	单位名称：德胜科技有限公司					工资条							
5	工号	姓名	所属部门	职务	基本工资	津贴	满勤奖	缺勤扣款	应发工资	保险扣款	代扣个人所得税	实发工资	
6	ST002	李华	销售部	经理	6500	1300	0	250	7550	1443	84	6023	
7	单位名称：德胜科技有限公司					工资条							
8	工号	姓名	所属部门	职务	基本工资	津贴	满勤奖	缺勤扣款	应发工资	保险扣款	代扣个人所得税	实发工资	
9	ST003	李小	人事部	主管	6000	900	0	200	6700	1276.5	57	5366.5	
10	单位名称：德胜科技有限公司					工资条							
11	工号	姓名	所属部门	职务	基本工资	津贴	满勤奖	缺勤扣款	应发工资	保险扣款	代扣个人所得税	实发工资	
12	ST004	杨荣	办公室	员工	3500	350	300	0	4150	712.25	0	3437.75	

图 12-52

第12章　Excel在实际公式中的应用

Step 01 首先，用户制作一个"工资明细表"，如图12-53所示。

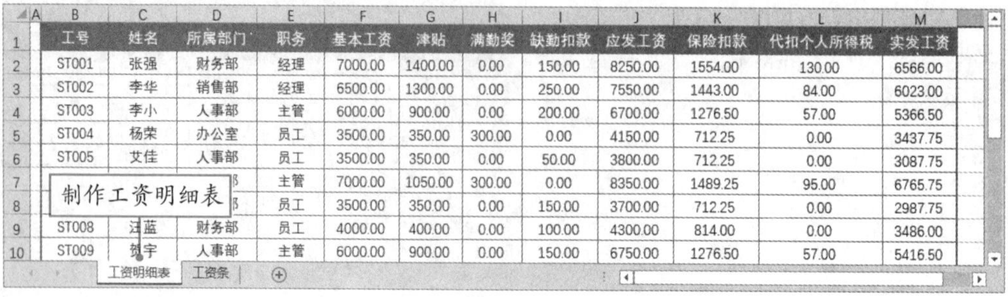

图 12-53

Step 02 将"工资明细表"中的标题复制到"工资条"工作表中，然后输入相关数据，构建表格框架，如图12-54所示。

图 12-54

Step 03 在B3单元格中输入工号"ST001"，选择C3单元格，输入公式"=VLOOKUP($B3,工资明细表!$B:$M,COLUMN()-1,0)"，按Enter键确认，引用"工资明细表"中的"姓名"信息，如图12-55所示。

图 12-55

Step 04 将C3单元格中的公式向右填充，然后选择B1:M3单元格区域，将光标移至单元格区域的右下角，按住左键不放并向下拖动鼠标，填充公式即可，如图12-56所示。

图 12-56

制作工资条

使用手机Microsoft Office不仅可以制作数据表，还可以查找替换数据表中的错误数据，具体操作方法如下。

Step 01 打开一个数据表，现在需要将数据表中不规范的日期格式，如"2019.1.1"，替换为"2019/1/1"日期格式。选择日期数据，点击上方的"🔍"图标，如图12-57所示。

Step 02 接着点击查找文本框左侧的"⚙"图标，在弹出的"查找设置"面板中选中"查找和全部替换"单选按钮，并在"查找范围"选项中选择"工作表"选项，如图12-58所示。

图 12-57　　　　　　　　图 12-58

Step 03 在"查找"文本框中输入"."，在"替换"文本框中输入"/"，点击"全部"按钮即可，如图12-59所示。

图 12-59

新手答疑

1. Q: 如何更改"网格线"的颜色?

A: 单击"文件"按钮,选择"选项"选项,打开"Excel选项"对话框,选择"高级"选项,在右侧"此工作表的显示选项"中单击"网格线颜色"下拉按钮,从弹出的列表中选择合适的颜色即可,如图12-60所示。

2. Q: 如何隐藏工作簿中的功能区?

A: 在工作簿上方单击"功能区显示选项"按钮,从弹出的列表中选择"自动隐藏功能区"选项即可,如图12-61所示。

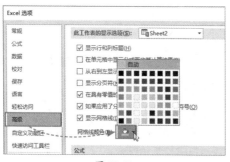

图 12-60

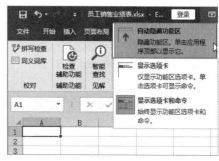

图 12-61

3. Q: 如何将数字形式的列标恢复正常显示?

A: 打开"Excel选项"对话框,选择"公式"选项,在"使用公式"选项中取消对"R1C1引用样式"复选框的勾选即可,如图12-62所示。

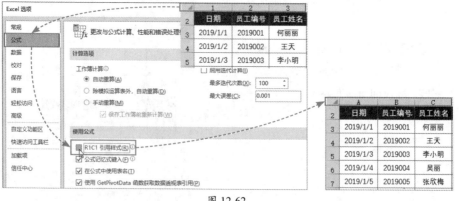

图 12-62

Excel办公应用标准教程——公式、函数、图表与数据分析(实战微课版)